1974年のサマークリスマス
林美雄とパックインミュージックの時代

柳澤　健

集英社文庫

目次

Ⅳ 夏もおしまい

1974年のサマークリスマス

林美雄とパックインミュージックの時代

I　夜明け前に見る夢

ミドリブタニュース

疲れたら眠りなさい
わたしが歌をうたってあげる
あなたが森と思っているものは
死んだ人たちの爪の跡
あなたが風と思っているものは
まだ生まれない息子たちの声

緑魔子《みどりまこ》が歌う「やさしいにっぽん人」がスピーカーから流れ出し、やがて終わった。

一九七四年八月九日午前五時。短い夏の夜が明けようとしていた。

東京大学文学部で西洋美術史を専攻する沼辺信一《ぬまべしんいち》はラジオの電源を切り、昨日届いたばかりの封筒を再び手に取った。

中身は手書きの簡易印刷の文書が一枚。「ミドリブタニュース」という奇妙なタイトルがつけられていた。

《林美雄《はやしよしお》さんがパックをやめるそうです。実をいうとパックインミュージック2部のほとんどが変わるらしいのです。どうやら歌謡曲の番組（某放送局の「走れ――」のような）となるようです。

そこで私達は考えました。

何とかして林さんに放送を続けてもらうためにはどうすればいいのか？　一人で考えるより二人で三人でと一しょに考える仲間が出来、林さんに放送を続けてもらうための会を結成しました。

その会の名称は「パック　林美雄をやめさせるな！　聴取者連合」です。

日本映画復興と云《い》われている今日ですが、今ここで林さんの放送をつぶしてしまうようでは、この上向きになってきた日本映画の現状は、決して楽観できるものではないと思うのです。》

ＴＢＳラジオの深夜放送番組「パックインミュージック」は二部構成。一部は午前一時から午前三時まで。二部は午前三時から午前五時まで。計四時間の長時間番組が、日曜月曜（土曜深夜・日曜深夜）を除く毎週五日間放送される。

金曜（木曜深夜）パックを担当するのは、一部が声優の野沢那智《のざわなち》と白石冬美《しらいしふゆみ》、二部がTBSアナウンサーの林美雄である。

一部の通称「ナチチャコパック」は深夜放送の代名詞ともいうべき番組である。リスナーから寄せられる数千通のハガキおよび封書から精選されたわずか数通を、アラン・ドロンの声優として知られるナッちゃんこと野沢那智が情感豊かに読み上げ、チャコちゃんこと白石冬美が絶妙な合いの手を入れる。

時にバカバカしく、時にエロチックなエピソードが紹介されるが、番組の最後は必ず感動的な内容の手紙で締めくくられ、気がつけば野沢那智の声に、レイモン・ルフェーブルの「シバの女王」がオーバーラップしている。

流麗なストリングスのエンディングテーマが止まる直前、白石冬美が遠くの友人に呼びかけるように「お元気よう！」と独特の表現でリスナーに別れを告げて金曜パック一部は終了する。

時計の針が午前三時をまわり、ブッカー・T＆ザ・MG'Sの軽快な「タイム・イズ・タイト」が流れ出せば、林美雄の金曜パック二部のスタートである。

すでにほとんどの人間は眠りについている。昨日でも今日でもない時間に放送される林パックを聴くのは、ごく少数のリスナーだけだ。

それはじつに奇妙で、魅力あふれる番組だった。

多くの映画が紹介されるものの、洋画の話題はごくわずか。邦画といっても小津安二郎《おづやすじろう》も溝口健二《みぞぐちけんじ》も無関係で、初期の黒澤明《くろさわあきら》作品の話がたまに出るくらい。

林美雄が熱く語る映画は、きわめて偏向している。

たとえば、藤田敏八《としや》監督の『野良猫ロック　暴走集団'71』『八月の濡れた砂』、澤田幸弘《さわだゆきひろ》監督の『反逆のメロディー』、田中登《のぼる》監督の『牝猫たちの夜』『㊙女郎責め地獄』、黒木和雄《くろきかずお》監督の『竜馬暗殺』など、日活ニューアクションやロマンポルノ、日本アート・シアター・ギルド（ATG）の作品群である。

音楽も紹介されるが、洋楽はごくわずか。歌謡曲は対象外で、当時流行していた吉田拓郎《たくろう》もガロもチューリップも五輪真弓《いつわまゆみ》も一切かからない。

林美雄が熱く語る音楽もまた、きわめて偏向している。

たとえば、荒井由実《あらいゆみ》「ベルベット・イースター」、石川セリ「遠い海の記憶」（NHKテレビドラマ「つぶやき岩の秘密」の主題歌）、能登道子《のとみちこ》の「むらさきの山」、荒木一郎の「僕は君と一緒にロックランドにいるのだ」、桃井《ももい》かおりの「六本木心中」、安田南《みなみ》の「赤い鳥逃げた？」や「愛情砂漠」、頭脳警察の「ふざけるんじゃねえよ」など。

まるでモンティ・パイソンのように高度なニュースパロディ「苦労多かるローカルニュース」の数分後には、各地の公害反対運動の様子を伝える。

ゲストの小田実《おだまこと》や小中陽太郎《こなかようたろう》が、アメリカの子分となってベトナム戦争の後方支援を担当する日本の現状を嘆き、野坂昭如《のさかあきゆき》は「四畳半襖の下張」裁判に関する自説を述べつつ、「黒の舟唄」や「バージンブルース」を歌った。

林美雄は群れることを嫌い、自分の感覚を信じる人間だった。

「いいものはいい」

「いいものは人知れず埋もれている」

繰り返し言いながら自分の足で面白いものを探し、番組内で紹介し続けた。

その結果、林パックは、同時代の映画や音楽に深い関心を寄せる若者たちから熱烈な支持を受けるようになった。

しかし、一九七四年七月二十六日、衝撃的なニュースが番組内で発表された。「僕のパックインミュージックは八月いっぱいで終了します」と林美雄自身が告げたのだ。


「そんなバカな!」

ラジオを聞いて沼辺信一は愕然《がくぜん》とした。林パックのリスナーになってから、まだ半年も経《た》っていない。だが、すでに沼辺は〝下落合《しもおちあい》のミドリぶた〟を自称する美声のアナウンサーが作り出す、奇妙で不思議な世界に魅せられていた。

父親の沼辺愛一《あいいち》は、法曹界では名の通った裁判官である。長く家庭裁判所の判事をつとめ、広島高裁の長官にも就任した。「給料は総理大臣と同額だ」と沼辺信一は父から直接聞いている。共著だが著書も多く、『現代家事調停マニュアル』（判例タイムズ社）は現在も調停委員の間で広く読まれる。亡くなった時には天皇陛下から香典が届いた。

父譲りの優秀な頭脳の持ち主は、授業中に教科書を眺めつつ教師の話を聞く時以外に勉強をしたことがない。それでもテストは常に満点だった。

周囲の子供達は飛び抜けた秀才を畏怖し、遠ざけた。一九六〇年前後の埼玉県北足立郡鳩ケ谷町《はとがや》は、田圃《たんぼ》と麦畑と雑木林に囲まれた人口三万人足らずの田舎町。時折、蟬採《せみと》りやザリガニ釣りに誘われても、断ってひとり自宅で読書にふけった。

小学校高学年になると、孤独な少年の興味は宇宙へと移る。すでにソ連は世界初の人工衛星スプートニクを地球周回軌道に乗せることに成功し、六一年四月にはガガーリンが地球軌道を周回する人類初の宇宙飛行士になっていた。先を越されたアメリカは、国家の威信を懸けて、月面に人間を着陸させるアポロ計画をスタートさせた。

米ソの宇宙開発競争よりもさらに沼辺を惹《ひ》きつけたのは、一冊の本だった。野尻抱影《のじりほうえい》の『天体と宇宙』（偕成社）である。父にねだって天体望遠鏡を買ってもらい、土星のリングや木星の衛星を探した。自分はいま、宇宙の神秘に触れているのだ。

際だった秀才にもひとつだけ苦手なことがあった。作文である。

小学二年から五年まで担任だった鈴木重夫は、沼辺信一をずっと級長に任命し続け、硬筆習字コンクールや読書感想文コンクールへの応募を命じた。

硬筆習字は何の問題もなく、読書感想文もなんとかクリアしたが、「身体《からだ》の不自由な人たちを励ます」というテーマが与えられた作文には困り果てた。なにしろ身近なところに「身体の不自由な人」はひとりもいない。書けないのは当然だった。

秀才は鈴木先生の期待を裏切ることを恐れたが、提出期限の前の晩になっても一行も書けない。

帰宅した父が、原稿用紙の前で絶望して涙を浮かべる息子に訳を聞いた。

「わかった。今夜はもう寝なさい」

泣き疲れて眠った息子は、朝早く父に揺り起こされた。不思議にも原稿用紙は文字で埋められていた。父が代筆してくれたのだ。急いで自分の字で丸写しして提出した。

父が書いた作文は、コンクールの県大会で入選してしまい、鈴木先生に引率されて表彰式に出席した。惨めだった。以来、作文は沼辺信一のトラウマとなった。

沈みこむ息子を気の毒に思ったのか、父親が美術全集を買ってくれた。河出書房が発行する廉価版の美術全集が毎月一冊ずつ家に届く。むさぼるように読み、小学六年から中学二年にかけて届いた全三十冊の内容をすべて頭に入れた。

ラジオを聴き始めたのもこの頃だ。トランジスタラジオから流れてくる洋楽ポップスに夢中になった。

時は一九六五年。ビートルズ、ローリング・ストーンズを筆頭に、デイヴ・クラーク・ファイヴやアニマルズなど、イギリスのロックバンドがアメリカのヒットチャートを席巻《せっけん》していた。いわゆるブリティッシュ・インヴェイジョンの時代である。しかし、日本のラジオ番組はアメリカのチャートをそのまま受け容《い》れたわけではなかった。小島正雄がディスクジョッキーをつとめる「９５００万人のポピュラーリクエスト」や吉田光雄の「ユア・ヒットパレード」（ともに文化放送）、高崎一郎の「ベスト・ヒット・パレード」（ニッポン放送）、石田豊の「リクエスト・コーナー」（ＮＨＫラジオ第二放送）。どの番組も、ビルボードやキャッシュボックスとは関係なく独自のヒットチャートを作っていた。

　英米のポップスばかりでなく、フランス・ギャルの「夢みるシャンソン人形」、ジリオラ・チンクエッティの「夢みる想い」のようなフランスやイタリアのポップス、ニニ・ロッソの「夜空のトランペット」のようなイージーリスニング、エンニオ・モリコーネの「荒野の用心棒」のような映画音楽が、国籍もジャンルも関係なくヒットチャートに混在した。いわゆる〝洋楽〟である。凝り性の沼辺は、それぞれの番組のヒットチャートをノートに書き写し、曲に関する詳細なメモをとった。

　近所に上野くんという一学年下の友達がいて、父親がニッポン放送に勤めていた。沼辺の洋楽好きを知って、試聴用のシングル盤を気前よくくれた。

ペトゥラ・クラークの「恋のダウンタウン」、ダスティ・スプリングフィールドの

「この胸のときめきを」、ママス&パパスの「夢のカリフォルニア」「アイ・ソー・ハー・アゲイン」、ホリーズの「バス・ストップ」、ラヴィン・スプーンフルの「サマー・イン・ザ・シティ」。

文字通りレコード盤が擦り切れるまで聴いたから、半世紀経った今でも沼辺信一はこれらの曲をそらで歌うことができる。ただし当時は中学一、二年だから、意味のよくわからぬ空耳英語だったが。

右のシングル盤以外、沼辺のポップス体験はすべてラジオを通じてのものだ。一九六六年にビートルズが来日公演を行った際にはテレビで中継録画が放送されたが、沼辺には誰がジョンで、誰がポールなのかさえわからなかった。ビートルズの写真を見たことがなかったからだ。

ビートルズの「ストロベリー・フィールズ・フォーエバー」がTBSラジオ金曜夜九時の「東芝ヒットパレード」に初登場した時に、司会の前田武彦《たけひこ》がタイトルを茶化して「〝いちごっ原よ永遠に〟という新曲」と言ったことを、沼辺は鮮明に記憶している。だが、まもなく沼辺の興味はポップスを離れてクラシックへと向かう。

黒人女性トリオのトーイズが歌った「ラバーズ・コンチェルト」や、スウィングル・シンガーズがスキャットで歌った「恋するガリア」（映画の主題歌だった）のように、バッハの楽曲をアレンジしたポップスがきっかけだった。

中学三年の頃にはすっかりクラシック少年となっていた沼辺は、ＡＭラジオで聴ける限りのクラシック番組を詳細なメモをとりつつ聴いた。ＡＭの音質に飽き足らなくなると、親にねだって高校の入学祝いを半年前倒ししてＦＭラジオを買ってもらい、再びメモをとりつつ早朝から夜中まで聴きまくった。

名門浦和高校に合格すると、以前シングル盤をもらった上野くんの父親から演奏会の招待券を渡された。理由はわからないが、おそらく息子から沼辺のクラシック狂いを聞かされて、入学祝いのつもりだったのだろう。

沼辺が今なお保存しているチケットの半券によれば、生まれて初めて聴いたクラシックコンサートは一九六八年五月三日、会場は新宿の東京厚生年金会館だった。一曲目はコイシュトヴァン・ケルテス指揮、演奏は日本フィルハーモニー交響楽団。一曲目はコダーイの「ハーリ・ヤーノシュ」、二曲目がロベール・カサドシュがピアノを弾くベートーヴェンのピアノ協奏曲「皇帝」、メインはドヴォルザークの「新世界より」だった。

初めて聴くオーケストラの生演奏の底知れない魅力に完全に打ちのめされた沼辺は、以後、可能な限りコンサートに通った。

天才ピアニストのマルタ・アルゲリッチが初来日した際には、ソロ・リサイタルでバッハとリストとラヴェルとショパンを、若杉弘指揮読売日本交響楽団とともに演奏したプロコフィエフの「ピアノ協奏曲第三番」を聴いた。

ソプラノのリーザ・デラ・カーザが歌うリヒャルト・シュトラウス「四つの最後の歌」やプレートル指揮パリ管弦楽団のムソルグスキー「展覧会の絵」を聴き、カラヤン指揮ベルリン・フィルのラヴェル「ダフニスとクロエ」を聴いた。

受験勉強を必要としない沼辺は、ごくあっさりと東大文学部に合格する。一九七一年のことだ。三学年目からは念願のルネサンス期の美術史を専攻した。

西洋文化の精髄である古典美術とクラシック音楽の両方に精通する沼辺は、学部内でも際だった存在だった。大学院の授業にも出席し、教授が答えに窮する質問をしたから、デューラー研究の世界的権威である前川誠郎《せいろう》教授や、のちに文化勲章受章者となる高階《たかしな》秀爾《しゅうじ》助教授からも将来を嘱望された。

だが、四年生になり、学部卒業と大学院進学が近づくにつれて沼辺は不安になった。

卒業論文が書けなかったのだ。

英語のほかにイタリア語とフランス語を自在に読みこなし、誰よりも豊富な知識を持っているにもかかわらず一行も書けない。作文コンクールの悪夢が甦《よみがえ》った。

いくら海外の文献を読み込んだところで、イタリアに一度も行ったことのない人間が、五百年前のルネサンス美術についてたいしたことを書けるはずもない。それでも豊富な知識を羅列し、適当な修辞を施した論文を書けば、教授たちはきっと通してくれたに違いない。日本の大学の卒論など、その程度のものに過ぎないのだから。

四十年後の沼辺はそう思う。

しかし、二十歳を過ぎたばかりの若者は、還暦を過ぎた初老の男のようには考えなかった。ほかの学生ならばいざ知らず、自分が書く以上はただの卒論ではダメだ。大学院の修士論文に匹敵するものでないと。

眠れぬ夜を過ごす沼辺は、久しぶりにAMラジオの深夜放送を聴いた。気がつけば、ナチチャコパックのあとに、〝下落合のミドリぶた〟を自称する無名のアナウンサーが摩訶《まか》不思議な番組をやっている。沼辺はすぐに林パックに魅了された。

アメリカン・ニューシネマやフランスのヌーヴェル・ヴァーグはひと通り観《み》たが、同時代の日本映画はまったくの盲点だった。悔しいので都内の名画座で何本か観てみると、林パックで紹介される映画がアメリカン・ニューシネマやヌーヴェル・ヴァーグの影響を強く受けていることはすぐにわかった。

『反逆のメロディー』『野良猫ロック　暴走集団'71』『八月の濡れた砂』『赤い鳥逃げた？』、そして『青春の蹉跌』。それらはいずれも、ストイシズムの欠片《かけら》もないアンチヒーローが追いつめられて、あるいは欲望のおもむくまま無軌道に突っ走って悲劇的な結末を迎えるという、無残でかっこ悪い青春映画であった。かつて高倉健《たかくらけん》が藤純子《ふじじゅんこ》に捧《ささ》げたような純愛は、もはやリアリティを失っていた。

「無残でかっこ悪い青春？　それなら自分と同じじゃないか」

沼辺と同世代の若者は大いに親近感を抱いた。しかもそれらは、遠いアメリカやフランスではなく、自分のすぐ近くにある青春ドラマなのだ。

もうひとつ、沼辺にとって林パックが特別な番組になった理由は、ユーミンこと荒井由実の存在だった。

驚くべきことに、のちのスーパースター松任谷《まつとうや》由実はデビューからおよそ一年半もの長きにわたって、林パック以外のメディアではほとんど取り上げられなかった。ただひとり林美雄だけが、デビューアルバム『ひこうき雲』を一聴して「この人は天才です！」と絶賛。〝八王子の歌姫〟と命名し、ほかの番組が無視する中を、前週は三曲、今週は四曲、翌週は録音したての新曲、と執拗《しつよう》に紹介し続けた。

ポップスとクラシックの両方に精通する沼辺は、荒井由実こそ、自分たちの世代を代表する真の天才だと感じた。

《『ひこうき雲』のシンガー＝ソングライター荒井由実は、それまでの日本にまるで前例のない、独創的な世界を創り上げた。

といっても、未踏の領域を切り拓《ひら》く気負いやエキセントリックなふるまいは皆無だ。平明な歌詞と繊細なメロディを無理なく結びつけて、自らが育んできた心象風景を淡々と、あるがままに描き出しただけなのである。

リアルな現実との接触をもたず、憧れと夢に満たされた脆《もろ》い存在である「少女時代」

を、一点の曇りもなく、鏡のように明晰《めいせき》に映し出す。おそらく誰もが体験し通過しながら、容易に言葉や形象を与えられなかった純粋無垢《むく》な心のありようを、実にさらりと、さりげなく易々《やすやす》と、私たちの眼前に開示してみせたのである。》（沼辺信一のブログ「私たちは20世紀に生まれた」）

〝リアルな現実との接触をもたず、憧れと夢に満たされた脆い存在〟である『ひこうき雲』の少女に大学生の沼辺信一が強く反応したのは、自身もまた、同様の脆い存在であったからに違いない。

物心ついたときから遠い西洋の文物に憧れ続けてきた孤独な秀才にとって、林美雄は信用できる人物だった。

自分と同じように無残でかっこ悪い青春を生きる日本の若者たちに深い共感を寄せ、天才少女ユーミンの真価を理解するただひとりの大人だったからだ。

私たちの国では、クラシック音楽も西洋美術も、映画や演劇やロック・ミュージックですら〝舶来の高級文化〟である。「欧米こそが本物であり、自分たちは永遠に二流の偽物にすぎない」というコンプレックスを、日本人は長い間持ち続けた。

林美雄はただひとり〝外国のものが善〟というコンプレックスからも、〝売れているものが善〟という資本主義からも自由な存在だった。

林美雄は、自分が素晴らしいと心から思えるものだけを番組で紹介した。そして、林美雄が薦めるものは、若者たちの心を強く捉える掛け値なしの本物だった。

そのような大人は、昔も今もきわめて少ない。だからこそ沼辺は林美雄を心から信じ、林美雄に憧れた。

万巻の書物を読んだところで、自分が西洋人になれるわけがない。たとえ日本が西洋に比べてどれほど劣っていようとも、自分は日本人以外の何者でもなく、そのことを抜きにして西洋文化に向き合えるはずもなかった。

幼少期から遠い西洋文明に憧れ続けた沼辺信一にとって、林美雄は日本人である自分自身に目を向けることを教えてくれた最良の教師だったのである。

林パックのような破天荒な番組が存在できたのは、午前三時から始まる「パックインミュージック」二部にスポンサーがついていなかったことが大きい。資本主義の論理が及ぶことなく、林美雄のセンスと趣味嗜好《しこう》だけが支配する王国、もしくは無法地帯。それこそが林パックだった。

だがいま、素晴らしい林パックは、正に資本主義によって消滅の危機に瀕《ひん》していた。文化放送の「走れ！歌謡曲」を提供する日野自動車に対抗すべく、いすゞ自動車はTBSラジオ平日深夜三時から五時までの時間帯を丸ごと買い取ることに決めた。

これまで一銭も入らなかった深夜遅くの時間帯をお買い上げいただけるのだ。TBSラジオは大喜びでタクシーや長距離トラック運転手向けの深夜番組「歌うヘッドライト」を作ることを決めた。ドライバーの皆様に聴いていただく以上、パーソナリティは女性でなくてはならず、紹介される曲は歌謡曲でなくてはならない。

かくして「パックインミュージック」二部の消滅が決まった。広告収入で成り立つ商業放送局としては当然の対応だろう。

林美雄のリスナーの大部分を占める大学生および高校生たちにも、その程度の理屈はわかっている。

だが、彼らは無理を承知で、TBSに林パックの存続を求める抗議行動を始めた。TBSが自分たちの要求を容れる可能性は低いが、やれる限りのことはやるべきではないのか。大人の理屈を容認するには、彼らは林パックをあまりにも愛しすぎていた。

パック二部の消滅を林美雄自身が告げて以来、鬱々とする沼辺の元に、まもなく「ミドリブタニュース」が届いた。

一読して感激した。

巨大メディアであるTBSの判断を覆し、自分たちの愛する林パックを存続させようとする気骨ある若者たちがいたのだ。

差出人欄にある〝東京都青梅市東青梅　中世《なかせ》正之〟という住所と名前には見覚えがあ

った。林パックのファン有志による簡易印刷のミニコミ「あっ！下落合新報」を送ってもらっていたからだ。これまでに二号が届き、沼辺は次を楽しみにしていた。

しかし第三号が発行されることはついになく、代わりに送られてきたのが「パック林美雄をやめさせるな！　聴取者連合」通称パ聴連の結成を知らせる「ミドリブタニュース」だった。

偶然にも届いたのは木曜日で、深夜には林パックが放送された。

番組が朝五時の終了時刻に近づき、緑魔子の「やさしいにっぽん人」を聴くうちに、沼辺の頭の中にひとつの考えが浮かんだ。

「そうだ、今からこの中世正之という人に会いに行こう」

約束はしていないが、中世が林パックを聴いていないはずがない。だとすれば、これから布団に潜り込んで眠るに決まっている。すなわち、必ず在宅しているはずなのだ。寝ているところを起こすのは悪いが、我慢してもらおう。

簡単に身支度を整え、父母を起こさないよう、静かに玄関のドアを開けて外に出た。空は刻々と明るさを増している。今日も暑くなるだろう。

当時、埼玉県大宮市の西端にあった沼辺の自宅から中世が住んでいる東青梅までは、三時間半以上かかる。

自宅から最寄りのバス停まで徒歩十分。路線バスに乗れば二十分ほどで国鉄・大宮駅に着く。大宮からは京浜東北線で赤羽へ。赤羽からは赤羽線で池袋へ。池袋からは山手線で新宿へ。新宿からは中央線で立川へ。立川からは青梅線で東青梅へ。当てずっぽうに東青梅駅で下車したが、駅前の地図で確認すると、どうやらひとつ手前の河辺《かべ》駅との中間地点、むしろ河辺寄りの線路沿いの一画らしい。番地を確かめつつ十五分ほど迷い歩き、「中世」の表札を確かめると祈るような気持ちで玄関のブザーを押した。

人の気配がした。

しばらくすると、眠そうな顔の若者がドアを開けてくれた。

「どちら様ですか？」

「『ミドリブタニュース』を送っていただいた沼辺といいます。僕も林美雄さんの番組をなんとか存続させたいと思っています。お手伝いできることはありませんか？」

駒澤大学に通う中世正之は物静かだが気さくな男で、朝の九時半に突然押しかけてきた訪問者を大いに歓迎してくれた。

それから六時間近く、ふたりは林パックや自分が観た日本映画について夢中で語り合った。昼食をとった記憶はない。

やがて中世は、パ聴連結成の経緯を丁寧に説明してくれた。

事の始まりは、三月二十九日の林パックのゲストに小田実が呼ばれたことだった。明日の土曜日にはベ平連（ベトナムに平和を!市民連合）主催の「暮らしを奪い返せ！世直し大集会」というデモを行う。小田がそう言うと、林美雄は自分も行く、みんなもこないかと続けた。

「会場の代々木公園に通じる歩道橋に目印となる『あっ！』の旗を掲げておくから、そこに集まろう」

「あっ！」とは、林美雄が放送の中で使う、感嘆詞とも句読点ともつかない独特の表現である。

放送局のアナウンサーがデモへの参加を呼びかけるのは異例だが、林美雄自身は決して政治色の強い人間ではない。「若者がデモを見れば、そこで何かを感じるだろう」と考えたのだ。

土曜日の代々木公園には四十人ほどのリスナーが集まり、ただちに名簿が作られ、『あっ！』の会と命名された。これといった実体はなく、「あっ!下落合新報」という手書き簡易印刷のミニコミを作ったくらいだ。

記事の内容は「日本映画ベスト3を語ろう」であり、「深夜映画《オールナイト》を観る会」例会の告知であり、秋吉《あきよし》久美子への偏愛の告白であり、部落解放同盟が製作した『狭山の黒い雨』上映会の告知であり、刑法改正への非難であり、小田実やアジア学者の鶴見良行《つるみよしゆき》らが代々木ゼミナールを借りて開催した「代々木アジア大学校」への失望であった。

〈ミドリブタ, ニュース〉

林美雄さんがパックをやめるそうです。実をいうとパックインミュージック2部のほとんどが変わるらしいのです。どうやら歌謡曲の番組(某放送局の走れ一のような)となるようです。
そこで私達は考えました。
何とかして林さんに放送を続けてもらうためにはどうすればいいのか? 一人で考えるより二人で三人でと一しょに考える仲間が出来 林さんに放送を続けてもらうための会を結成しました。
その会の名称は「パック 林美雄をやめさせるな!聴取者連合」です

手段I
投書をしよう パートI
TBS. 編成部あてに林さんを続けさせて下さいとのお願い。
又は何故やめさせるのか? という抗ギどんどん出そう

手段II
投書をしよう パートII
新聞、雑誌、etc…に投書しよう 映画に関する林さんの意義は大きいのです 特に映画雑誌(キネ旬、ピアetc)に。

パックをやめることについて早速TBSにたずね林さんに話を聞いてきたのでその模様をお知らせ致します

Q. なぜやめるんですか。
A. 現在、パック2部にはスポンサーがついていないわけです それで「走れ歌謡曲」のような女性タレントを使った番組ならスポンサーがつくっていうことで…
Q. 林さん自身はやめたいのですが
A. できることならしがみついてでも続けたいですけど。
Q. 林さんのこのあとの番組の予定は。
A. ないですね。
Q パック2部はこれからどうなるんですか
A. まだはっきり解らないのですが某自動車メーカーがスポンサーになって歌謡曲番組になるかもしれません まあ9月からですけど

林さんがパックをやめるのはほぼ確実のようですが、なんとか……できないもんですかね。

手段III
TBS.にデモでもしようか?

日本映画復興と云われている今日ですが、今ここで林さんの放送をつぶしてしまうようではこの上向きになってきた日本映画の現状を決して楽観できるものではないと思うのです。

仮連絡場所　〒198 青梅市東青梅[redacted]
中世正之

手書き・簡易印刷による「ミドリブタニュース」。1974年8月発行。TBSの一方的な「林パック」打ち切りに対し、声を上げようと呼びかけた。提供／沼辺信一

林パックのリスナーは、学生運動が下火になる頃に大学生や高校生になった、いわゆる「しらけ世代」の若者たちである。

七〇年安保をめぐる学生運動は、一九六九年一月の東大安田講堂攻防戦をピークとして次第に退潮し、一九七二年二月の連合赤軍によるあさま山荘事件および山岳ベース事件によって完全にとどめを刺された。

全共闘運動に参加する学生たちの合言葉は「反帝国主義、反スターリン主義」である。アメリカにもソ連にも反対する。

ならば日本なのか？　そうではない。アメリカの子分となって朝鮮戦争やベトナム戦争に荷担し続ける日本は、最も唾棄すべき二流国家であった。

世界のどこにも存在しないユートピアを作り上げようとする若者たちの革命は、次第に組織内部の闘争へと堕していき、連合赤軍はわずか二カ月足らずの間に、同じグループの人間を十二人もリンチで殺害するという凄惨《せいさん》極まりない事件を起こすに至った。

一九七三年三月にアメリカがベトナムから完全撤退すると、べ平連の存在理由は失われた。小田実は「アジアとの連帯」を訴えるようになったが、アメリカが去ったあともインドシナ半島に平和が訪れることはついになかった。

政治の季節が終わり、全共闘の若者たちが目指した革命は、結局、何ひとつ成果を上げられないままに挫折した。

「しらけ世代」の若者たちは、そんな全共闘世代を冷たい目で見た。

酒の席で酔っ払った全共闘世代が「俺たちは頑張ったよな。権力と戦ったんだから」と放言するのを聞くたびに反発を覚えた。「お前らが日本の社会をダメにしたんじゃないか」という思いがあったからだ。

しかし、反発する一方で、羨望の思いも同時に抱えていた。高校生でありながら学園紛争に身を投じた者も少なくなかったのだ。

上の世代に対する羨望と反発を同時に抱える「しらけ世代」の複雑な若者たちは、社会の不正に声を上げる気概を持っていた。

彼らはしらけてなどいなかったのだ。

林パックのリスナーであり、現在は「映像ドキュメント.com」を仲間とともに運営して脱原発や憲法九条の問題に取り組む荒川俊児は、土本典昭《つちもとのりあき》の記録映画『水俣――患者さんとその世界』を観たことがきっかけで、東大の助手だった宇《う》井純《いじゅん》が学内で開いた自主講座に参加するようになり、反公害運動にも関わった。

自主講座内で、荒川がテーマとしたのは「富山化学の公害輸出をやめさせる実行委員会」だった。いわゆる赤チンの製造では大量の水銀が排出され、周囲の環境を汚染する。国内で反公害運動が高まると、富山化学工業は製造工場を韓国に建設しようとした。この公害輸出をくいとめることに成功すると、さらに第二、第三の公害輸出をやめさせようと活動した。

映画や音楽を深く愛しつつ、日本のベトナム戦争への関与や、公害問題や部落差別などの社会問題にも大いに関心を寄せる。林パックの存続を訴えたのは、ごくまっとうな若者たちだったのだ。

沼辺信一は中世正之と話すうちに、そのことを直観した。

「三日後の八月十二日には、原宿駅近くの千駄ヶ谷《せんだがや》区民会館でパ聴連の初めての集会を開くつもりだ。君にもぜひきてほしい」と中世は言い、沼辺は「必ず行くよ」と返事をした。自分の一歩先を行く若者と出会えたことがうれしかった。

「僕はこの人たちについていけばいいんだ」

沼辺信一は、そう無邪気に考えていた。

パ聴連

三十七脚の折りたたみ椅子がまるく並べられ、三十七人の若者がまるく座った。上は大学四年から下は中学三年まで。年齢も性別も異なる若者たちが、原宿駅から徒歩数分の距離にある千駄ヶ谷区民会館に集まった目的はただひとつ。林美雄の「パックインミュージック」の存続である。

「林さんは自分の好きなものだけを放送に乗せた。本音の放送であるかどうかは聴けばすぐにわかる。林さんが紹介する映画や音楽を素晴らしいと思ったからこそ、わざわざ群馬から上京したんです」（当時高校一年の鯉登《こいと》健二）

「落合恵子さんの『セイ！ヤング』と並んで、私の考え方や知識、知性のベースになっている番組。林パックがなくなるのはイヤだと思って、横浜から参加しました」（当時中学三年の西村篤子）

「私たちが集まって声を上げても、ＴＢＳが番組終了の決定を覆す可能性は低いだろう、とは思っていました。でも、何もしなければ、そのままスルーされていくだけ。何かアクションを起こさなければ、という切迫感がみんなの中にあったんです」(当時日本大学芸術学部一年の持塚弓子)

「べ平連だって、自分たちがベトナム戦争を止められるとは思っていなかった。だけど戦争はイヤだ。ダメかもしれないけれど、とにかく反旗を翻さなければ、と声を上げた。それと同じです」(当時東京大学文学部四年の沼辺信一)

林パックを愛する若者たちはこの日、「パック　林美雄をやめさせるな!　聴取者連合(パ聴連)」を結成した。

ところが、目的が明確であったにもかかわらず、実際の行動方針に関しては、意見がなかなかまとまらなかった。

「同じ番組を好きな人たちが集まっているのに、どうしてこんなにかみ合わないんだろう?　とびっくりしました」(当時高校一年の菊地亜矢)

議論がかみ合わない理由は、一部の人間が「資本主義の論理を振りかざして若者たちの自由な広場を奪おうとする官僚的なTBSは許せない」「パ聴連を全国的な組織にして、TBSに抗議デモを行うべきだ」などと、教条的で時代遅れの新左翼的発言を繰り返したことにあった。

「全然ついていけないな、と思いました。林パックが終わってしまうことは残念だけど、

デモをやる意味なんかない。結局は一私企業の人事に過ぎないんですから」（当時高校三年の宮崎朗）

東京都北区生まれの宮崎は、小学生の頃に米軍王子野戦病院阻止闘争を目撃している。

王子野戦病院は、ベトナム戦争の傷病兵を受け容れて治療するための施設だ。時の首相佐藤栄作は「日米安全保障条約がある以上、やむを得ない」と発言した。憲法九条で戦争を永久に放棄したはずの日本が、アメリカの手先となってベトナム戦争に荷担していいのか？　ベ平連などの市民団体はデモや街頭ビラまきなどの行動を開始し、地元の町会も反対運動に立ち上がり、女性たちは割烹着《かっぽうぎ》姿でデモに参加した。

反代々木（反日共）系学生集団は一九六八年三月から四月にかけて数回の大規模なデモを行い、機動隊と衝突した。

「機動隊にボコボコにされながら、学生たちは必死に戦っていた。飛鳥山《あすかやま》の上に陣取った野次馬の大人たちは、『機動隊がこっちから来たから逃げろ！』と学生たちを応援した。王子野戦病院の近くに住んでいた人たちは、ここでは政府が言っていることと違うことが行われている、と感じたんです。結局、病院は開設され、学校の上を頻繁に米軍のヘリコプターが飛ぶようになってしまったけれど、学生たちの行動は多くの人たちから支持されていました。ところがその後、学生運動は衰退し、セクトは細分化して先鋭化し、内部闘争に終始して自滅していった。七二年二月のあさま山荘事件と、連合赤軍が仲間を何人もリンチして殺した山岳ベース事件は致命的でした。全共闘世代は頑張ったけど、結局は敗北したんだ、という感覚を少し下の僕たちはすごく持っています。林さんは群れることなく、ひとりで面白い映画や音楽を探してきて、僕たちに教えてくれた人。これからの時代は、個人で面白いことを見つけて、どれだけやれるかが大切だと思いました」（宮崎朗）

全共闘運動の思想的敗北と陰惨な結末を見てきたパ聴連の若者たちには、ひとつのイデオロギーの下で先鋭的に行動するつもりなど最初からなかったのである。

結局、「あっ！下落合新報」発行人の中世正之が「署名運動だけをやろうよ」という穏健なプランを提案し、大多数が中世の意見に同調した。

「デモをやっても、効果はほとんどないだろう。一方、集めた署名を受け取ってもらえないということはないはず。多少インパクトは弱くても、何らかの形でＴＢＳに話を聞いてもらい、『これだけ多くの人間が林パックを聴いていて、愛しているんだ』と意思表示をすることが大切だ、と考えたんです」（中世正之）

「パック　林美雄をやめさせるな！　聴取者連合」の初集会がようやく終わったのは、一九七四年八月十二日の夜九時頃だったはずだ。

すでに、林パックは八月いっぱいで終了するとアナウンスされていた。最終回は八月三十日（二十九日深夜）である。

集めた署名を、それ以前にTBSに渡さなければ意味がない。

パ聴連の動きはすばやかった。

TBSと交渉して、八月二十七日に面会の約束を取りつけると、これまで林パックに全国から寄せられてきた大量のリクエストハガキを借りだした。住所をリストアップして、署名を依頼する文書を送ろうというのだ。

個人情報にうるさい現在では考えられないことだが、当時の深夜放送では、リスナーの住所が番地まで読まれても何の問題もなかった。切手代はカンパで賄った。

友人や家族、クラスメイトに署名を頼んだのはもちろんだ。試写会で呼びかけると、ほとんどの人間が林パック終了のニュースを知っていて署名してくれた。

八月二十四日土曜日、パ聴連は渋谷で集会を開き、八百七十名の署名が集まったことが確認された。

「明日のサマークリスマスには、林パックを愛する大勢の人間が集まるはずだ。全員に署名してもらおう」

中世は集まったメンバーにそう言った。

サマークリスマスとは、林美雄の誕生日を祝うイベントである。

「どうしてクリスマスは冬にしかないんだろう? 夏にあってもいいじゃないか。僕の誕生日は八月二十五日。夏のクリスマスをリスナーのみんなに祝ってもらいたい」

と、いささか虫のいいことを言い出したのは林美雄自身だ。

"サマークリスマス〟という洒落《しゃれ》たネーミングは、林パックの「苦労多かるローカルニュース」という名物コーナーから生まれた。

バカバカしいニュースのパロディを、TBSアナウンサー林美雄が本物のニュースそっくりに読み上げる「苦労多かるローカルニュース」は、林パックにしては珍しく、リスナーの投稿で成り立つ。

《聴取者が作ったニュースを読むんですが、ニセ横井庄一《しょういち》事件というのがあったんです。

「グアム島でまた日本兵が発見されました。その人は横井庄一と名乗っています。名古屋の横井庄一さんは自分はニセ者であることを認めました」ってね。(笑)これはNHKのニュース風に読んだんです。そしたら新聞社からの問い合わせの電話が鳴りっぱなし。(笑)それに横井さんの親戚という人からも電話があって、「あす弁護士と上京して告訴する」というんです。(中略)ところがですよ、それ自体がからかいの電話だったんです。(笑)相手が一枚上手《うわて》で、こっちはまんまとのせられちゃった。》(林美雄「週刊平凡」一九七六年六月十日号)

この時の苦労をふまえて、林美雄は単に「ローカルニュース」だったコーナーを「苦労多かるローカルニュース」と名づけ、さらにコーナーの前にシュールな前口上を入れて、これから読まれるニュースがフィクションであり、真面目なニュースでは決してないと強調するようになった。

「月夜のブタは恥ずかしい。ずんぐり影が映ってる。がに股足で坂を下り、夜空見上げりゃ星ふたつ。ぶっぶー。苦労多かるローカルニュース。この番組はブタ型湯たんぽブーブーちゃんでお馴染《なじ》みの、下落合本舗の提供でお送りします」

それでも、クレームの電話は真夜中に何度も鳴った。

「当時のTBSにはまだ電話交換手の方がいたので、ちょっとした対応はしていただけたのですが、お叱りの電話は番組スタッフが対応しなければなりません。中には『林を電話口に出せ！』と怒鳴る人もいました。レコードやテープの頭出しなどをしながら電話に出て説明するのは大変でした。怒りが収まらず『これからTBSに行くからな！』と、アチラ方面風の方にガチャンと電話を切られて、番組終了後もビクビクしながら待っていたこともありました。結局は来なかったんですけど（笑）」（林パックのADをつとめた澤渡《さわたり》正敏）

国際基督《キリスト》教大学（ICU）で物理学を専攻する門倉省治は、この「苦労多かるローカルニュース」の常連投稿者だった。

都立日比谷高校時代に周囲が東大進学を目指して必死に勉強する中、門倉はひとりコント作りに熱中し、はかま満緒《みつお》の「ミュージック天国」（ニッポン放送）や土居《どい》まさるの「セイ！ヤング」（文化放送）にせっせと投稿していた。

ところが、門倉がＩＣＵに入学した頃、これらの番組は次々と放送終了になってしまい、たどりついた先が林美雄の「パックインミュージック」だった。

当時はカドミウム汚染米や背骨の曲がったハマチなど、汚染物質が大きな社会問題となっていたから、門倉は早速ニュースパロディに仕立てた。

「低能義塾大学の林美雄教授が、このたび汚染物質に大変良く効くものを発見しました。意外にもそれはキャラメルだそうです。記者会見の時に、『どうしてキャラメルが汚染物質に効くんでしょうか？』と質問されて、林教授がひとこと。『えー、汚染にキャラメル』」

サマークリスマスも、門倉が作ったニュースパロディのひとつだ。林パックの終了を目前に控えた八月二十三日に「苦労多かるローカルニュース」で採用された。門倉のハガキを読んだのは、ゲストに招かれた映画女優の中川梨絵《りえ》だった。

「冬にキリストの誕生日を祝うクリスマスがあって、夏に林美雄の誕生日を祝うクリスマスがないのはおかしいと、文部省が八月二十五日を夏のクリスマス、つまりサマークリスマスとして認定するという通達を出しました。なお代表料理は冬の七面鳥に対し、サマークリスマスはミドリぶた（注・林美雄の愛称）のコロッケに決定されたということです」

すでに前週十六日の放送の中で、林は自分の誕生日にかこつけた「ファンの集い」を企て、リスナーに参加を呼びかけていた。

《八月二十五日は私の生誕三十一周年というわけで、石川セリと荒井由実と林美雄が集まって「何にもしない会」。みんなで手つなぎ鬼やったりね、ハンカチ落としやったり、水雷艦長やったり、そういうゲームをして、残り少ない夏休みを楽しもうじゃないか、という催しがあるんですね。八月二十五日、一時半から代々木公園です。代々木公園は国電の原宿で降りまして、渋谷寄りの改札口を出まして「代々木公園どこですか？」って聞けばすぐわかるんですけど、左手の方に代々木の体育館、プールがあります。それを左手に見ながらまっすぐ歩いて行くと、代々木公園の正門に出ます。そこに「あっ！下落合本舗」の旗か、紙がはってあります。そこが受付場所で、あと道案内の人が何人かいますんで。八月二十五日、雨天決行です。どんな雨が降ろうと風が吹こうと地震だろうと決行します。雨が降ったらみんな完全装備で、濡《ぬ》れないように来る。そこで手つなぎ鬼をする。八月二十五日の日曜日、一時半から代々木公園にお集まりいただきたいと思います》（林美雄「パックインミュージック」一九七四年八月十六日）

この時点ではまだイベントに名前はなかった。翌週二十三日の「苦労多かるローカルニュース」で読まれた門倉のハガキによって、直ちに〝サマークリスマス〟と命名されたのだ。林美雄は門倉のセンスを高く買っていた。

門倉は投稿する際、いつも阿北省奈《あほくせいな》というペンネームを使っていたが、林美雄は間違えて「あきたしょうな」と読んでいた。パ聴連のメンバーたちは、門倉が伝説的な常連投稿者と知ると、畏敬の念をこめて、「阿北《あきた》さん」と呼ぶようになった。

こうして番組終了の直前にサマークリスマスの実施が慌ただしく決まった。〝八王子の歌姫〟にして〝天才ユーミン〟こと荒井由実、映画『八月の濡れた砂』で印象的な主題歌を歌う石川セリ、さらに『竜馬暗殺』で魅力的な遊女を演じた中川梨絵も代々木公園の野外イベントに参加してくれることになった。

林美雄は、青春時代の終わりをひしひしと感じていた。

パ聴連の若者たちが署名活動をしてくれるのは本当にうれしい。だが、どれほど署名を集めたところで、番組終了の決定が覆ることなど決してあり得ない。

TBSラジオ平日深夜三時から五時までの時間帯は、いすゞ自動車に丸ごと買い取られた。九月からはタクシーおよび長距離トラックの運転手向けの番組「歌うヘッドライト～コックピットのあなたへ」が始まる。

「『パックインミュージック』は僕たちにとっての聖域、燦然《さんぜん》と光り輝く塔のようなもの。文字通り心血を注ぎ込んでいますから。番組が終わってしまう時の林さんは、自分の世界をとりあげられてしまうような寂しさがあったはずです」（TBSで一年後輩の小《こ》島一慶《じまいっけい》）

林美雄にとって、「パックインミュージック」金曜二部は自分のすべてだった。

自分の番組を愛してくれる若者たちの顔をできるだけ多く見ておこう。日曜日の午後、代々木公園で彼らと童心に帰って遊び、その思い出を胸に刻んで、これからのアナウンサー人生を送ろう。

林美雄は、そんな感傷の中にいた。

サマークリスマス当日の関東上空は厚い雲に覆われ、原宿駅から代々木公園へと続く街路樹は不穏な南風に大きく揺れていた。台風十四号が関東に接近しつつあったのだ。

集合場所は芝生広場の四阿《あずまや》付近。悪天候が予想されたにもかかわらず、開始時刻の一時三十分にはなんと四百人もの参加者が集まった。ざっと見渡して男性七割、女性三割といったところ。ほとんどの人間は互いに面識がなく、ただ押し黙るばかりだ。

風はますます強くなり、ついに横殴りの雨まで降り始めたが、人混みと風で傘を開くことさえできない。

林美雄は確かに雨天決行とアナウンスしていた。とはいえ、こんな状態では中止もやむを得ないだろう。誰もが諦めかけた頃、集合時刻に三十分遅れて現れた林美雄が大声で叫んだ。

「この悪天候では、野外での開催はとても無理だ。代わりにTBSのスタジオを用意した。申し訳ないが、赤坂まで移動してもらいたい」

四百人もの人間を収容できる代替スペースを用意するまでに、林美雄とTBSの間にどのようなやりとりがあったのかは誰も知らない。携帯電話のない時代、簡単ではなかったはずだ。とにかく林美雄は大きなスタジオを急遽《きゅうきょ》押さえることに成功した。

四百人の若者たちは這々《ほうほう》の体《てい》で地下鉄明治神宮前駅に逃げ込んだ。千代田線を使えば、赤坂駅までは十分もかからない。

TBSの広い第一スタジオが若者たちでみるみる埋まっていく。嵐の中を移動したから足下はビショビショだったが、誰もが構わずスタジオの床に腰を下ろした。座る場所を確保できず、壁際に立つ者も多かった。

ラジオ番組収録用のスタジオなのだろう、天井はさほど高くなく、一方の壁の上方にはモニタールームに続く横長のガラス窓が穿《うが》たれ、その下には一台のグランドピアノが置かれていた。休日でエアコンが切られていたから、スタジオは人いきれでたちまち蒸し風呂状態になった。

代々木公園では群衆に埋もれて、どこにいるのかまったくわからなかったユーミンと、遅れてタクシーで駆けつけた石川セリが紹介されてピアノの前の椅子に座ると、万雷の拍手が湧き起こった。

ユーミンが林パックに初登場したのは一九七三年九月二十八日だった。

「(当時所属していた)アルファ・アンド・アソシエイツという音楽制作会社があって、そこのプロモーション担当に布井育夫《ぬのい》さんというちょっと変わった人がいた。布井さんは学生時代に林さんの番組のリスナーだったから、熱心に売り込んでくれたんです」(松任谷由実)

サマークリスマス当時のユーミンは多摩美術大学に通う二十歳の大学生。セカンドアルバム『MISSLIM(ミスリム)』の録音を終えたばかりだった。林美雄は早くも四月五日の段階で新曲「瞳を閉じて」のデモヴァージョンを紹介し、四月二十一日にヤクルトホールで行われた東京初のソロコンサート「First Impression」も熱心に宣伝した。ニューシングル「12月の雨」(十月五日発売)も、レコードになる以前から繰り返しかけ続けた。まったくの無名だった荒井由実にとって、林美雄は最大の支援者だったのだ。

「ユーミンというニックネームを本人以上に連呼して広めてくださったのは林さん。〝天才〟もそうかな(笑)。当時の林さんが、自分の感覚に合ったものだけを推薦していたことは確か。そういう人はとても少ない。地方のラジオ局には時々いますけどね。七〇年代前半という時代性もあったし、午前三時から始まる番組だったからこそ許された部分もあったはず。深夜放送の魔力ってあるんですよ。私も『オールナイトニッポン』

をやっていたからわかるんですけど、リスナーは全身耳になって聴いている。コトッという小さな音や息づかいまで、全部番組に影響してしまう。深夜放送はパーソナリティとリスナーが一対一の、とても濃厚なメディアなんです。サマークリスマスに集まった人たちは『自分と同じように林さんのパックに耳をすましている人間がこんなに大勢いるんだ!』と初めて知って、うれしかったんじゃないかな」(松任谷由実)

ユーミンと並ぶ林パックの歌姫が石川セリである。

七一年八月に公開された映画『八月の濡れた砂』を熱愛する林美雄は、石川セリが歌う主題歌を、番組の中で幾度となく紹介し続けた。七二年十一月にキャニオンレコードからリリースされた石川セリのファーストアルバム『パセリと野の花』のライナーノートも書いている。

《セリの唇の開き方が魅力的だと云う人が多い。下唇を一寸《ちよつと》つっぱらした唄《うた》い方。それに身のこなし。肩や手の動きが大げさじゃなくさりとて小ぢんまりじゃなく実に自然で、初めてステージを見た時はオーバーだが、かつて映画『真夏の夜のジャズ』でアニタ・オデイに対面した時の感激が蘇《よみがえ》ってきた位だった。セリの唄を聞いていると、奇妙なかったるさ、まどろみの時のあの気分を感じる。(後略)》

銀座の並木座で『八月の濡れた砂』のフィルムコンサートを企画した際には、スクリーンの前でセリ自身に歌ってもらった。

林美雄の中では、八月の濡れた砂イコール石川セリという図式が抜きがたく存在している。リスナーの多くも同様だろう。ところが石川セリ自身は主題歌「八月の濡れた砂」について、林とはまったく違う印象を持っていた。

「『八月の濡れた砂』は確かにスケールの大きなメロディを持ったいい曲だと思います。でも、あのイントロがね（笑）。『こんなの恥ずかしくて歌えない！』ってずっと思ってました。悪夢まで見ちゃった。ステージで歌っていると、あのイントロがかかるんですよ（笑）。今にして思えば、それほど嫌うこともなかったのかもしれないけど、『自分の代表曲ではない』という気持ちはずっと持っていました。映画も訳がわからなかったですね。男の子の自己満足みたいな劇だな、と（笑）。でも林パックに出させてもらうのは本当に楽しかった。ユーミンと一緒に賛美歌（「荒野《あらの》の果てに」）を歌ったことも印象に残っているし、自分宛てのリクエストハガキを読んだ時に、リスナーの方の住所の〝世田谷区上野毛《かみのげ》〟を、間違えて〝うえのけ〟と読んでしまって恥をかいたこともいい思い出。サマークリスマスというネーミングも凄《すご》いから『この人はただ者じゃないぞ』と思っていました」（石川セリ）

サマークリスマス当日の八月二十五日には、NHKのテレビドラマ「つぶやき岩の秘密」の主題歌が「遠い海の記憶」と改題されてシングル盤でリリースされている。ピコこと樋口康雄《ひぐちやすお》が作曲したこの名曲も、林パックでは、長いイントロがついたロングヴァージョンが以前から繰り返し紹介され、リスナーに深く愛されていた。

この日に集まった若者たちにとっては、ユーミンもセリもラジオの向こうの憧れの歌姫であり、顔を見るのは初めてという人間がほとんどだった。

ピアノの前の椅子に座ったユーミンは、チェックのシャツにジーンズ地のホットパンツ。石川セリはブルーの半袖シャツに赤いロングスカートを穿《は》いている。

TBS第一スタジオに場所を移したサマークリスマスは、ふたりへのインタビューから始まった。

「林さんが『八月の濡れた砂』を『いい!』って言ってくれなかったら、私は歌い続けることができなかったように思います」とセリ。

「私の曲は少女趣味って言われるんです。でも、あれは私が夢見る少女時代、十六歳の時に書いたもので、あの頃のモニュメントですから」とユーミン。

続けて林美雄がアナウンスした。「うれしいお知らせです。冷房が入ります」それでも、四百人が押し込められたスタジオの温度と湿度はなかなか下がらなかった。

「蒸し暑い中でも、ゲームをして遊んだんですよ。トイレットペーパーを輪っかにして、その中に五、六人が入り、電車ごっこみたいに競走しました。ペーパーが破れたら、やり直さないといけない。一番遅かったグループには罰ゲームがあって、みんなが歌う文明堂のCMソング〝カステラ一番〟に合わせてラインダンスを踊りました」(当時保母のアルバイトをしていた野沢直子。

女優の中川梨絵が酔っ払ってスタジオに入ってきたのは、そんな最中だった。

「たぶんどこかで飲んでたんだけど、お別れ会だからきてって林さんに言われていたのを思い出して行ったのよ。その頃は『竜馬暗殺』がみんなにとってもウケて、東映の『実録飛車角・狼どもの仁義』で菅原文太《すがわらぶんた》さんの相手役をやることも決まっていて、うれしくて仕方がなかった。TBSのスタジオに行くと、たくさん人が集まっていて、ピアノの前に女の子がふたり座っていた。私も酔っ払ってたから、『どいてどいて、私のピアノなんだから』って、邪魔なふたりを押しのけて何曲か歌った。あとになってあのふたりが荒井由実と石川セリだって聞いたの（笑）」（中川梨絵）

ユーミンとセリは突然の闖入者《ちんにゅうしゃ》を不愉快に思うどころか、中川梨絵の歌を聴いて大いに喜んだ。

やがてケーキがスタジオに届けられた。集まった若者たちが帽子を回して十円ずつのカンパを募り、林美雄のために用意したのだ。

ユーミンのピアノ伴奏で「ハッピーバースデー」を全員で歌った。林美雄がロウソクの火を吹き消すと、誕生日のお祝いにセリとユーミンに歌ってもらおう、という声が上がった。

最初に指名されたのは石川セリ。曲はもちろん「八月の濡れた砂」だ。

急な会場変更だったから、放送局にもかかわらず、マイク一本用意されていなかった。しかもリハーサルもない、まったくのぶっつけ本番。歌手にとってはきわめて厳しい環境であったはずだ。

カラオケも楽譜もなく、無伴奏を余儀なくされたこともセリには気の毒だった。だが、スタジオにいた若者たちにとっては何の問題もなかった。全員がこの曲を熟知していたし、ほとんどの人間が映画の細部まで知っていた。

セリが歌い始める直前、すでに彼らの耳にはあのイントロが聞こえている。

歌い始めれば、彼らの目には映画『八月の濡れた砂』の有名なラストシーンが見える。カメラがヘリコプターからの空撮に切り替わると、白いヨットがみるみる小さくなり、やがて湘南《しょうなん》の青い海の一点に収斂《しゅうれん》していく――。

夏の終わりを林美雄とともに惜しむために、これほどふさわしい曲はなかった。

あたしの海を　まっ赤に染めて
夕日が血潮を　流しているの
あの夏の光と影は　どこへ行ってしまったの
悲しみさえも　焼きつくされた
あたしの夏は　あしたもつづく

第１回サマークリスマス、1974年8月25日。扇子を持っているのが石川セリ。その隣がユーミン。身動きもできないほどの若者たちがTBSスタジオの中にいた。

打ち上げられた　ヨットのように
いつかは愛も　朽ちるものなのね
あの夏の光と影は　どこへ行ってしまったの
想《おも》い出さえも　残しはしない
あたしの夏は　あしたもつづく

（「八月の濡れた砂」）


グランドピアノの蓋が開けられ、緊張した面持ちのユーミンが鍵盤の前に座った。

静寂の中を「ベルベット・イースター」の美しいイントロがピアノから流れ出した。

その瞬間、石川セリは耐えがたいほど高かったスタジオの温度と湿度が、わずかに下がったように感じた。

ピアノの傍らにしゃがみ込んでいた沼辺信一からは、ユーミンの顔はまったく見えなかった。だが、ホットパンツから美しい足がすらりと伸び、厚底のスニーカーがペダルを踏む様子を至近距離で目撃して動揺した。

そして、スタジオにいたすべての人々は、のちのスーパースターの生涯の名曲を、マイクもアンプも通さない真の生演奏で体験することとなった。

すでに沼辺信一は、ユーミンのライブを新橋のヤクルトホールや渋谷のジァン・ジァンで聴いている。いずれも無残なステージだった。もともとソングライター志望で実演経験に乏しいユーミンは、舞台上では傍目《はため》にも気の毒なほどあがってしまい、震えて声が上ずり、まともに歌えなかった。まだ二十歳の美大生だったのだから無理もない。

しかし、この日のユーミンは違っていた。いつものバックバンドもいない、まったくの孤立無援だったにもかかわらず、緊張しながらもどこかに落ち着きがあり、自然な高揚感を醸し出すことができた。最大の理解者である林美雄と、温かく見守る聴衆の中で、いつになくリラックスできたのだろう。こんなに見事な「ベルベット・イースター」は聴いたことがない。歌詞の一節にあるように〝天使が降りて来そう〟だと、沼辺は心を鷲《わし》づかみにされた。

林美雄も三曲を歌った。「愛情砂漠」「黒の舟唄」そして「やさしいにっぽん人」。フィナーレは林美雄の胴上げだった。

「番組が終わっちゃう。これが最後の祭りなんだ。そう思うからか、会場のテンションが異様に高かった」（沼辺信一）

「林さん自身も含めて、お別れ会と思っていた人はいたかもしれない。でも、僕は心情的に認めたくなかった。集まった署名を持ってこれからＴＢＳに乗り込もうとしていたんですから」（中世正之）

サマークリスマスの終了直後、パ聴連のメンバーは手分けして林パックの存続をTBSに求める署名を呼びかけた。ゲストのユーミン、セリ、中川梨絵をはじめ、その場にいた全員が我先にと署名に加わった。

サマークリスマスの二日後にあたる八月二十七日午後二時。パ聴連のメンバー十数名が集まり、代表数名が署名千二百筆を持ってTBSラジオ局編成部の人間に面会した。応対したのはTBSラジオ局編成部副部長の磯原正議と編成部主事の平川清圀《ひらかわきよくに》（いずれも当時）である。

パ聴連が発行する「みどりぶたニュース　第二号」には、当日の会見の様子が生々しく伝えられている。

まずTBS側から、九月からの編成はスポンサーの意向という説明があった。

平川　林くん自身がくたびれていることも確かだし、社の方針でこうなった。

――林さんがやめたいと言ったのか？

平川　やめたいとかやめたくないとかの問題ではない。彼は社員であり……（会社の方針に従うのは当然、というニュアンス）。

――復活できないのか？

磯原　わからない。

――パック二部はパーソナリティの個性を出していた。それを崩すのか。

平川　見解の相違じゃない？　はっきり言って、僕は林のパックは嫌いだ。あんな独善的な放送は、社会性がないのじゃないかと思うくらい。たとえば僕が何千名の署名を集めようと思えば集められるよ。「林美雄を下ろせ」と。

――じゃあ、私達を切り捨てちゃうわけ？

平川　そう。

――ＴＢＳは私達を選ばないいんですね？

平川　ほかの人達を選んだわけだ。個人的な考えだが、できたらこれを機会に林くんにもっと成長してほしい。人間的にも社会性を身につけてほしい。自己主張するならそれだけの条件を整えてからやるべきだ。

――そういう圧力（誰かを出せ、誰かを下ろせ）は、どういう風にかけたらいいんでしょう（笑）。

平川　そうだなあ……結局は数を増やすしかないでしょうね。僕の判断でいえばね。

――聴取率重視ですか。

平川　重視はしてないけど、結局はそれしかないね。

――ハガキの数は？

平川　全然あてにしていません。聴取率一パーセントは十五万人。パック四パーセントで六十万人。一方、ハガキはせいぜい何百枚単位。六十万分の何百を気にするはずがないでしょう。

パ聴連の若者たちは呆然《ぼうぜん》となった。

番組継続の要望を拒否されたことは、ある意味で予想通りだった。

しかし、あの素晴らしい林パックが、TBS内部でこれほどまでに酷評されているとは、思ってもみなかったのだ。

林さんは一体、どんなアナウンサーなのだろう？

そういえば自分たちは、「パックインミュージック」以外の林美雄について、ほとんど何も知らなかった。

Ⅱ　「林パック」誕生

同期は久米宏

林美雄の父は、かつて大木姓を名乗っていた。江東区深川森下で傘の生地問屋を営む林家《はやしけ》の婿養子に入って林利夫となったのだ。

ところが、跡取り娘は数年を経ずして急死してしまう。若い夫婦に子はなく、利夫は後添えとして、なり子を迎えた。

見合いの席に着流し姿で現れた男前の利夫に、なり子の母が一目惚れしたという。

一九四三年八月二十五日、なり子は初めての子を生んだ。

林美雄である。つぶらな瞳の可愛《かわい》い男の子だった。

だが、まもなく父の利夫に召集令状が届き、満州に送られてしまう。日本は戦争の泥沼の中にいた。戦況は悪化する一方で、一九四四年八月にマリアナ諸島テニアン島を占領されてからは、北海道を除く日本列島の全域が戦略爆撃機B29の爆撃圏内に入った。

首都東京が頻繁に爆撃されるようになると、母なり子は、ひとり息子を連れて夫の実家のある千葉県八日市場《ようかいちば》に疎開した。

一九四五年三月十日未明、一万三千発のナパーム弾（焼夷弾《しょういだん》）を搭載した三百二十五機のB29が東京上空に集まった。東京大空襲である。アメリカ軍の狙いは軍事施設ではなく、木と紙でできた家屋が密集する旧浅草区、本所区《ほんじょ》および日本橋区を含む東部地域に無数の焼夷弾を落として焦土と化すこと、すなわち無差別大量虐殺にあった。二時間半の爆撃の結果、家屋の焼失は約二十七万戸に及び、被災者は百万人を数えた。逃げ場を失った人々は炎に包まれて焼死するか、早春の冷たい川に飛び込んで溺死した。死者は十万余、それを遥《はる》かに上回る数の負傷者が出た。

さらにアメリカ軍は広島と長崎に二発の原子爆弾を落とし、ついに聖断下って大日本帝国はポツダム宣言を受諾、無条件降伏した。一九四五年八月十五日のことだ。戦争が終わると進駐軍がやってきた。アメリカ兵は、可愛い林美雄少年にチョコレートをくれた。

しかし、父はなかなか復員してこなかった。ソ連によってシベリアに抑留されていたのだ。

父がようやく帰国した頃、美雄は四歳になっていた。シベリアでは多くの元日本兵が極端な栄養不足と過酷な強制労働によって次々と死んでいったが、食糧班員だった父は元気な姿で帰ってきたから母を喜ばせた。

深川森下にあった林家は東京大空襲で消失し、祖父母も亡くなっていたから、再会した若夫婦は、なり子の実家に近い浅草菊屋橋の家に住んだ。

父の記憶を持たない美雄が、父になつくまでには少し時間がかかったが、やがて父にねだるようになった。

「お父さん、早くお嫁さんをもらって赤ちゃんを生んでよ」

幼い美雄は、母が赤ちゃんを生むとは思ってもいなかったのだ。だが、案に相違して母はその後三人の男児を生んだ。

一九五一年十二月に東京初の民間ラジオ局であるラジオ東京、のちのＴＢＳが開局すると、浅草寿町の精華小学校二年生になっていた美雄はプロ野球中継に夢中になった。ラジオのアナウンサーは見たものを語るのが仕事だ。美雄は紙芝居を作って弟たちに読んで聞かせ、都電の運転レバーを自作して「次は合羽橋《かっぱばし》、次は入谷《いりや》二丁目」と運転手の真似《まね》をした。

そして一九五五年五月五日。小学校六年生になっていた美雄に、一生を決める大事件が起こった。こどもの日にちなんでラジオ東京が企画した〝少年アナウンサー〟に選ばれたのだ。のちのスポーツ中継のエース渡辺謙太郎アナウンサーの指導の下、数人の子供たちが順番に巨人―大洋戦を実況するという趣向である。スポーツの興奮を伝える自分の声が、ラジオを通じて日本中の人たちに届けられる。野球とラジオを深く愛する美雄は興奮した。

これだ。これが僕の仕事なんだ。

以後、美雄はひたすらアナウンサーを目指すことになる。

同じ年の十月にはニューヨーク・ヤンキースが来日した。

一九七六年五月に毎日新聞社が発行した『1億人の昭和史』第六巻の表紙には、来日したニューヨーク・ヤンキースの選手ふたりが日本の子供たちに野球を指導する写真が使われている。

左はのちに監督として有名になるビリー・マーティン、中央は伝説的な強打者のミッキー・マントル、右端でバットを構えてマントルの指導を受けているのは、精華小学校の野球部員だった十二歳の林美雄少年である（本書六十二ページ参照）。

蔵前中学二年の時には、やはりラジオ東京が公募した相撲の豆解説者になった。校内の弁論大会でも優勝し、スポーツアナウンサーへの夢はますます膨らんでいく。

だがその頃、林家の経済状態は悪化の一途をたどっていた。

両親は江戸川で果物屋を、中野坂下では甘味屋をやった。焼き芋屋を始めたこともあったが、何をやってもうまくいかなかった。

「父親には商才がなかった。夫はそう言ってました。まけてよ、と言われると平気で原価より下げて売っちゃったり、子供の草野球の審判を引き受けて店を空っぽにしたり

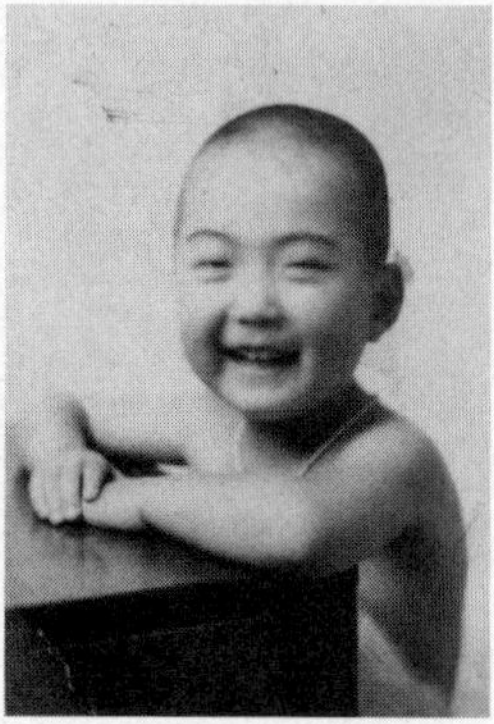

林美雄、２歳の頃の写真。
目元あたりに面影が残る。
提供／林文子

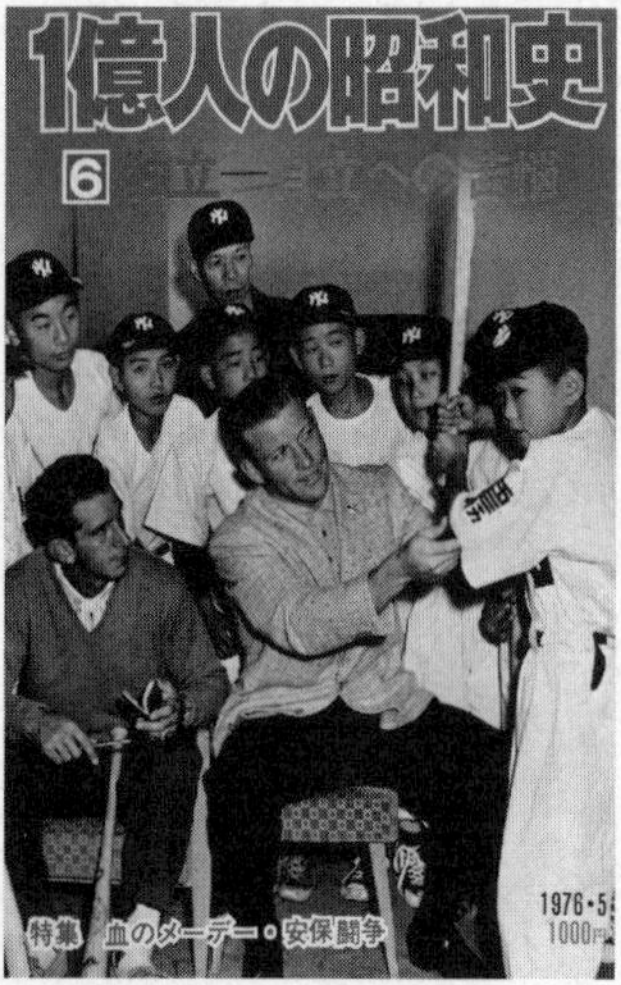

1976年に毎日新聞社が
発行した『１億人の昭和
史』の表紙。バットを持
っている少年が林美雄。

（笑）。甘味屋をやったときには、真っ先に餅つき機を買ったそうです。二階の高さから杵（きね）がドーンと落ちてきて、地響きがするようなバカでかい機械だったとか。おしるこに入れるだけなんだから、ちょっとしたものでいいのに（笑）。だから、商売は傾くべくして傾いた」（美雄の妻の林文子《ふみこ》）

江東区越中島《えっちゅうじま》にある都立第三商業高校に入学した林美雄は、浅草三筋町《みすじまち》で母方の祖父母と同居する叔父の元に預けられた。

当時、一家は練馬区富士見台に住んでいたから、浅草から通学する方が遥かに近かったことが最大の理由だが、富士見台の家が狭いことや、ほかに三人の食べ盛りの男の子がいて家計が苦しかったことも大きかった。

祖父母はとても可愛がってくれたが、家族と離れるのはやはり寂しかった。週末に富士見台の家に帰ると、母が自分のために特別に卵焼きを焼いてくれた。

家計を助けようと、長期休暇のたびにアルバイトに励んだ。

デパートのエレベーターボーイやガソリンスタンドの店員。中元や歳暮の配達をしたこともあった。

配達料は重くても軽くても一件いくらで支払われる。持ち運びの楽なものは先輩がさっさと持っていき、若い自分には日本酒や醤油《しょうゆ》の一升瓶、サラダ油などの重い荷物ばかりが回されてくる。

自由と平等を説く戦後民主主義は虚妄であり、所詮この世は力と才覚と上下関係がモノを言う。高校生の自分は一人前として認められず、先輩たちに見くびられている。

「大人御輿《おとなみこし》はまだ担げない。かといって山車《だし》を引くには大きすぎる。そんな年頃はつらいよね、と夫はよく言っていました。まだ大人ではなく、かといって子供であることも許されない中高生の年頃です。夫が『パックインミュージック』をやっていた頃、若い人たちに優しい目を向けていたのは、この時期のつらい経験があったからだと思います」（林文子）

バイトに追われる一方で、放送部の活動にも熱心だった。野球部が練習試合を行う時には、いつもグラウンドに机を出して実況の練習をした。アナウンサーへの情熱が失われることは決してなく、三年になると放送部の部長に選ばれた。

一九六一年夏、都立第三商業高校放送部長の林美雄は、ＮＨＫ杯全国高校放送コンテストのアナウンス部門で優勝する。

林美雄の「パックインミュージック」のリスナーから放送作家となり、現在は日本記念日協会の代表をつとめる加瀬清志《かせきよし》は、林美雄からアナウンスコンテストに優勝した時の話を聞いたことがある。

「全国大会で優勝するなんて、林さんは高校時代から凄かったんですね」

「何が凄いかわかる？」

「発声とか、抑揚のつけ方とか、しゃべるスピードとかですか？」

「男だった、ということさ。大体ああいうコンテストは女が勝つものなんだ。俺は男の声で出て行って、どこまで行けるかを試してみたかったんだよ」

林美雄の言葉通り、アナウンスコンテストでは過去三年間、女子生徒が上位を独占していた。林美雄が優勝した年も二位と三位は女子が占めた。高校の放送部では、男子生徒が技術を担当し、女子生徒がアナウンスを担当することが多いからだ。男性である林美雄が日本一になったことは、傑出したアナウンス技術を持っていたことを意味する。

自分はアナウンサーへの夢に大きく近づいた。そう感じていた林美雄に、しかし人生最大の試練が訪れた。

アナウンサーになるためには放送局に就職しなくてはならない。そのためには大卒の資格が必要だが、両親に金銭的余裕はまったくなかった。修学旅行の費用を用立てられず、病気と偽って同級生の出発を見送ったことさえあったのだ。

「大学なんて無理よ。ウチには四人も息子がいるんだから」

母からそうはっきりと言われた時には、トイレにこもって一日中泣いた。

散々泣いたあとに結論が出た。自分が稼いだカネで大学に行けばいい。

高校を卒業すると、三菱地所に就職した。給料は良かったが、その分ストレスも大きく、吸い始めたタバコはどんどんきついものになり、やがてフィルターのない両切りピースに落ち着いた。ニコチンとタールの含有量が最も多い日本最強のタバコである。

以後、林美雄は死ぬまでピースを吸い続けた。

一年後、林美雄は早稲田大学第二法学部に入学する。夜間部である。会社の上司は引き留めてくれたが、アナウンサーの夢を諦めるつもりなど毛頭なかった。法学部にしたのは、卒論を提出しなくてもよかったからだ。林美雄にとって、大学はアナウンサーになるための通過点に過ぎなかった。

入学金と当座の授業料は貯金と失業保険で賄ったが、それだけでは足りずバイトも続けた。予備校のテストの添削をやり、さらに池袋の喫茶店でディスクジョッキー（DJ）もやった。

洋楽のヒットソングを軽妙な語りで紹介しつつレコードをかける。

無名の声優だった野沢那智と白石冬美を抜擢《ばってき》して、木曜深夜のナチチャコパックを七〇年代深夜放送の代名詞にした熊沢《くまざわ》敦《あつし》ディレクターは、大学生の林美雄がTBSにやってきた時のことをはっきりと記憶している。

「当時の僕は入社二年目か三年目で、洋楽ポップスをかける『今週のベストテン』を担当していた。林は多分大学三年か四年だったはず。TBSにやってきた林は、喫茶店で紹介したいから『今週のベストテン』のチャートをくれと頼んできた。だから林と僕は入社前から縁があった」

ラジオ東京は、林美雄が少年アナウンサーとしてプロ野球の実況を体験した一九五五年にテレビ放送を開始して、民放初のラジオ、テレビ兼営局となった。一九六〇年には株式会社東京放送、通称ＴＢＳに改称している。

一九五五年当時のテレビ台数はわずか五万数千。ＮＨＫ、日本テレビというお手本はあったものの、「街頭テレビに見入る人々」という不確かな視聴者数に基づいて企業に宣伝効果を説き、番組のスポンサーとなってもらうのは、ＴＢＳの営業担当者にとって困難な仕事だったに違いない。

しかし、テレビの宣伝効果はすぐに明らかになる。

「ワ、ワ、ワ、輪が三つ」（ミツワ石鹼《せっけん》）

「ミルキーはママの味」（不二家）

「明るいナショナル」（松下電器産業）

視聴者はコマーシャルソングを一生忘れないばかりでなく、無料で口ずさんでさえくれるのだ。

ＴＢＳがテレビを始めて三年目にあたる一九五七年には、テレビの広告料収入が早くもラジオを上回った。恐るべき怪物に成長しつつあるテレビを最も舌鋒《ぜっぽう》鋭く批判したのは、評論家の大宅《おおや》壮一《そういち》であった。

《今日のマス・コミの在り方を見るに、大衆の喜びそうなものには、何にでも食いついていく。そこには価値判断というものはない。量があって質がない。この傾向は新聞、雑誌、放送、テレビと、より新しいものに進むにつれてますます激しくなる。テレビにいたっては、紙芝居同様、いや、紙芝居以下の白痴番組が毎日ずらりとならんでいる。ラジオ、テレビというもっとも進歩したマス・コミ機関によって、〝一億白痴化〟運動が展開されているといってもよい。》(「週刊東京」一九五七年二月二日号)

ラジオ東京＝TBSの初代社長となった足立正《あだちただし》もまた、テレビが極端に商業化し、大衆化することを恐れ、社員に繰り返し訓示を与えた。

「最大の放送局よりも最良の放送局を目指す」

TBSの社員たちは、この言葉を胸に深く刻んだ。

財界の後押しによって誕生した日本テレビとは異なり、TBSは毎日、朝日、読売の新聞三紙と電通が設立した会社である。

警察官僚出身の正力松太郎《しょうりきまつたろう》が主導する日本テレビが、自民党政権およびアメリカ政府と深く結びつく反共のメディアであったのに対して、TBSは放送メディアの社会的役割を強く意識していた。権力とは距離を置き、公正な報道を目指すリベラルな放送局を志向したのである。

しかし、インテリの考えとは別に、大衆は常に日常から逃避するための夢と娯楽を求める。

一九五九年四月十日の皇太子ご成婚がテレビ普及の飛躍に大きく貢献したことは、広く知られている。この年にはNET(現・テレビ朝日)とフジテレビも開局して、キー局は五つに増えた。地方局も開局ラッシュで、前年までの十七局が、この五九年には一挙に三十八局へと増加した。日本でテレビ放送が始まってから六年、すでに国内メーカーはテレビ受像機の大量生産態勢をすっかり整えていた。テレビの価格は急激に下がり、庶民にも手が届くものになっていた。

三年前にグレース・ケリーがモナコ大公レーニエ三世と結婚して、モナコのイメージアップに大きく貢献したことがあったが、類い稀《まれ》な美貌の持ち主が、ロマンチックな〝テニスコートの恋〟を経て皇太子殿下と結ばれるという正田《しょうだ》美智子《みちこ》さんのシンデレラストーリーは、日本中に皇室への尊崇の念と、軽井沢の別荘でテニスができるような裕福な暮らしへの憧れをかき立てた。

馬車に乗ってパレードする美智子妃の清楚《せいそ》な美貌を一目見ようと、沿道は百万人もの群衆で埋め尽くされ、テレビの前ではその十五倍にもあたる一千五百万人が、テレビ各局が早朝から夜中まで放送する特別番組に釘《くぎ》づけになった。

林美雄が早稲田大学に入学した一九六三年には、テレビの普及世帯が一千五百万を突破した。高度経済成長の賜物《たまもの》である。

一九六四年の東京オリンピックに向けてテレビ広告費は急上昇、「東京オリンピックをカラーで見よう」という家電メーカーのCMが大量に流され、高価だったカラーテレビを思いきって購入する家庭も増えた。

日本経済が右肩上がりを続けた六〇年代半ば、大学は企業が大量に求めるサラリーマン養成機関へと変貌していた。

一流大学の学生は一流企業へ。それなりの大学の学生はそれなりの企業へ。過酷な受験勉強の果てにようやく獲得した大学生というポジション。だが、四年間のモラトリアム（猶予期間）が終われば、鼠色《ねずみいろ》の背広を着たサラリーマンとなり、朝から晩まで馬車馬のように働かされる未来が待っている。

そのような大学生の鬱屈と倦怠《けんたい》と絶望が、たとえば学費値上げ反対闘争へ、ベトナム戦争反対運動へ、米軍王子野戦病院阻止闘争へ、千葉県成田市三里塚の新東京国際空港（成田空港）建設反対闘争へと向けられていく。

第二次世界大戦における日本の戦没者は三百十万人に及ぶ。日本は尊い犠牲を払い、基本的人権の尊重と国民主権、平和主義という新憲法の理念の下で再出発したはずだった。

ところが終戦から二十年以上が経過した現状はどうか？

日本国民を軍国主義から解放したと主張するアメリカは、実質的に日本を植民地化し、日本各地に点在する米軍基地から、兵士たちを飛行機でわずか五時間の距離にあるベトナムへ送り出している。日本政府はアメリカの飼い犬となり、アメリカのアジア侵略の拠点に使われるばかりか、様々な形でベトナム戦争の後方支援までさせられている。

空も海も山も空気も工場の廃棄物で汚れ、資本家たちは労働者を長時間労働させて大いに搾取している。

これが戦後民主主義のなれの果てか？　こんな日本でいいはずがない。我々は日米安全保障条約を破棄し、アメリカの飼い犬状態から脱出しなくてはならない。

当時の大学生たちには反米、反政府の気分が濃厚にあり、そのなかから、バリケードを築いて教職員を排除し、投石やゲバ棒などの実力行使で機動隊と戦う若者たちが登場する。全共闘運動である。

林美雄がＴＢＳに入局してアナウンス室に配属されたのは一九六七年四月。日本大学と東京大学を中心とする全共闘運動が始まる一年前のことだった。

同期は久米宏《くめひろし》や宮内鎮雄《みやうちしずお》など。ＮＨＫには草野仁《くさのひとし》、文化放送にはみのもんたが入局している。ＴＢＳの一期下には小島一慶がいる。

二〇二〇年六月まで、ＴＢＳラジオで「久米宏　ラジオなんですけど」のパーソナリティをつとめていた久米宏が、半世紀近く前のＴＢＳ入局当時を振り返ってくれた。

「アナウンサーの試験はすごく厳しいんです。一次試験が終わって一週間くらいすると、TBSの玄関にバカでかい紙が張り出されて人数が半分に減っている。一週間後にまた行くとまた半分。それが七次面接まで続く。受けるのはほとんどが放送研究会出身者です。高校時代から有名なヤツばかり。TBSに入ってからわかったことですけど、有名大学の有名放送研究会でアナウンサーの勉強をしたヤツのうち、ごく一部が東京のキー局に入る。落ちたヤツがラジオ専門局のニッポン放送や文化放送に行ったり、大阪や名古屋に流れる。そこも落ちると小さな地方局に行く。ヒエラルキーというか、ピラミッド構造になっているんですね。放送研究会じゃないのは僕くらい。鼻濁音の存在も知らないし、二次試験くらいで『もうダメだ!』と思った。ラジオがかかってるんじゃないか? と思うようなヤツがゴロゴロいるわけですから。僕なんか絶対入れないと思ったから、面接はケンカ腰です。『人を選別するのは間違っている。あんたたちにどんな権利があって人に優劣をつけるんだ!』と、そういうスタンスですから(笑)。だから、よく入れたなと思います。

最後は重役面接ですけど、そこに行くまでには十人くらいに減っているから、みんな仲良くなっていて、試験が終わると一緒にお茶を飲みに行くんです。最終面接に合格すると電報がくる。行ってみると合格者は僕、林美雄、石森勝之、青木靖雄《やすお》の四人。僕と林くんは早稲田、石森は立教の放送研究会の大エース、青木は東大法学部です。僕は大学時代に演劇をやっていたけど、あとの三人はアナウンサーを目指してきたヤツばかりだから、林くんにはよく『久米ちゃんは俺たちとは違うな』と、褒めてるんだか、けなしてるんだかわからないようなことを言われました。

この年の試験は変則的で、しばらくすると別の四人がアナウンス部に入ってきた。一般職の試験に落ちた人間の中から、四人をアナウンサーとして採ったんです。多少は音声のテストもやったんでしょうが、アナウンサーの試験はまったく受けていない。僕たちは、あとから入ってきた四人に反感を持つわけです。だって最終面接で落とされた仲間への思いが残っていましたから。あとから四人入れるんだったら、彼らを落とさなくてもよかったじゃないか、と。研修中は食堂で一緒に飯を食うんですけど、僕たちとあとから入った四人は全然合わなくて、ちょっと距離がありましたね。先に入った四人も一致団結していたわけではなく、僕と林くんが一番仲が良かったんじゃないかな。同じ早稲田ですが、林くんは法学部で僕は政治経済と学部も違うし、面識はまったくなかった。でも、性格的にどこか似ている。こんな仕事を選んだ割には人見知りをするんです。林くんは好き嫌いがかなりはっきりしている。面と向かって人に言うことはないし、拒絶することもないけど、嫌いなヤツとは口を利かない。ただ、めったにない童顔ですからね。つぶらな瞳でまつげが長くて、笑うと可愛らしい。いつもニコニコ笑っているから、人の好き嫌いが激しいことや、あまり人としゃべらないことに、周りは気がつかないんです」

長髪と見事な英語と美声のナレーションで知られる宮内鎮雄は、久米宏の言う〝あとから入った四人〟のうちのひとりだ。

「僕は中学の頃からポップスが好きでした。ビートルズの『抱きしめたい』をレコード店に予約して買った世代。FEN（Far East Network＝極東放送網。在日米軍のためのラジオ放送。現在はAFN《American Forces Network》）や、日本なら糸居《いとい》五郎さんのようなディスクジョッキーに憧れたのですが、TBSにDJの採用枠はなく、ディレクターの試験を受けて落ちたんです。しばらくすると電話がかかってきて『アナウンサーの枠があるから受けてみないか』って。TBS人事部としては、放送研究会出身者ばかりを採用するのがイヤだったみたいですね。ずぶの素人でも、ちゃんと研修をすれば大丈夫だ、と。それで受かったのが僕のほかに米沢光規、小口勝彦、河野通太郎の三人。大道具志望もいたし、要するに一般職の試験を落ちた連中です。

アナウンサー志望の連中と一緒に研修を受けると、明らかに差がありました。発音や発声という基本中の基本ができていないからです。先に入った四人からは『どうしてこいつらがアナウンサーになるんだ？』とバカにされました。林はもちろん優等生。でも、大学時代に喫茶店でDJのアルバイトをしていたことがあったんですね。喫茶店でしゃべっていた人には、もの凄く癖があるんですよ。読みも癖読みで、なめらかに聞こえるんだけど、実はクサくて聞くに堪えない。そういう癖がちょっと残っていて、よく直されていました。僕はまだ素人だったからわからなかったけど。
発音や発声がある程度できるようになると、次にやるのは実況描写。たとえば会社の屋上に上がって『いま、私は屋上にいます。右にはビルが建っています。左を見ますと……』と実況する。でも、どうしても途中で言葉が出なくなって叱られる訳です。『お前は風を感じたのか？　風が吹いていて寒かったじゃないか。どうしてそのことを言えないんだ』と指摘される。言われないとわからないものなんです。最初のうちはできなくても、うまいヤツのつなぎを真似するうちに、だんだんできるようになっていく。先に入った四人と僕たち四人は、最初の頃は対立していたけど、厳しい研修を受けるうちにだんだんまとまっていきました」（宮内鎮雄）
　林美雄や久米宏、宮内鎮雄らは、ＴＢＳという超優良企業に就職して、人も羨む高給取りになった。しかし、彼らもまた、当時の若者たちに共通する権力への反発心を抱えていた。
「結局、反安保、反米ですよね。僕は高校一年の頃からずっと、自民党政権とアメリカの結びつきへの反感を持っていました」（久米宏）
　林美雄もまた、日本の根源である天皇制への疑念を持ち続けた。
《「〝菊〟にはやはり反対ですね」

これが、ボクの姿勢である。何故、反対かというと、人間を差別する根元がそこにあるからだ。

ボク自身、人間を差別したことがないとはいわない。人に差別されたこともあるし、差別したこともある。しかし、それをおこなうことを、恐れている。

恐れているからこそ、ボクは差別というものの根元である〝菊〟に反対してゆきたいのである。》（林美雄篇《へん》『嗚呼！　ミドリぶた下落合本舗』一九七六年）

しかし、許認可事業である放送局は、新聞雑誌とは根本的に異なる。どれほど会社が大きくなろうとも、郵政省（のちに総務省）の許可を取り消された瞬間に消滅する運命にある。ジャーナリズムを標榜《ひょうぼう》する放送局が、反権力を貫き通すことは不可能なのだ。

その矛盾が露呈したのが、「ニュースコープ」の人気キャスターだった田英夫《でんひでお》の降板である。

TBSテレビのニュース番組「ニュースコープ」は一九六七年七月に田英夫を北ベトナムのハノイに送り込んだ。林美雄が入局した三カ月後にあたる。もちろんアメリカ軍の北爆の実態を報道するためである。西側のテレビ局が北爆下の北ベトナムに取材に入ったことはそれまでに一度もなかった。TBSが先陣を切ったのだ。

田英夫が見たハノイ市民の表情は穏やかで、海の表玄関ハイフォン港にはソ連や中国、ポーランドなどの船から大量の援助物資が陸揚げされていた。

ハノイを離れ、ジープに乗って地方に出かけてみると、ひとつの町は壊滅状態となり、鉄道の駅も破壊されていたが、それでも道路や鉄道はすばやく補修されており、クルマも汽車も順調に走っていた。

大きなホン河の堤防が破壊されているのを見た時は「爆撃は軍事目標に限定される」とするアメリカ国防総省の発表が虚偽であることを知った。

概して言えば、北ベトナムは余裕を持って北爆に立ち向かっている。北ベトナムはアメリカに屈服しない。アメリカが北爆を停止しない限り、北ベトナムは和平交渉には決して応じないだろう。

二十五日間の取材の中で、そのような感触を得て帰国した田英夫は、取材の成果を「ニュースコープ」で一週間にわたって伝えた。八月三十日には四十五分の報道特番を組み、十月三十日にはベトナム取材の集大成となる一時間番組「ハノイ　田英夫の証言」を放送した。

「ハノイ　田英夫の証言」の放送から八日後、自民党広報委員長の長谷川《はせがわ》峻《たかし》が今道《いまみち》潤《じゅん》三《ぞう》ＴＢＳ社長を自民党会館に招いて懇談した。自民党側からは橋本登美三郎《とみさぶろう》、田中角栄《かくえい》、新谷寅三郎《しんたにとらさぶろう》が出席し、橋本登美三郎は今道社長に「いま田をハノイにやれば、放送内容がああいう結果になるのは、わかっているではないか」と発言して田の番組を槍玉《やりだま》に挙

げた。（『ＴＢＳ50年史』二〇〇二年）

だが、今道社長は自民党からの圧力を「報道機関である以上、ニュースのあるところならどこへでも人を出す」と突っぱねた。

翌一九六八年正月、林美雄、久米宏、宮内鎮雄ら新人アナウンサー八人は、先輩社員たちとともに、今道社長の年頭の挨拶を聞いた。

「今道さんは骨のある人で、（放送局の許認可権を持つ）郵政省に対しても、いつもピシッとおっしゃっていた。ＴＢＳは〝民放の雄〟と言われていたし、社員もそう自負していた。ニュースやテレビドラマがぶっちぎりで強かった時代でもあったけど、それだけじゃない。〝民放の雄〟である理由は視聴率や収益じゃないんだ、と僕は理解していました。年頭の挨拶で、今道社長は〝社会的正義〟という言葉を口にした。『我々放送局は、社会的正義を追い求める任務を背負っているんだ』と。企業のトップがこういうことを言うのか、と感動した記憶があります。聞いていた社員全員が『その通りだ！』と心の中で頷《うなず》いていたんじゃないでしょうか」（久米宏）

ところがわずか三カ月後、ＴＢＳ社員の誇りは粉々に打ち砕かれることになる。

ＴＢＳと深夜放送

一九六八年三月十日、「カメラルポルタージュ」を担当するＴＢＳテレビ報道部の宝《ほう》官正章《がんまさあき》ディレクターは、成田空港建設反対運動の取材に出かけた。

しかし、農民のマスコミ不信は根深く、取材はことごとく拒否されてしまう。取材スタッフの頼みの綱は比較的好意的な反対同盟の石橋政次副委員長だけだった。

そんな折、反対集会に向かう農家の婦人たちの車が故障してしまい、石橋副委員長は宝官ディレクターに「ＴＢＳの取材車に婦人たちを乗せてくれないか」と依頼した。

大切な取材相手からの依頼をどうして断れるだろう。宝官が引き受けると、七人の婦人たちのほかにカメラを持った三人の青年がマイクロバスに乗り込み、さらにプラカードも積み込まれた。

バスはデモ会場の手前に設置された警察の検問所で止められ、車内に積まれた十八本のプラカードはすべて没収された。

プラカードの一本には全学連と書かれており、三人の青年は反戦青年委員会のカメラマンだった。

この小さな出来事に自民党が難癖をつけた。プラカードは板を外せば角材であり、角材はすなわちゲバ棒という武器になり得る。公正な報道を使命とする報道機関が、こともあろうに全学連の凶器であるゲバ棒の運搬に協力するとは、と大騒ぎしたのだ。

バカバカしい話だ。五兆円に及ぶ予算（当時）を持つ国家権力が、十数本の棒っきれを恐れる必要がどこにあるのか。しかもTBSが運搬に協力したのは凶器ではなく、デモに不可欠のプラカードにすぎない。

自民党の意図が、TBSへの恫喝《どうかつ》にあることは明らかだった。

だが、プラカードを取材車に積み込ませたTBS取材スタッフの軽率を責めることはあっても、自民党の横暴に非を鳴らすメディアは少なかった。

放送は郵政省管轄の許認可事業である。

事件の翌日にあたる三月十一日には、早くも小林武治《たけじ》郵政大臣が今道潤三TBS社長に電話をかけている。「圧力はかけていない。事情を聞いただけだ」と、のちに小林郵政大臣は参議院予算委員会で答弁したが、信じる者は少なかろう。

さらに十二日には郵政省電波監理局が調査名目でTBSに警告を発し、夜十時五十分から放送される予定だった宝官ディレクターの「カメラルポルタージュ　成田24時」は急遽放送中止に追い込まれた。

十三日には参議院自民党議員総務会で玉置《たまき》和郎《かずお》議員がＴＢＳを名指しで非難、十五日付の自民党機関紙『自由新報』には、「ＴＢＳが角材を運搬」という見出しの記事が出た。

三月二十二日、ついにＴＢＳは関係者の処分を発表する。「カメラルポルタージュ成田24時」の担当である宝官ディレクターが無期限の休職を命じられたほか、過酷とも言える大量処分が行われた。

自民党は追撃の手を緩めない。

《三月二十六日、夜、自民党幹事長福田赳夫《たけお》は記者団とオフレコ会見をした。

「こういう局には再免許を与えないことも考えなくちゃいけない」

この福田幹事長のオフレコ発言が、何らかのルートで、今道に伝えられた。

翌二七日の朝、田（注・英夫）は今道に社長室に呼ばれた。今道は福田のオフレコ発言を田に告げた。やや切迫した感じだった。

「今まで俺も言論の自由を守ろうと抵抗してきたけれど、俺の力ではどうにも抵抗しきれない。これ以上やるとＴＢＳが危なくなる。残念だけれど今日辞めてくれ」

免許取消しの示唆は、さすがの今道にも応えた。今道の目は潤んでいた。》（今野勉『テレビの青春』二〇〇九年）

成田事件関係者への厳罰と田英夫キャスターの降板は、TBS上層部が政府および自民党に完全に屈服したことを意味する。

「不当な処分を撤回せよ！」

「田さんを取り戻せ！」

TBSの労働組合はかつてない規模の闘争へと突入していった。

《4月1日午前8時、全面ストをはさんで50時間のストに入ったTBSの組合員は集会に参加したあと、ゼッケンを着けて数寄屋橋公園へ行きビラを配った。ビラは街ゆく人たちに「田さんを取り戻すために力を貸して下さい」と訴えていた。次の日も、東京・新宿・渋谷の駅頭でビラ撒《ま》きが続いた。当時、田英夫の「ニュースコープ」への視聴者の信頼は高く、多くの組合員が街ゆく人の激励を受けた。組合の記録によれば、2日間で約8万枚のビラを配ったという。》（『TBS50年史』二〇〇二年）

入社して一年も経たないうちに起こった大事件について、林美雄と同期の宮内鎮雄が語ってくれた。

「僕たちがTBSに入社する前から、世の中はずっと騒然としていた。高校の先生からは一九六〇年の安保反対デモの時に亡くなった樺《かんば》美智子さんの話を何度も聞かされたし、ベトナム反戦闘争も続いていて、僕も高校生の時にはデモに参加したことがあります。数寄屋橋のあたりが催涙ガスで朦々《もうもう》としていて、涙が止まらなかった。学園闘争もあちこちで起こっていた時代だったから、ストライキは特別なことではなかったけれど、僕たちはＴＢＳに入ったばかりで、『凄いぞ、僕たちは労働者なんだ。ストライキをやるんだ！』と燃えてしまうわけです（笑）。ＴＢＳで一番大きなＧスタジオにみんなが集まって一晩中集会をやりました。興奮しましたね。普通、労働組合のストライキは賃上げ闘争。ボーナス増やせとか定期昇給額を上げろとか。でも、ＴＢＳではあまり盛り上がらない。給料が安いわけじゃないから（笑）。でもこの時は思想的な対立だから、凄く盛り上がりました。相手は自民党だし、報道の自由という放送の根源にかかわる問題でもあった。ＴＢＳの中でもいろんな考え方の人がいました。急先鋒はやっぱり報道部と、あとは美術部。美術の人たちは団結力があるんです。一方、ドラマを作っている人たちは『自分が担当している回にストライキが引っかかってほしくないな』と思っていたでしょうね。僕たち新人アナウンサーは基本的にノンポリだし、林も急先鋒では全然なかったと思います」

労働組合を中心に熱く盛り上がったＴＢＳ闘争だったが、結局は尻すぼみに終わり、何の成果も得られなかった。

ある意味では当然のことだった。

テレビは、インターネットが普及した二十一世紀の現在もなお、最強のメディアであり続けている。だからこそ国家権力は放送をコントロール下に置こうとし、革命勢力は真っ先に放送局の占拠を目指す。

郵政省の認可を必要とする放送局が、権力の支配から完全に自由になることは不可能なのだ。

急成長を続ける怪物・テレビジョンの大いなる矛盾を思い知らされた林美雄、久米宏、宮内鎮雄らは、テレビよりもむしろラジオに魅了されていく。

ラジオはテレビよりも遥かに小さな規模のメディアであり、アナウンサーの自由裁量が許されるパーソナルなメディアであり、何よりも若者のメディアだからだ。

「そもそも新人アナウンサーはラジオの仕事ばかり。テレビでやっていた仕事はふたつだけです。ひとつは『この放送は、×××の提供でお送りします』という〝提供枠〟のアナウンス。当時は生放送でやっていました。もうひとつは三社ニュース。TBSは朝日毎日読売の三紙と電通が作った会社だから、朝毎読のニュースを日替わりで夕方に読む。時間が迫っても原稿がなかなかこない。下読みをする時間も、フィルムと合わせる時間もないくらいで結構大変でしたね。テレビの仕事はそれだけで、あとは全部ラジオでした」（宮内鎮雄）

テレビの普及に従って、ラジオがお茶の間から追い出されていったのは、一九五〇年代末から一九六〇年代初頭にかけてのことだ。

お茶の間を出たラジオは、大きく分けて三つの方向で生き延びた。

ひとつはカーラジオである。一九六〇年代半ばには、都内の乗用車の七十パーセントにカーラジオが搭載された。

ふたつめは仕事場である。クリーニング店や畳屋の店先で手仕事をしている人たちが仕事の傍らに聴く。

三つめが勉強部屋である。

「六〇年代の日本は貧しかった。現在のように、みんなが中くらいの生活ができる環境ではまったくなかった。生活環境にも、雇用にも、収入にも大きな格差があった。豊かな生活をするためには一流大学に入学しなくてはならない。突出しなければ生きていけないという時代だった。向上心が旺盛だったからこそ、社会への不満も大きかったんです」（「パックインミュージック」のディレクターをつとめた加藤節男）

若者たちは過酷な受験勉強から逃避しようと、夜遅い時間にラジオのスイッチを入れる。この頃になると、日本の住宅事情も少しはよくなり、自分の勉強部屋を持つ学生も増えた。トランジスタラジオの価格もどんどん下がり、自分専用のラジオを買ってもらえた。

ところが当時の深夜番組は大人向けのものばかりだったから、若者たちは大きな欲求不満を抱えていた。

「一九六〇年代半ばのラジオはテレビに押されて青息吐息。深夜放送は水商売の人やタクシーやトラックのドライバー向けに、お色気路線で作られていた。そんな中、文化放送で『真夜中のリクエストコーナー』という番組が始まった。カネがないからレコードをかけよう、構成作家も使えないから、若手アナウンサーにリスナーからのハガキを面白おかしく読ませようということになった。白羽の矢を立てられたのは平川巌彦《ひらかわよしひこ》というちょっと変わった男だった。平川はそんな安手の番組で本名を使うことを嫌って〝土居まさる〟と名乗った。何もしゃべる材料がない土居まさるは、少ないハガキをネタにするしかなかった。『何県何町何丁目何番地の誰それ。うわあ、汚ねえ字だなあ』みたいなことをしゃべくりながら曲をかけた。そうしたらリクエストしたヤツが飛び上がって、ベッドから転がり落ちるくらい喜んだ。それがあっという間に学校で評判になる。『真夜中のリクエストコーナー』はそんな風にして突然ブレークした。土居まさるの『真夜中のリクエストコーナー』の成功を聞いて、ラジオ関係者は初めて、真夜中に若者向けの番組が成り立つことを知ったんだ」（「パックインミュージック」のパーソナリティをつとめた元TBSアナウンサーの桝《ます》井《い》論平《ろんぺい》）

「真夜中のリクエストコーナー」が始まったのは一九六五年八月。林美雄の入社と同じ一九六七年八月にはTBSで「パックインミュージック」が、十月にはニッポン放送で「オールナイトニッポン」が、そして六九年六月には文化放送で「セイ！ヤング」がスタートして、私たちの知る深夜放送の時代が幕を開ける。

《（テレビに押されて）苦境に立たされたラジオ各局は合同でメディアの本場アメリカに調査団を派遣、アナウンサーではなくパーソナリティーとよばれる喋《しゃべ》り手が活躍するナマ放送ワイド番組を開発、編成。制作部員だった自分も、上司から「お前、面白そうな奴《やつ》だから喋れ」といわれ、深夜放送ラジオのパーソナリティーに起用された。ワイド番組と若者向け深夜放送。テレビ時代のラジオはこうして一つの生き方を見つけたようだった》（「オールナイトニッポン」のパーソナリティを長くつとめた亀渕昭信《かめぶちあきのぶ》「調査情報」二〇一一年五・六月号）

ラジオ専門局であるニッポン放送にとって、ラジオの低迷は死活問題だったから、土居まさるの成功を聞いてすぐに「オールナイトニッポン」を若者向け音楽番組に特化させた。初期の「オールナイトニッポン」で繰り返しオンエアされたのがザ・フォーク・クルセダーズの「帰って来たヨッパライ」である。

京都の学生アマチュアバンドが解散記念に作ったこの曲は、すでにラジオ関西で大評判になっていた。噂《うわさ》を聞きつけてすばやく原盤権を獲得したパシフィック音楽出版の高崎一郎専務が、自らパーソナリティをつとめる「オールナイトニッポン」で流したところ大きな反響を呼び、二時間の番組の中で三回もかけたという伝説が残されている。

結局「帰って来たヨッパライ」は二カ月で百八十万枚というメガヒットとなったばかりでなく、「オールナイトニッポン」という番組の知名度アップにも大きく貢献した。

初期の「オールナイトニッポン」は予算に乏しく、パーソナリティには若手アナウンサーやディレクターが起用された。

その代表がカメこと亀渕昭信であり、アンコーこと斉藤安弘《やすひろ》であり、哲ちゃんこと今《いま》仁哲夫《にてつお》である。

スタジオにたったひとりで閉じ込められた彼らは、自身の孤独をまぎらわせるために、物言わぬマイクロフォンに必死に語りかけた。

勉強部屋でひとり孤独にラジオを聴くリスナーは、パーソナリティの孤独に共鳴する。

かくしてパーソナリティは頼れる兄貴となり、優しい姉となり、ヴァーチャルな恋人となっていく。

リスナーはパーソナリティに自分を認めてもらうために、そしてほかのリスナーに自分を認めさせるために、何時間もかけて工夫をこらしたハガキを書き（描き）、時にはフィクションも交えて自分の体験談や心情を切々と綴《つづ》った。

パーソナリティは、何千枚も集まったハガキの中から最も面白いものを選び出して紹介した。

深夜放送は若者たちの孤独をエネルギーにして大きくなっていったのだ。

「六〇年代末にビートルズに影響を受けて日本に新しい音楽の運動が起こった。それまでは大人が作った歌を若者が歌っていた。舟木一夫《ふなきかずお》からグループサウンズに至るまで全部同じ。ところがこの頃になると『帰って来たヨッパライ』のザ・フォーク・クルセダーズのように若者自身が自分で作った歌を歌うようになった。フォークソング、のちにはニューミュージックと呼ばれたものだよね。深夜放送のあり方もフォークソングに似ている。それまでの放送は、どちらかといえば大人が作って、よい子の皆さんに届けるものだった。大人たちの中には明らかに〝好ましい青年像〟がある。ＮＨＫの『青年の主張』はその典型。それに対して『ふざけるな、俺たちの本音はこうだ』という思いがフォークソングになり、深夜放送のハガキになった。

劇画にも似たところがある。受験勉強で鬱屈しているところに、フォークソングや深夜放送や劇画が登場したから、若い連中が『これは自分たちの文化だ！』と飛びついた。勉強部屋で深夜放送を聴き、電車の中で劇画を読み、新宿西口のフォークゲリラや中津川のフォークジャンボリーに参加してフォークソングを聴く。『オールナイトニッポン』の成功は、無名の人間がひとりでやったことが大きい。カメもアンコーも今仁哲夫も、深夜放送以外ではほとんど何もしていない人たち。リスナーはひとりで聴いているから、放送する側も、無名の人間がひとりで頑張っている方がいいんです。その点、最初の頃の『パックインミュージック』は、ナチチャコに象徴されるように男女二人でやったでしょう。あれはやっぱりよくなかったね」（ナチチャコパックのディレクターをつとめた熊沢敦）

テレビ・ラジオ兼営局であるＴＢＳにはニッポン放送や文化放送のような危機感がなく、パーソナリティに若いアナウンサーを起用することを嫌った。

初期の「パックインミュージック」に起用されたのは声優の矢島正明《やじままさあき》（「０011ナポレオン・ソロ」の主役を演じたロバート・ヴォーン役）や田中信夫《のぶお》（「コンバット！」のサンダース軍曹を演じたヴィック・モロー役）、タレントのロイ・ジェームス、音楽評論家の福田一郎など。アシスタントに女性を組ませて旧態依然とした番組作りを行っていた。

林美雄の一年後輩にあたる小島一慶によれば、ＴＢＳがタレントを使った理由は、ディレクターの目に、若手アナウンサーが生意気と映ったからだという。

「僕たちアナウンサーは、ディレクターもアナウンサーも同じＴＢＳの仲間だと思っている。だから、番組を良くするために自分の意見を言う。僕も一度『そこが知りたい』のナレーションの時に『こんなひどい原稿は読めない』と断ったことがあります。仲間だと思うからこそ言うんです。でも、そのことがディレクターは気に入らない。自分の言うことを聞かないヤツは使いたくない。だからタレントを使おうと考える。タレントなら余計なことは言わないから」

快進撃を続ける「オールナイトニッポン」に「パックインミュージック」が大きく後れをとった理由は、リスナーの多くを占める若者のニーズに合わせることができなかったことに尽きる。

六九年には文化放送で「セイ！ヤング」が始まり、土居まさるのほかに、林美雄と同じ年にTBSを落ちて文化放送に行ったみのもんたこと御法川法男《みのりかわのりお》がパーソナリティに抜擢された。

「オールナイトニッポン」や「セイ！ヤング」で若手アナウンサーが活躍するのを横目に見ながら、TBSの若手アナウンサーたちは与えられた仕事を地道にこなすほかなかった。

そのひとつがステーションブレークである。番組と番組の間の空き時間のことだ。たとえばひとつの番組が終わり、次の番組まで一分間空いたとする。普通はCMが入るが、CMが合計で二十秒しか入らなければ、残りの四十秒は余ってしまう。その四十秒を使って、若手アナウンサーがフリートークをする。天気の話でもいいし、「風邪が流行《はや》っていますから、手を洗いましょう」でも「今日の夕刊にこんな記事が出ていました」でもいい。四十秒あれば、かなりの内容を盛り込める。

最後に「間もなく××時になります。TBSラジオです」と言うと時報が鳴り、次の番組のテーマ曲が始まる。

恐ろしいことに、わずか数十秒のフリートークには、アナウンサーとしての資質のすべてが現れるという。アナウンサーを使う立場にあるディレクターは、ステーションブレークでアナウンサーの個性を見抜き、面白いと思ったヤツを自分の番組に起用する。

六〇年代末は放送の曲がり角だった、と久米宏は振り返る。

「僕たちは先輩アナウンサーから『自分のことは〝わたくし〟と言いなさい』と教えられた。TBSは民放の雄ですから、NHKから引き抜いたアナウンサーが先輩にいたりして、NHKの流れを汲《く》んでいるんです。僕たちがステーションブレークを始めた頃、誰かが『時計代わりにTBSラジオをお聴きください』と言って大問題になったことがあった。ラジオが時計代わりとはけしからん、と。僕たちは『時計代わりのどこがいけないんですか!』と反論する。そのうちに〝わたくし〟でなく〝僕〟というヤツが出てきてまた叱られたけど、半年後には〝俺〟と言い始めた(笑)。そんな時代だったんです」

一方では、職人が基礎を叩《たた》き込まれつつ先輩の技を盗むような古き良き風習も、当時のTBSにはまだ残っていた、と小島一慶は言う。

「当時のアナウンス室長は小坂秀二《こさかひでじ》さん。NHKからTBSに移って、相撲中継でならした方です。TBSアナウンサーの研修は一月から始まるんですが、最初の授業の時、小坂さんは全員に『いま、いいアナウンサーは誰だ?』と聞くんです。みんなは高橋圭《けい》三《ぞう》さんとか宮田輝《てる》さんとか、いろいろな名前を挙げるんですけど、小坂さんは、『違う』と。彼らはうまいけれども、いいアナウンサーじゃない。いま、いいアナウンサーはいない。いいアナウンサーというのは、自分が見たり聞いたりしたものを、自分の中で言葉にして表現する。それが本当のアナウンサーなんだ、と言っていました。だから君たちはまずは眼高手低になりなさい。目が高くて手が低い。先輩が言ったからといって、全部を聞いてはダメだ。この人はちゃんとしているアナウンサーだとか、この仕事はちゃんとしているというのを、いまの自分ができなくてもいいから、まずは見る目を持ちなさい、と。眼高手低でいれば、そのうちに腕は上がるものだ、と教えてくれた。林美雄さんは小坂さんのことが大好きだったんです」

小さな頃からアナウンサーを目指し、高校では放送部、大学では放送研究会に所属するような人間だけではなく、様々な経験をしてきた人間をアナウンサーとして採用しようと言い出したのは、小坂秀二アナウンス室長その人だった。小坂のようなベテランもまた、新しい時代には新しい感性を持ったアナウンサーが必要だと感じていたのだ。

林美雄、久米宏、宮内鎮雄、そして小島一慶らは、古き良き伝統と新しい潮流の合流地点にいた若きアナウンサーたちが、初めて刺激的な番組をまかされる日がやってきた。

若手男性アナウンサーには、夜八時から朝十時までの宿直がある。

朝五時から五分間のニュースを読むのだが、直後の五時五分から三十分までの二十五分間に「朝のひととき」という生放送番組を担当することになったのだ。

「レコードもテープレコーダーも自分で全部セットして、レコードがかかっている間に次の曲の準備をして、機械の操作も選曲も全部ひとりでやる。『朝のひととき』は、日本では本当に珍しいワンマンジョッキー番組でした。泊まり明けでボーッとしているから、いつ事故が起こってもおかしくないんですけど（笑）」（久米宏）

「アメリカのDJみたいなスタイルですからね。機械のスイッチをガチャンと入れるのが凄くかっこよくてワクワクしました。当時のドーナツ盤は四百円。給料は三万円くらいだから、結構貴重なものだった。ところが放送局にはレコード室があって、大量のレコードがある。『朝のひととき』で紹介するから、とレコード会社からテスト盤をもらってきては空いているスタジオで一晩中大音響でレコードをかけたり、映画の試写会に合わせてファンの集いをやったり。自分が映画を観たいだけなんですけどね（笑）。その上、先輩が飲みに連れて行ってくれるんですから、もう夢のような環境でした」（宮内鎮雄）

ポップスが好きな林美雄と宮内鎮雄はウマが合った。日本のディスクジョッキーの草分けである糸居五郎は林美雄の高校の先輩だったから、林は宮内を誘って有楽町のニッポン放送を訪ね、糸居の番組を見学した。糸居は他局の若手アナウンサーを心から歓迎し、番組が終わると、ふたりを有楽町の小さな飲み屋に誘ってビールをおごった。林美雄のちょっとニヒルでカッコつけたしゃべり方には糸居五郎の影響があるのではないか、と宮内鎮雄は見ている。

三期上の桝井論平は、林美雄、久米宏、宮内鎮雄、そして小島一慶ら若手アナウンサーにとって頼れる兄貴分だった。

「理屈っぽくてすぐに議論をふっかける桝井論平さんは、社内でもアナウンス室でもうるさがられていた。お山の大将タイプで、何も知らない我々に向かって、アナウンサーはこうだぞ、ああだぞと教えてくれた。でも、僕たちもただ黙って聞いているだけじゃなかった。放送は自由なものだと思っていたし、『これまでの古いものを全部ひっくり返していこう』という時代の気分もあったから」（宮内鎮雄）

「僕たちと一緒に歩いてくれる先輩は、桝井さんしかいなかった。あとは、我関せずという人ばかりだった」（小島一慶）

桝井論平もまた、後輩たちから大いに刺激を受けた。

「『朝のひととき』を大切な勉強の場にしよう、と僕は思った。だから若手アナウンサーのグループをとりまとめて、毎週勉強会をやった。メンバーは林美雄、久米宏、宮内鎮雄、石森勝之、青木靖雄、米沢光規、小口勝彦、河野通太郎、あと一年下の小島一慶と松永邦久《まつながくにひさ》の十人。僕は『朝ひと軍団』と呼んでいたけれど、要するにアナウンス部のヤングパワーです。みんなで同時録音のテープを聴いて、選曲やトークについて批評しあうのはもちろん、『朝ひとノート』を作ってその日の選曲や感想を書かせ、番組に届いたハガキをそれぞれの箱に分けて『お前のハガキは少ないな』と競わせた。たった二十五分の番組だし、天気予報もニュースもあるから、深夜放送のような長いフリートークはできない。それでも、続けていくうちに、ひとりひとりが自分の主張を番組に込めるようになって選曲にも個性が出てきた。たとえば米沢はカントリー&ウェスタン、河野はジャズ、宮内は洋楽や映画音楽、小口は日本の歌が中心だった。林は当時から、誰も知らないような新しい曲を探してきてかけていたし、『こういうコンサートに行きました、こういう映画を観てきました』という話が多かった。みんなが『これまでとは違うラジオを開拓しよう』という意欲に燃えていた。

当時の僕は、アナウンサーが放送局の中で自立した存在になってほしいと思っていたし、入社以来、アナウンサーの局内での地位の低さに愕然としていたから、若い連中と一緒に戦ってやろう、と奮い立っていたんです。僕が彼らに教えた部分もあるけど、彼らから教えられたこともたくさんある。三十歳に近かった僕は、毎日ネクタイを締めて会社に行っていたけど、『どうしてそんな格好をしているんですか』と米沢から叱られて、河野にはアメ横に連れて行かれてペラペラのシャツを買わされて、あげくの果ては長髪にさせられた。赤いシャッポをかぶって、ズタズタのジーパンで歩くようになった(笑)。まるでヒッピーですよ。要するに、林たちの世代は放送局の中の新人類であり、ハートがヒッピーだった。ベトナム反戦から始まるウッドストックの時代でもあったしね。あの時の十人、いや僕も含めた十一人は、お互いがお互いのことを『あいつは凄い！』と認めていた。僕たちは影響し合っていた」

週に一度の勉強会では、酒の勢いも手伝って熱い議論を戦わせた。

桝井論平が宮内鎮雄に「朝からロックなんかかけるんじゃないよ」と言えば、宮内は「朝らしい曲って何ですか？　演歌ですか？　イージーリスニングですか？　イージーリスニングが朝らしくて、ロックが朝らしくない理由を教えて下さい」と言い返す。

林美雄が宮内に「お前の選曲には捨て曲がない。これぞ、という曲を引き立たせるためには、前後に捨て曲を入れるべきだ」と自説を述べれば、宮内は「いや、俺は珠玉の曲だけをかけたいんだ」と反論した。

「論平さん自身も、我々から刺激を受けたんじゃないですかね。我々も焚《た》きつけたし。仲間と比較されたことは刺激になりました。『朝のひととき』は僕たち全員の基礎。すべてはそこから派生していった」（宮内鎮雄）

やがて遅ればせながら、ＴＢＳ内部にも若手アナウンサーに深夜放送のパーソナリティをまかせようという気運が高まった。聴取率では「オールナイトニッポン」や「セイ！ヤング」にかなわない。その上、「パックインミュージック」はタレントに高いギャラを支払っている。そんなバカな話はないから、タダで使えるアナウンサーにやらせようと考えたのである。

先陣を切ったのは桝井論平だった。

桝井論平の「パックインミュージック」日曜二部（土曜深夜）がスタートしたのは、一九六九年五月十八日午前三時十分。その時の興奮を桝井論平は自著に次のように記している。

《マイクロホンが目の前にあった。人々の、より多くの人々が深い眠りの底にいた。午前三時十分。ほとんどの拘束を解かれて、ぼくは、ぼく自身として、そこにあったに違いない。虚構と現実の間を結ぶ歩き慣れた道程を、その時ぼくは、歩いてなかった。想念の、冷やかな眼差《まなざ》しすらも、ぼく自身の存在を、いつものように確かめる気儘《きまま》なゆとりを、失っていたのである。それは、ある種の恐怖であった。マイクロホンを前にして、はじめて受ける恐怖であった。これ程までにも強烈に、ぼく自身であることを、ぼく自身の存在を、すっかり露《あら》わに引き剝ぐことを、要求された覚えはない。深夜という、得体の知れない暗黒空間と、一時間五十分の時間の幅が、ぼくには、ずしりとこたえていた。膝がガクガクしたのである。放送機構の生産する摑《つか》みどころもないほどの、深く広がる状況に、ぼくは圧倒されていた。退路はすでに絶たれていた。全神経をそばだたせて、ただ緊張に打ち震え、おののくぼくがそこにいた。ぼくは、すっかり、窮鼠《きゆうそ》であった。ぼく自身の全存在を根底からゆり動かし、引き払い、呆然としてすくませる、そのような限界状況がはじめてぼくを捉えたのだ。

時の流れが落下して、放送開始の合図が来る。赤いランプが点火する。今こそ、時はぼくを待ち、放送という機械装置のあらゆる扉が、ぼくに向って開かれる。はるかな無明の空間に、数限りなく存在する受信装置のひとつひとつの窓口に、ぼくの言葉が突き出され、同じくぼくが、そのように問いかえされる時なのだ。

衝撃は、その瞬間に触発した。いうにいわれぬ絶叫が、その時、ぼくの口を衝《つ》き、マイクロホンに向けられて、あっという間に飛び出したのだ。追いつめられ、後へ引けないその場から、あらゆる論理、あらゆる情感、あらゆる想念の躊躇《ちゅうちょ》を越えて、ぼく自身の存在を、露わに投じて吐かれた言葉は、言葉をさえも乗り越えて、圧縮された衝動に、あっという間に転化する、激しく燃えた絶叫なのだ。それはまさに、ぼくにとっては、已れ自身の想像をはるかに越えたショックであった。》（桝井論平『ぼくは深夜を解放する！』一九七〇年）

読みやすい文章では決してない。だが、この生硬な一文には、一九六〇年代末という時代の空気と若いアナウンサーの昂揚感《こうようかん》、すなわち深夜放送の本質が見事に捉えられている。

この桝井論平パックの第一回を、林美雄は親しい仲間たちと一緒にＴＢＳ局内で聴いている。

衝撃だった。

M

一九六六年秋、林美雄はひとりの女性に出会う。名前はMとしておく。

二十三歳の林は早稲田大学第二法学部（夜間）の学生。学校に通う傍ら、アルバイトで予備校のテストの添削を行い、池袋の喫茶店でディスクジョッキーをつとめていた。

レコードがまだ貴重品だった時代、若者たちは音楽に飢えていた。ローリング・ストーンズ、フランク・シナトラ、ジョーン・バエズ、MJQなど。ポップス、映画音楽、フォークからモダンジャズに至るまで、ジャンルは問わなかった。

そこで喫茶店は、レコードを紹介しつつ、曲間に軽いおしゃべりのできるDJをアルバイトとして雇い入れた。

文化放送の土居まさると橋本テツヤ、ラジオ関東の深夜番組を担当した俳優の神《じん》太郎、女優の一谷伸江《いちたにのぶえ》など、喫茶店のDJから放送局のアナウンサーやタレントになった者は数多い。

二つ年上のMもまた、当時流行していた喫茶店DJのひとりだった。

直感的で、自分の感じたことや意見をはっきりと口にする率直な態度に好感を持った林は、Mを早稲田祭（学園祭）に誘った。

模擬店の椅子に彼女を座らせておいて、自分はお茶を買いに行く。戻ってきた林がテーブルにカップを置き、「どうぞ召し上がれ」と低音の美声で言った次の瞬間、カップを倒してしまい、お茶はすべてこぼれてしまった。

落ち着いているように見えて、じつは案外おっちょこちょい。そんな印象は生涯変わらなかった、とMは笑う。

「仕事以外はどこか抜けている。忘れ物はしょっちゅう。林さんの忘れ物を辿《たど》っていくと、今いるところがわかるくらい。グリム童話のヘンゼルとグレーテルが落としていったパンの欠片みたいに、次々に物を残していくから（笑）。のんびりしていて、経済観念はまるでなく、家のことは何もできない人。電気のヒューズも交換できないんですよ」

下町の野球少年だった林美雄は、芸術とは縁遠い人間である。

林にとって映画とは娯楽以外の何物でもない。記憶に残る映画は市川右太衛門《うたえもん》の『旗本退屈男』シリーズであり、小林旭《あきら》の『渡り鳥』シリーズであり、南田洋子《みなみだようこ》と若尾文子《わかおあやこ》の『十代の性典』だった。

《ボクにとっての映画とは「楽しく、おもしろく、涙がでるくらい感動的であり、スクリーンに美人が登場している」ということなのだ。
そして、もうひとつ、スクリーンに写しだされた映画に、ボクと同じ空気を吸っている人間がいるか、ということが大きな問題となる。》（林美雄篇『嗚呼！ ミドリぶた下落合本舗』一九七六年）

林美雄の根本には、プロ野球選手や映画スターやアナウンサーに代表される〝かっこよさ〟へのシンプルな憧れがあり、早くから大人たちに交じって働いた経験に由来する若者への温かい眼差しがあり、幼い頃からの夢であるアナウンサーに向かって努力を積み重ねる真面目さがあった。一九六〇年代後半に生きるひとりの大学生として、アメリカ軍の北爆や日韓基本条約の締結や成田空港建設の閣議決定に憤慨することはあっても、イデオロギーに強く精神を支配されることはなかった。林美雄はごく健全な、心優しい若者だったのだ。

一方、Mは林美雄とはまったく異なるタイプの人間だった。

子供の頃から文学に傾倒していたMが演劇に出会ったのは、知人に誘われて観たテネシー・ウィリアムズの『欲望という名の電車』。劇作家が紡ぎだす鮮烈な人間模様と主人公の絶望的な戦いに衝撃を受け、終幕には詩情さえ感じた。

別の人格を演じることの素晴らしさに魅了されたMは、周囲の猛反対をふり切って演劇の世界に飛び込む。

だが、劇団の研究生には残れなかった。台本を深く読み込むことはできても、人前に出ると緊張して、身体を自在に動かせない。ドラマを理解することと、演じることの間には大きな距離があり、自分の才能のなさを認めざるを得なかった。

演劇を諦めたあと、しばらく心に空白を抱えてボーッとしていたMは、映画に出会う。ストーリーや風景の素晴らしさはもちろんだが、テーブルやカップ、ビロードやレースのカーテン、それを留めるタッセルに至る家具調度品のひとつひとつに細やかな配慮と計算が行き届いていた。俳優の微妙な目の動きや指先がクローズアップでスクリーンいっぱいに映し出されれば、そのまま心理描写に変わる。

凄い、と思った。

林美雄と出会った頃のMは、毎日のように映画を観ていた。朝から晩まで観たから、途中で疲れ果てて眠ってしまい、気がつけばエンドロールが流れていたこともしばしばあった。

京橋のフィルムセンターでは、映画の歴史を振り返ることができた。写真をパラパラとめくれば動いているように見える黎明期《れいめいき》のモーションピクチャー。美貌のスターだったルドルフ・ヴァレンチノのサイレント作品。成瀬巳喜男《なるせみきお》や小津安二郎の特集も観た。

有楽町・日劇地下の日劇文化ではＡＴＧが輸入したイングマール・ベルイマンやジャ

ン・コクトーの芸術作品がしばしば上映された。

池袋東口の文芸坐は洋画専門、文芸地下は邦画専門の名画座だった。ジャンヌ・モロー主演の『突然炎のごとく』やジーン・セバーグ主演の『悲しみよこんにちは』は確か文芸坐で観たはずだ。

渋谷・東急文化会館の地下にある東急ジャーナルは、ニュース専門の映画館だった。

新宿伊勢丹と明治通りをはさんだ向かいにある新宿文化ビルにもよく出かけた。ATG系のアートシアター新宿文化とアンダーグラウンド蠍座《さそりざ》があるからだ。蠍座ではセルゲイ・エイゼンシュテイン監督の『戦艦ポチョムキン』と『イワン雷帝』を観た覚えがある。『イワン雷帝』はあまりにも長くて、途中で眠ってしまったが、夜には寺山修司《てらやましゅうじ》の芝居があるというのでそれも観た。

Mが浴びるように映画を観ることに林美雄は驚いた。しかも、エンターテインメントからかけ離れた難解な芸術映画や無声映画まで。

一体なぜ、Mはそれほどまでに映画を観続けるのだろうか？　林は疑問を抱いたが、直接尋ねることはしなかった。この人が映画を観たいのならば、一緒に観ればいい。

「林さんとは本当によく映画を観ましたね。私は洋画が好きで、林さんは邦画。昼間はルキノ・ヴィスコンティで、夜は高倉健さん。一番多く観ていた頃は、日が高いうちから映画館に入り、出てきたら夕方。夕食をとったあと、また映画館でオールナイトを観て、終わった時は始発電車が走っている。くたくたに疲れて、ほとんど映画館の中で眠っていたり。こんなことはほんの数回だけど。こうなると、もう好きというより意地かな（笑）」

映画館を出るとふたりで映画の話をした。

「林さんが大切にしていたのは〝かっこよさ〟。自分を犠牲にしても正義を貫く人間が好きでした。一方、私が好きな映画はルキノ・ヴィスコンティの『地獄に堕ちた勇者ども』や『ベニスに死す』。気分にまかせて、思いつくまま感想を言っていたけど、林さんは辛抱強く聞いてくれました。それから二十五年以上が過ぎたある日、久しぶりに林さんに会って『だいぶ太めになったわね』と言ったら、林さんは『君はアラン・ドロンより、お腹《なか》の出たモーリス・ロネの方がセクシーだと言ったじゃないか』と不満顔。私はすっかり忘れていたけれど、『太陽がいっぱい』では、少し太めのモーリス・ロネが、白いドレスシャツのボタンを二つほど外して素肌に着ていたんです。『セクシーだわ。シャツはああいう風に着るのよ』なんて、いま考えると恥ずかしいことを言ったみたい。林さんは、ふと聞き逃してしまうような小さなことや、すぐに忘れてしまうような細かなディテールを、本当によく覚えているんです」

一九六六年暮れ、林美雄のＴＢＳ入社が正式に決まったことで、ふたりの関係は進展していく。

「そろそろ結婚を、と考え始めたかもしれない。でも結婚というものに、なかなか実感が持てなかった。そもそも他人と一緒に暮らすって、結構大変なことでしょう。好きな人と一緒にいるのは楽しい。でも毎日一緒に同じ場所に帰り、食卓を囲む生活に自分が耐えられるのか。全然自信が持てませんでした。当時の林さんは実家の援助をしていたはず。弟さんたちもまだ学生だったし。でも私にはひとことも言わなかったし、モノにもお金にも恬淡《てんたん》としていた。いまと違って、当時は少しくらい経済的に困っても、それほど障害にはならなかった。私たちも若かったし、時代も若くて活気があったから、お金がなくても何とか暮らしていけました」

TBSの社員ならば、試写会にも堂々と行ける。銀座には映画配給会社が多く、ひとつのビルにいくつも入っている。ふたりは昼間は試写室を上から下まで回り、夜になると銀座のヤマハホールやガスホールに出かけた。

一九六〇年代後半の東京は騒然としていた。

アメリカは北爆を行ってベトナム戦争に深く介入し、小田実らは「ベトナムに平和を！市民連合」、いわゆるべ平連を結成していた。

ベトナム戦争反対デモの参加者は、手に花を持ち、ギターの伴奏で歌いながら歩いた。歩くうちに誰かが「新宿駅西口の地下広場で歌うのはどうかな」と言い出したことがきっかけで、土曜日の夕方に何千人もの若者が集まり、フォークゲリラと呼ばれるようになった。

豊島《としま》公会堂では『日本解放戦線　三里塚の夏』をふたりで観た。小川紳介《しんすけ》監督が成田空港の建設に反対する農民を描いた記録映画である。

文芸坐で行われた高倉健のオールナイト五本立てをお弁当持参で観に行った時には、スクリーンに向かって常連から「いよっ、健さん！」「待ってました！」と、まるで歌舞伎の大向こうのように掛け声がかかった。

「タイミングがとても良くて、観客全員で映画を共有しているような、そんな雰囲気がありました」

寺山修司の演劇とも、パフォーマンスともつかないものを渋谷のマンションの一室で観たこともある。出演者が途中で部屋を出てしまったから、観客もあとをついてぞろぞろと街を歩いた。

まもなく唐十郎《からじゅうろう》の状況劇場が新宿の花園神社境内に紅《あか》テントを張って芝居を始めたが、公序良俗に反すると排除された。東京都の中止命令を無視して新宿西口公園で公演を行うと、二百人もの機動隊員に包囲され、公演終了と同時に逮捕された。

唐十郎の状況劇場のメンバーが、渋谷にある寺山修司の天井桟敷館に殴り込み、乱闘になって、寺山修司と唐十郎を含めた九人が現行犯逮捕されるという事件も起こった。

社会と文化が不思議な形でつながっていた時代だった、とMは振り返る。

「お金がなくても、ゴールデン街に行けば何かしら呑《の》めた。始発まで時間があると、駐車場みたいなところにみんなで寝っ転がって、明けていく空をずっと眺めていました。誰もがデモに参加したわけではなかったけれど、『これはおかしいんじゃないか？』という思いは、みんなの心の中にあったはずです」

若者たちは街に出て、集まり、語り合った。話題は映画であり、演劇であり、ベトナム反戦であり、沖縄返還問題であり、成田空港建設反対運動であり、アジアの民衆との連帯であり、大学の学費値上げ反対闘争であり、日本大学の巨額の使途不明金が国税局に摘発された問題であり、東京大学医学部のインターン問題であり、デモ隊と群衆計三万人が新宿駅構内を破壊したいわゆる新宿騒乱事件だった。

ナチチャコパックには、東大安田講堂に立てこもった学生からのハガキが届いている。陥落したのは一九六九年一月十九日のことだ。

新宿西口地下広場に集まったフォークゲリラが機動隊によって排除されたのは、五カ月後の六月二十八日のことだった。

桝井論平のTBSラジオ「パックインミュージック」日曜二部（土曜深夜）がスタートしたのは、そんな最中の五月十八日。誰も気づかなかったが、若者たちの〝革命〟はすでに退潮へと向かっていた。

「僕は、深夜放送には自由な言論空間と自由な音楽空間があるべきだと思っていた。いま我々を取り巻く状況を自由に語ろう、というのが僕のスタンス。小田実さんにコミットしたり、三里塚闘争にも関わった。アナウンス部の組合代議員を長くやり、代議員会の議長にもなった。ニッポン放送と文化放送は『何でもしゃべろう』と言いつつも微妙にコントロールされている。身の回りの小さなことや下ネタなどのお笑いに走り、日本が抱えている問題と正面から取り組むことを避けている。僕はそう感じていた。川があって、その前に広場がある。この川を渡るべきか、渡らずに引き返すべきか、僕たちはどう生きていくべきかをみんなが広場で議論する。そんな番組にしたかった。君が生きている時代に、きちんと向き合って生きようよ。目を背けるな、逃げるな、避けるな。僕はそう言い続けたつもり」（桝井論平）

担当ディレクターの熊沢敦は、桝井論平を強いエネルギーを持つパーソナリティと評する。

「『ぼくは深夜を解放する！』というタイトルの本を書いたように、論平はとても自己主張の強い子で、自分の言いたい（政治的な）ことを大胆に言っていた。学習院大学の弁論部出身で、声と表現に力があるから、ファンには相当届いたと思う。一種の暴れ馬で、暴走しかねない怖さは常にあった。何を言い出すかわからないから、手綱を締めるのが難しかったけど、深夜放送の二部だったから、基本的には好きなように暴れさせようと思った。手紙の量でいえばナチチャコパックの十分の一かそれ以下。でも、論平はマニアックなファンをつかまえていた。放送全体の中でラジオはテレビに比べてマイナー。昼間に比べて深夜はマイナー、深夜放送の中でも二部はさらにマイナー。つまりパックの二部はマイナーの中のマイナーで〝知る人ぞ知る〟だからこそ面白い。昼間の世界とは全然違う、自分たちの感覚に近いことを放送してくれるところに深夜放送の存在価値がある。少数かもしれないけど、論平パックに心をギュッとつかまえられた人たちがいたんだ」

日曜の午前三時十分から始まる桝井論平パックの第一回を、林美雄はMと一緒にTBS局内で聴いている。そのときの印象はMの中で今も鮮やかだ。

「論平さんのパックは本当にセンセーショナルでした。何人かで朝まで興奮して聴いていた記憶があります。私は深夜放送の熱心なリスナーではないし、内容も覚えていませんが、とにかくこれまでのスタイルとはまったく違うもの。臨場感があって、新鮮な驚きがありました」

一九六九年十月には、宮内鎮雄が同期に先駆けて「パックインミュージック」二部のパーソナリティになった。ICU出身で流暢《りゅうちょう》な英語を話し、音楽にも映画にも精通するDJ志望の宮内が選ばれたのは当然だろう。

「僕たちの中には〝マスコミは反権力でなければならない〟という考えが基本的にある。でも、放送であからさまに言うわけにはいかない。だからこそ、アメリカの学園紛争を描いた『いちご白書』なんかを真っ先に紹介するわけです。あと、放送禁止になりそうなセクシーな曲はいち早くかけちゃう。セルジュ・ゲンスブールとジェーン・バーキンの『ジュ・テーム・モワ・ノン・プリュ』とか、チャカチャスの『ジャングルフィーバー』とか（笑）」（宮内鎮雄）

七〇年四月には、桝井論平パックが水曜一部に昇格し、久米宏が金曜二部に起用されることになった。早稲田大学政治経済学部時代には演劇に熱中した稀代《きたい》のエンターテイナーは、深夜放送というひとり舞台を与えられて大いに張りきった。

ところが、久米パックはわずか五回で終了してしまう。肺結核のためだ。

「TBSに入ってから、ずっと身体の調子が悪かったんです。子供の頃から健康で、病気なんか一度もしたことがなかったのに。狭いブースの中に入ってマイクロフォンの前でひとりぼっちで生放送で話すことに、異常に緊張してしまったんでしょうね。手のひらから汗がしたたり落ちて、鉛筆が持てないほどだった。消化器系が全部ダメになって、ロクに食事もできないから、仕事もせずに電話番ばかりを延々としていました。薬を長く飲み続けているうちに少し胃腸が良くなって、体重も増えてきたところでパックの二部をやることになった。

ナチチャコのあとだから、聴いている人はとても多い。だから超エンターテインメント、スーパー娯楽大作にするしかない。やたらに面白い深夜放送ができないか、と考えて、若気の至りで抱腹絶倒オール下ネタ八方破れ。いつ上司が入ってきてもおかしくない、かみさんにも親戚にも聴かせられないような放送にしました。二時間番組だから、十曲くらい用意しているんですけど、とにかく山のようにハガキがくるから、読んで話しているうちに夢中になっちゃって、結局、曲をかけることはほとんどなく、しゃべりっぱなしでした。長く病気をしていたから鬱憤もたまっていた。『胃腸が治ればもうこっちのもんだ。それ行け！』とダムが決壊したみたいに、躁《そう》状態かける三乗でしゃべったから、聴いてる人たちは『こいつは頭がおかしいんじゃないか？』と思ったでしょうね。番組が終わったら声も嗄《か》れているし、家に帰っても興奮して眠れない。

そんなことが四週続くうちに、春の健康診断で肺に影があることがわかり、精密検査をしたら肺結核。もうびっくり仰天で、青天の霹靂《へきれき》とはこのことかと思いました。医者からは『肺結核を治すためには早寝早起き』と言われて、深夜放送を担当することができなくなった。五回目の放送で『番組を始めたばかりなのに、本当に申し訳ない』と謝りましたが、その時点では、翌週に誰がやるかは決まっていなかったはず。急遽、林くんが引き継ぐことになったんです」（久米宏）

一九七〇年六月五日、林美雄は久米の代理として金曜パック二部を担当することになった。

《久米宏アナウンサーが深夜放送の世界に彗星《すいせい》のごとく現れて非常なセンセーションを

もたらして、一カ月か二カ月やって胸を病んで、非常に悲劇的な去り方をしたあとに、誰かいねえか、あ、アナウンス室の隅にポケッとしてるのがいるな、何でもいいから使ってみろって、そこで第一声が、遅れてきたアナウンサーって感じでね。同期のアナウンサーがみんな第一線で活躍してるのに俺だけ仕事がねえなって。お袋が「美雄ちゃん、TBSに入って良かったね、早く声を聞かせて」なんて言われてたのに、いまだに「この番組は、月のマークでおなじみの……」なんて、そればっかりやってた。

そんな僕にパッと当たった一筋の光、フットライト、それが「パックインミュージック」だったんですけどね。何をするにしてもいきなりやる時は、人に影響されやすいんでね。「やあやあやあ、どうもすみません、(桝井)論平です」こういう感じになったり、(小島)一慶調になったり。模倣も創造なりっていうけど、俺の場合、創造に至らない模倣のやりっ放しで、さる高貴な方が聞いていて「論平さんとおんなじだね」このひと言で片づけられて、いまだに悔しく思っているんですけど》(林美雄「パックインミュージック」一九七四年八月三十日)

林美雄の幼い頃からの目標は、スポーツアナウンサーになることだった。

スポーツアナウンサーは、試合やレースの経過を言葉で描写し、聴取者あるいは視聴者に伝える。トップレベルのアスリートが死力を尽くして戦えば、面白くないはずがない。すべての興奮と感動はアスリートが作り出す。スポーツアナウンサーに個性は必要ない。必要なのは、ディテールを瞬時に拾い上げ、それを言葉で再構成してマイクロフォンに乗せる反射神経と職人的な技術である。

だが、林美雄にはスポーツアナウンサーに必要不可欠の反射神経がなかった。

「スポーツアナはアナウンサーの中でも一種のエリート。テレビはそれほどでもないけれど、ラジオの場合は滑舌がよくて早口でしゃべることができて、その上、的確な描写ができないといけない。特殊な能力を必要とするんです。彼はどちらかといえば不器用で、スポーツアナウンサーに必要な資質がなかった」（熊沢敦ディレクター）

「スポーツアナウンサーはスポーツ局に属する。そこには体育会系的な徒弟制度があるから、林くんの体質では無理ですよ。先輩は絶対だ、という感じも彼にはそぐわない。スポーツ局イコール体育会系と決めつけたらスポーツアナは怒るかもしれないけど、林くんには無理ということ」（久米宏）

ニュースアナウンサーもまた、正確な発音と発声が求められる職人の世界だ。政局や国際情勢に該博な知識を持ち、その上、ジャーナリスティックなセンスも求められる。

しかし、文章を書くことが苦手な林美雄がニュースアナウンサーになることなど、到底不可能だった。

残るはスポーツでもニュースでもない分野、新聞でいえば文化面であり芸能面である。アナウンサー林美雄は、ここで生きていくほかなかった。

だが、初期の林パックは、決して面白い番組ではなかった。林美雄自身がそう感じていたのである。

《頭も悪かったし、自己主張もできなかったし、何をやっていいのかもわかんなかったですね。周りは、仕事があんまりない不器用なアナウンサーぐらいに思ってたんじゃないですか。ただ、深夜に自分の自由な空間が持てるっていうのは名誉なことだと思いましたね。》（林美雄「ラジオパラダイス」一九八七年四月号）

ラジオ・パーソナリティ

林美雄の「パックインミュージック」がなかなかうまくいかない理由は、大きく分けて四つあった。

ひとつは番組づくりについて相談できる相手がいなかったことだ。

直前の金曜一部（午前一時から三時まで）は、深夜放送の代名詞ともいうべき野沢那智と白石冬美のナチチャコパックである。

金曜パックのディレクターは、ナチチャコパックに届く何千通もの手紙やハガキを読むことに忙殺され、スポンサーもつかない二部（三時から五時まで）のために使えるエネルギーはほとんど残っていなかった。金曜二部を担当するということは、ディレクターやAD（アシスタント・ディレクター）に頼らず、パーソナリティが独力で番組をつくらなくてはならないことを意味していた。

金曜パック一部と二部の両方を担当した齋藤靖男ディレクターが、当時林美雄が置かれた状況を語ってくれた。

「ナチチャコパックには分厚い封書だけで、毎週段ボール三箱か四箱届く。それを僕がひとりで全部読む。手分けして読んだりはしません。これは前任者の熊沢敦さんが始めたことです。熊沢さんと私の中には『いい手紙を読めば、必ずいい手紙が返ってくる。つまらない手紙を読めば、つまらない手紙しか返ってこない』という信念がありました。木曜日の午前十時から午後六時まで、八時間ぶっ通しで手紙を読みます。番組で使う五通を選ぶことができれば、僕の仕事はほとんど終わったようなもの。午後九時か十時にTBSに入る野沢那智さんは、食事後に五通の手紙をざっと読む。『この手紙はつらいから、ほかの手紙に替えてほしい』と言われたことは一度だけ。それ以外は僕が選んだ手紙をすべてそのまま読んでくれました。

　チャコ（白石冬美）はいわばリスナー代表。野沢さんが気持ちよく手紙を読めるようにサポートします。番組が始まって五分か六分くらいは、たわいもない話をするのですが、その間にチャコは野沢さんの調子や気分を読み取っている。

　手紙の順番は僕が決めます。最初は面白おかしいことが書いてある軽い内容の手紙で始めて、次に中トロを出して（笑）、最後は重いテーマの手紙を読んでもらいます。看護婦さんの重労働とか、今で言う非正規雇用の問題、在日韓国人の方への人種差別の問題とか。

深夜放送に届く手紙は、パーソナリティにウケようと思って誇張したり、ウソを書くものだ、という人がいます。確かに手紙のすべてが真実ではないでしょう。でも、時にバカバカしく、時にあっけらかんと書いてある手紙の向こう側には、若者の繊細で傷つきやすい心や、社会と立ち向かうことにおびえつつも昂《たかぶ》る心の揺らぎ、つまり青春が確かに存在していました。放送中はリスナーの笑い声やすすり泣く声が本当に聞こえるような気がした。リスナーとスタジオが一体になっていたんです。野沢さんは手紙に没頭しているから、ガラスの向こうにいる僕らがいくら合図しても聞いてくれない。困った僕は、途中で音楽を出して『もうすぐ終わりですよ』と野沢さんに教えることにした。ええ、『シバの女王』のことです。それまでエンディングテーマはなかった。最後の重い手紙に合う音楽だったと思います。本来、パック一部は二時五十九分四十五秒に終わらなくてはなりません。ところが、三時の時報が鳴っても野沢さんのしゃべりが終わらずに、林美雄の二部に侵食することがしばしばあった。生放送ならではのことですが、林くんは『どうぞどうぞ』と快く受け容れてくれたんです。ひどい時は二分も食い込んで、申し訳ないことをしました。

一部が終わって、ナチチャコのお二人を送り出したあと、僕は初めて林パックのQシート（番組進行表）を見ることになります。番組のすべては林くんが決めている。異を唱える人間は誰もいません。実質的なディレクターは林くんで、僕は林くんの指示を受けて動いているだけ。当時は〝おたく〟という言葉はなかったけれど、林くんはおたく向けの放送をやっていた。ごく一部の人間だけが涙を流して喜ぶような放送です。正直言って、『これじゃあ百人のうち十人しか喜ばないだろう』と思っていました」

林パックがうまくいかないふたつめの理由は、林自身の個性のなさである。

前任者の久米宏が、のちに「ぴったしカン・カン」「ザ・ベストテン」「ニュースステーション」で一世を風靡《ふうび》した天才であることは言うまでもなかろう。

一期後輩の小島一慶は、久米宏の反応速度は別格だったと語る。

「頭の回転が飛び抜けて速い。歌番組の中で、アイドル歌手の女の子にインタビューするコーナーをふたりで担当したことがありました。頭に浮かぶ言葉はほとんど同じ。ところが〇・〇七秒か〇・〇八秒かわかりませんが、とにかく言葉にするスピードが久米ちゃんの方が僕よりも少しだけ速い。仕方がないから、僕は久米宏の反応の先を考える。二の矢を準備しておかないと、僕が発言する機会が永遠にやってこないからです。いわば時速百六十キロを投げるピッチャー。投げた瞬間にこっちがバットを振らないと間に合わない。もう全然かなわない。僕の知る限り、そんな天才は久米ちゃんと桂三枝《かつらさんし》(現・六代目桂文枝《ぶんし》)師匠のふたりしかいません」

小島一慶もまた、久米宏と並ぶTBSの次代のエースと期待されており、七〇年十月にはいきなり土曜パック一部のパーソナリティに抜擢された。

「一慶は、刺激的な内容に頼らなくても面白い放送ができるんです」

と、同期の市橋史生ディレクターは言う。

「たとえば道端にキンモクセイが咲いていて、いい香りがする。そんな何でもないことを、きちっと自分の感性でリスナーに伝えることができる。これはやっぱりすごいことだと思います」

初期の林パックを担当した齋藤靖男ディレクターは、小島一慶こそがＴＢＳ若手アナウンサーのエースだったと断言する。

「久米パックは期間が短すぎて、花開くまでには至らなかった。小島一慶はパック一部に抜擢されて、先にスターになった。林美雄は同期の久米よりもむしろ後輩の一慶に複雑な思いを抱いていたはず。一慶の特徴はアナウンサーを逸脱したバラエティ風のハイテンションなしゃべり。調整卓のＶＵ《ヴォリューム》計の針が振り切れるほどだった。ラジオ制作部の中には『あんなヤツ使うことはないよ』という意見があったほどぶっ飛んでいたけれど、でもそれがとってもウケたんです。林には久米のような切り替えの鋭さもなく、一慶のような人を惹きつける音声的な魅力もなかった」

パーソナリティを翻訳すれば〝個性〟である。金曜パック二部のパーソナリティであるにもかかわらず、林美雄には個性がなかったのだ。

林パックがうまくいかない三つめの理由は、アナウンサー的な話し方である。

幼い頃にアナウンサーを志した林美雄は、長い間訓練を続け、正確な発音と発声を完全に身につけた。高校三年の時にはNHK主催の放送コンテストで全国優勝を果たしたほどの実力の持ち主だった。

しかし、深夜放送のリスナーは若者である。彼らが求めるパーソナリティとは、ニッポン放送の亀渕昭信や斉藤安弘のような楽しい話をしてくれる兄貴であり、文化放送の落合恵子のような知的で優しいお姉さんなのだ。

林美雄が長年にわたって磨き上げてきたアナウンス技術は、深夜放送を聴く若者たちの耳には時に冷たく、無個性に聞こえてしまう。

NHK的な話し方から逃れようと林美雄は悪戦苦闘していた、と久米宏は語る。

「アナウンサーのベースはマイクロフォンの前でキチンと話す技術。ラジオ草創期の愛宕山《あたごやま》に端を発するNHK的な話し方は、民放のアナウンサーにも延々と受け継がれてきました。ところが僕たちがTBSに入社した一九六〇年代後半以降、それをどう壊していくかでみんなが競争するようになった。土居まさるさんも桝井論平さんも、何とかしてNHKから逃げだそうと頑張っていたんです。林くんは、子供の頃からずっとラジオを聴いてきて、アナウンサーになりたくて仕方がない少年だった。林くんのしゃべりは、志村正順《せいじゅん》さんや宮田輝さん、高橋圭三さんといったNHKアナウンサーの系譜につながっています。『わたくしはこう思うんですけれども』という『ラジオ深夜便』のような話し方が、林くんの身体にはしみついている。TBSに入社した林くんは、自分もNHKから離れたい、何とかしなくちゃと焦っているうちに、桝井論平さんに出会ってえらく困っちゃった。今度は論平さんの口調がうつってきちゃったからです」

「それまでのアナウンサーは機械的なしゃべり方を要求されていたけど、桝井論平さんのしゃべりには熱があった。話に体温が通っていたんです。僕も桝井さんに似ているけど、桝井さんのように政治的ではなく、日常生活のスケッチや喜怒哀楽に熱弁を振るうタイプ。一九六〇年代末から一九七〇年代初頭は、フリートークの方向性が少しずつ出てきた時代だった」（小島一慶）

高校時代に林パックの熱心なリスナーだった上柳《うえやなぎ》昌彦《まさひこ》は、立教大学放送研究会を経てニッポン放送のアナウンサーになった。林美雄が放送の中で〝自分の声をつぶしたい〟と言ったことを、上柳ははっきりと覚えている。

「林さんはこうおっしゃっていました。『僕は缶ピースを吸う。こんな強いタバコをしゃべり手が吸うのはよくない。でも、僕はこの声をつぶしたい。声をつぶして、ハスキーにしてしまいたいんだ』。この言葉は強く印象に残っています。林さんは、自分の声に特徴や色がほしかった。同じアナウンサーとして、その気持ちはとてもよくわかります」

アナウンサーの端正な話し方は、深夜放送のパーソナリティには何の役にも立たず、かえって邪魔になった。林美雄は自分の美声を憎んでさえいたのだ。

林パックがうまくいかない四つめの理由は、番組の内容である。

林は映画や音楽が好きだった。しかし、洋画や洋楽に関しては、すでに同期の宮内鎮雄が最先端の作品をいち早く紹介していた。

「当時は洋楽の全盛期。ICU卒で英語がペラペラの宮内は、洋楽にも洋画にも精通していた。林がつけ入る隙はまったくなかった」（齋藤靖男ディレクター）

日本映画は斜陽の極にあり、歌謡曲やフォークソングは、すでにほかの番組が山ほど紹介していた。フォークシンガー自身がパーソナリティをつとめることも増えた。

「林のアナウンサーとしての資質は決して高くない。ひとことで言えば、出来の悪い、ダメなアナウンサーだったたね」（熊沢敦ディレクター）

ハガキでもしゃべりでも内容でも勝負できない。ならば自分はどうすればいいのか？

林美雄の悩みは深かった。

考える時間はなかった。林美雄の「パックインミュージック」は準備する間もなく始まり、金曜午前三時は毎週必ずやってくるのだ。

「パックを始めた頃の林さんが蚤《のみ》博士の話をしたことがあった。蚤を研究している博士が、蚤の足を一本取り、蚤に向かって『飛んでみろ』と言った。五本足の蚤はピョンと飛んだ。博士が二本取っても三本取っても、それでも蚤は飛んだ。五本を取っても、蚤は残った一本で涙を流しながら飛んだ。博士はとうとう最後の一本を取った。もう蚤は飛べなかった。そこで博士は論文にこう書いた。『蚤は足を全部取ると耳が聞こえなくなる』。ブラックジョークです」(リスナーの山本大輔)

林美雄が「パックインミュージック」を始めて一カ月も経たないうちに、小さな事件が起こった。「朝のひととき」が突然打ち切られたのである。

ワンマンディスクジョッキー番組である「朝のひととき」で日本映画を熱心に紹介していたのは、同期の小口勝彦だった。

「ワンマンジョッキー番組だったから、みんなが自分の好きな音楽をかけるわけです。石森(勝之)のように歌謡曲ばかりをかけるヤツもいれば、宮内(鎮雄)みたいに洋楽ばかりをかけるヤツもいた。久米(宏)みたいにほとんど音楽をかけずにしゃべってばかりいるヤツもいたしね(笑)。

宮内のように英語ができない僕は、日本映画を紹介することにした。試写会にデンスケ(取材用の可搬型オープンリールテープレコーダー)を持ち込んで、一時間半から二時間分の音を全部録音してしまう。もちろん配給会社にはあらかじめ許可を取っておくんですよ。『朝のひととき』で使うからって。試写会で録音したテープを使って映画の音楽や内容を紹介するのは僕が始めたこと。ほかのヤツはやっていなかった。

『朝のひととき』とは別に、昼間に一本だけ映画を紹介する五分か十分の短い番組を作ったこともありました。僕が制作して、ほかのアナウンサーにしゃべらせるんです。僕も林も宮内も映画好きだったから、三人で映画の話をしょっちゅうしていました。映画配給会社の人間ともどんどん仲良くなった。試写会に自由に入れるような仕組みを作ったのは、僕だけじゃなくて、林や宮内と一緒にやったことです。『朝のひととき』がなくなり、報道に移ると、配給会社とのつきあいも自然となくなりました。映画は好きだから、観ることは観ていましたけどね。『お前がやっていた邦画を俺は引き継いだ』と林から何度か言われたけど、引き継ぎをした覚えはありません」(小口勝彦)

報道に移った小口勝彦の代わりに日本映画の紹介を始めてみたものの、思うような反響が得られず、林美雄はいらだっていた、と桝井論平は証言する。

「当時は時代の変革期。世界中の若者たちが、既成の権力に対して異議申し立てをしていた。イギリスには怒れる若者たち(ジョン・オズボーンやコリン・ウィルソン、アラン・シリトーなど、一九五〇年代に登場した作家たちの総称)がいて、フランスにはヌーヴェル・ヴァーグがあって、アメリカにはベトナム反戦の渦とウッドストックがあって、そんな中でビートルズが解体していった。一方、日本の放送局には男尊女卑の体質がまだ色濃く残っていた。報道局に行った吉川美代子《よしかわみよこ》や三雲孝江《みくもたかえ》は相当イヤな目にあっている。『女に読ませる原稿なんか書きたくない』と、記者に目の前で原稿をビリビリと破られたことさえあった。女性アナウンサーが読ませてもらえるのは天気予報やお祭りネタくらい。今では考えられない。

若者たちが自分の立ち位置を探っていた時代に、深夜放送は社会現象になるほど注目される存在だった。そんな時代に僕たちはマイクロフォンに向かっていた。お互いに切《せっ》磋琢磨《さたくま》しつつ自分たちの主張を実現するために勉強して、自分のレーダーを広げていった。林も自分の世界を作ろうとしたけど、なかなかうまくいかなかった。はっきり言えば、パックを始めた頃の林は、感受性が豊かで、いいものを見抜く鑑識眼を持つMちゃんの力を借りて映画紹介をしつつ、僕の後追いをしていたと思う。もしMちゃんがいなかったら、林美雄はただの常識人にすぎない。一介のサラリーマンアナウンサーで終わっていたはずだよ。

『三里塚の夏』を撮った小川紳介に会いに行ったのは、じつは林の方が僕よりも早かった。でも、林には政治運動や市民運動に深く踏み込む覚悟がなかった。活動家にカネを貸したこともあったけれど、『あいつには返すつもりなんかないんだ』と腹を立ててすぐに縁を切った。僕と林は、同志でありつつも宿敵のような関係。林は強く僕を意識しながらも、同時に反発する部分も持っていた。お互いにパックをやっていた頃、赤坂のバーで一緒に飲んだことがある。僕は林に『お前は戦っていない』と言った。林は黙って聞いていたけど、帰りのエレベーターの中で突然殴りかかってきた。理由はわからないけど、鬱憤がたまっていたんだろう。僕もすかさず反撃した。次の日、林が僕のところにきて、『前歯が折れたけど、抜ける歯だったから問題ないです』と言った。そこまでやってしまう付き合いだったんだ」

一九七一年二月二十二日、成田空港建設に反対する農民の所有地を収用する行政代執行が開始された。農民および支援する新左翼系学生が火炎瓶などで抵抗、機動隊は催涙弾や放水で応戦した。

この日、桝井論平はひとりでデンスケを担ぎ、取材に出かけている。

「軒先で旗竿《はたざお》を作っている少年行動隊を取材した。反対同盟の子供たちで、主力は中学生だった。パックの若いリスナーたちに、最前線で必死に戦う中学生の思いを知ってもらいたかった。

デンスケは持っていたけど、取材腕章は巻いていない。腕章は取材者が機動隊に殴られないために巻くもの。だけど、農民が殴られているのに、自分が安全地帯にいるのはどう考えてもおかしいと思った。この頃の僕はかなりラジカルになっていて、三里塚の空港建設反対運動を自分の問題として考えるようになっていた。僕はパックの中で今の時代に向き合って生きようと言い続けた。ベトナム戦争にしろ、水俣《みなまた》や三里塚の問題にしろ、差別の問題にしろ、絶対に目を背けるな、しっかりと地に足をつけて、ラジカルに生きていこう、という呼びかけをしてきた。そういう発想があったからこそ、自分で戦いの中に飛び込んでいった。三里塚から戻ると、恩師の永六輔《えいろくすけ》さんから居酒屋に呼び出されて『君には長く続けてもらいたいけど、こんなことをしていては長くできない。もっと自分を大事にするように』と諭された。永さんはよく、『深夜番組は常識でも非常識でもなく、半常識の世界だ』とおっしゃっていた。僕の行動が半常識の範疇《はんちゅう》を逸脱しているように見えたんだと思う。でも、その時の僕は聞く耳を持たなかった」（桝井論平）

三里塚取材から一カ月も経たないうちに、桝井論平は「パックインミュージック」水曜一部を降ろされた。成田事件の記憶はＴＢＳ局内にまだ鮮明であり、上層部としては当然の判断だった。

以後数年間、桝井論平がラジオの生放送を担当することはなく、わずかにコマーシャルや地方局向けの録音番組だけが仕事になった。

「僕たちの同期はみんな論平さんを支持していた。論平さんの考え方は百パーセント認める。ただ、大砲を持っている会社（ＴＢＳ）に小刀持って立ち向かってもしょうがない、というのが僕の考え方ではあったんですよ。いずれ戦わざるを得ない時が来るだろう。でも、俺たちが戦うのはまだ早い。玉砕するのは間違っている。日本のシステムと戦うのは、もう少し先にしよう、と。このへんは学生運動なんかと同じだと思うんですけど。論平さんの戦いを受け継ごうという思いは、『ザ・ベストテン』や『ニュースス

テーション』を始めたあとも、僕の中にはずっとありました」（久米宏）
　同期の青木靖雄が、日韓基本条約や松本楼焼失事件について林美雄と議論した時のことを語ってくれた。
「僕たちはサンフランシスコ講和条約が締結された一九五一年前後に小学校に入学しました。日本は中立の平和国家であるべきだ、という思いは、ほとんどの国民の心の中にあったと思います。ところが一九六五年二月にアメリカが北爆を開始すると、六月には日韓基本条約が締結された。アメリカは子分である日韓にベトナム戦争を支援させたい。だからこそ日韓の関係を急いで修復させたということです。林は強い口調で僕に言いました。『アメリカがアジアを蹂躙《じゅうりん》する目的で結ばれた日韓基本条約は間違っている』と。基本条約は過去に迷惑をかけたり、損失を与えたことを全部チャラにするということです。林は、日本が韓国の人たちひとりひとりに与えた損失は、そう簡単に片づけられるものじゃないだろう、と主張したから、僕は林に聞きました。『じゃあお前は、松本楼の事件をどう思うんだ？』日比谷公園で行われた沖縄返還協定反対デモの時（一九七一年十一月）に、過激派の学生が投げた火炎瓶によってレストランの松本楼が焼失して、従業員の方がひとり亡くなったんです。学生たちがやっていることはおかしい。左翼なら何をやってもいいのか。実力行使や抵抗できる範囲には、自《おの》ずと限界があるんじゃないのか、と。残念ながら、松本楼焼失に関する林の評価を聞くことはできなかった。イエスもノーもない。林は何も言いませんでした」

当時の多くの若者たちと同様に、林美雄の中にはアメリカおよび政府自民党への強い不信感があった。桝井論平の水曜パックを打ち切り、生放送から遠ざけたTBS上層部への怒りもあった。

しかし、林美雄が自分の思いを直接自分の「パックインミュージック」の中で述べることはできなかった。そんなことをすれば桝井論平の二の舞になることは、火を見るよりも明らかだったからだ。

いきおい発言には慎重にならざるを得なかった。

《若者の琴線に触れようとすれば、語りかける話題、呼ぶゲスト等《ら》が直接間接否応《いやおう》なしに政治的、社会的状況とぶつからざるをえない。例えば彼らに是非知ってもらおうと毎週定期的に〝市民の暦〟というのを紹介してきた。版元は朝日新聞社だが、小田実氏等らの編によると銘うってあるだけに反権力的な内容が多い。放送で喋ったら一般的にヤベエというのもかなりある。そこで冒頭常に〝ここで朝日新聞版元の市民の暦です〟というクレジットをつけるようにして一応の安全弁を設ける。紹介する内容も天皇制批判に触れているものは避けざるを得なかった。やっぱり恐《こわ》い。舌禍によってマイクから身を放逐される危険性を極力回避、ドロップ・イン、一歩進んで二歩後退、これがモットーだった。（中略）みっともないが念には念を——（中略）（注・米軍砂川基地拡張に反対する砂川闘争を描いた）星紀市《ほしきいち》「塹壕」、小川紳介「三里塚」シリーズといったドキュメントの紹介は、番組全体が映画中心で構成されていたので、比較的気楽に監督の声や映画のサウンドを使わせてもらった。ワンクッション置くこと　これが最大のモットーだった。》（林美雄「放送批評」一九七四年十・十一月号）

結局のところ、林美雄は戦後民主主義の申し子であり、心情左翼であり、革命家ではまったくない。十数年に及ぶ努力の結果、ようやく手に入れた一流放送局のアナウンサーという地位や「パックインミュージック」という自分の城を手放すつもりなど毛頭なかった。

「キネマ旬報」元編集長の植草信和《うえくさのぶかず》は、林美雄の反体制は心の中だけにあった、と語る。

「一九七〇年くらいまでは政治の季節。反体制じゃないとかっこ悪いという時代です。林さんは正直な人で、『僕はTBSから給料をもらっているけど、心情の中に反体制的な部分があるんだよ』とはっきり言っていた。ただ、TBSの中で政治闘争、思想闘争をやろうという発想はまったくない。反体制の気分はあっても、思想性はないんです。当時の若者はほとんどがそうでした。僕も同じです」

この国では革命など起こらない。

高校生の頃からアルバイトを重ねて世間の冷たさを知る林は、市井の人々が損得と人間関係以外では決して動かないことをよく知っていた。

だからこそ林美雄は、競輪を愛する。損得と人間関係だけが存在する、きわめて日本的な世界だからだ。

《競輪が好きなのは人間的スポーツだからだ。（中略）

まず、選手たちは仲間意識が強い。

彼等は、選手養成所とか、学校での同期生、先輩後輩、同郷人ということで連帯する。ましてや彼らの家庭を見ると、女房が同じ仲間の妹というケースが多い。

ひとつのレースを見て、予想をたてるとき、選手たちの相関図を頭の中で描いてみると、レースの展開もうっすらとわかってくる。（中略）観客にエリートがあまりいないことだ。

「あなたはダメな人間ねえ」

といわれている人種が大部分なのである。しかし、社会的評価が悪くても、彼等は「いいおやじ」であり「いいおじさん」なのである。

ボクはそういう人間が好きだし、その中にいると仕事の疲れも忘れる。》（林美雄篇『嗚呼！ミドリぶた下落合本舗』一九七六年）

作家の板坂康弘《いたさかやすひろ》が「内外タイムス」に連載した「板さんのGOGO競輪」は林美雄お気に入りのコラムであり、やがてふたりは一緒に競輪に出かけるようになった。

「競輪にはまる人には共通点がある。人生に挫折し、心に傷を負い、孤独に苛《さいな》まれているんです。私自身のことを言えば、父親は戦死、母親は戦後再婚して、ひとりで勝手に生きてきました。七〇年代の川崎競輪場には、そんな人間ばかりが三万人も集まっていた。群衆の中に入ると、人のぬくもりを感じる。群衆の中の孤独を味わえるんです。林さんは物静かな紳士で、レースでも喜怒哀楽を面《おもて》に出さない。自制心が強いんでしょうね。普通なら『何だよ、内が空いてるじゃないか』とか『突っ込めばいいんだよ』とかブツブツ言うものなんですが、林さんはそういうことは一切言わなかった。ただ僕とずっと一緒にいるんですよ。おそらく、心の中に大きな空洞や空虚さがあるのでしょう。孤独の影がある人だな、とずっと感じていました。林さんとふたりで競輪に行くと、時々チラッと自分の話をするんです。学校の名簿には全員の電話番号が書いてあったけど、僕の家だけは空白だった。お金がなくて電話を引けなかったからだ、と。佐世保《させぼ》の競輪場に一緒に行った時に、立派な料理屋に入ったことがあります。生け簀《いす》には九十九島《くじゆうくしま》の海で捕れた魚がたくさん泳いでいたから、早速チヌ（黒鯛《くろだい》）を一匹仕立ててもらったけど、林さんは食べない。『俺、ダメなんだ。おいしくないんだよね』と自虐的に言ってましたね。西武園の競輪場に行った帰りに、保谷《ほうや》の寿司屋に連れて行ってもらったこともあります。林さんは『東京で一番おいしい寿司屋に連れていくよ、板さん』って言うんだけど、正直言ってそれほどのものじゃなかった。しかも林さんは稲荷寿司とか干瓢《かんぴょう》巻きとか、そういうものしか食べない。子供の頃にいいものを食べずに過ごしてしまったから、ハンバーグとかケチャップ味とか卵焼きとか、そんなものしか好きじゃないんだって。驚きましたね」（板坂康弘）

林美雄が麻雀《マージャン》を愛するのも、競輪と同様の理由だ。TBSで一年後輩の市橋史生ディレクターは、林美雄の数多い麻雀仲間のひとりだった。

「たとえば僕がリーチをかけるとするじゃないですか。すると、林さんはすごく危ない牌《パイ》を切ってくる。僕の性格を読んでいるんです。あいつがリーチするのなら、ドラでは待たないだろうと判断して、ドラをバンと切っておいて、ウン？って人の顔を見る。こっちはアタマにくるんですけどね（笑）。彼の中では麻雀も競輪も、人を見る面白さという点で共通しているんじゃないでしょうか」

麻雀の名手として知られる小島一慶は、林美雄は麻雀に金銭以外の価値を求めていたと語る。

「林さんは博打《ばくち》打ち。志が高くて、純チャンとかきれいな手で上がりたがる。強気で、相手の手が高そうでもリーチしてきてもガンガン行く。あと、単騎の地獄待ちも好きでしたね。要するに人が予想できないことをやって、みんなに凄いな、強いな、と言ってほしいんです。他人のテンパイにガンガン行くのもその裏返しでしょう。美学があるんですよ。言葉に関しても美学があって、『素敵は女が使う言葉だ。あいつは男のくせに、素敵という言葉を使うのは許せない』なんて言ってました」

小口勝彦の日本映画と桝井論平の政治性を引き継いで自分の「パックインミュージック」の二本柱にしていこう、とぼんやり考えつつも、現実には優秀な同僚との才能の差を思い知らされ、たいした努力もしないまま競輪と麻雀と映画の日々を送る窓際アナウンサー。それが林美雄だった。

ＴＢＳは超一流企業で、テレビは絶好調で、社員は高給取りで、さらには組合も強かったから、たとえ仕事のできない凡庸なアナウンサーであっても、クビを切られる可能性は皆無だった。

すでにラジオは斜陽のメディアで、午前三時からスタートする「パックインミュージック」二部には、スポンサーが一切ついていなかった。

早い話が、林美雄の金曜パック二部が面白かろうがつまらなかろうが、ＴＢＳとしてはどうでもよかったのである。

林美雄にはわかっていた。自分の番組が面白くないことを。そして、自分は久米宏や小島一慶のようには決してなれないことを。プライドがないはずがない。コンプレックスがないはずがない。それでも林美雄にはどうすることもできなかった。

林美雄がＭと内輪だけの結婚式を挙げたのは、桝井論平が「パックインミュージック」を降板する少し前のことだ。入籍はしていない。新宿区中落合に、こぢんまりとした二階建てマンションの一室を借りた。崖の上に立つ白い建物はさほど立派なつくりではなかったものの、新しくモダンに見えた。当時としては珍しく各戸にクーラーと給湯器がつき、二階から見える新宿の夜景が美しかった。オーナーの好みなのだろう、エントランスの扉にはステンドグラスが嵌《は》めこまれ、マンションの名前はフランス語だった。最寄りの駅は西武新宿線の下落合。高田馬場の隣駅とは思えないほどのんびりとしていた。当時の中落合、下落合、目白界隈《かいわい》には、ところどころ鬱蒼《うっそう》と木々が繁《しげ》り、古びた洋館が点在していた。駅前にはわずかな数の店舗が並び、薄暗くひなびた二軒の喫茶店があった。喫茶店「みどり」では、時折赤塚不二夫《あかつかふじお》が編集者と打ち合わせをしていた。賢明なる読者諸兄諸姉はすでにお気づきだろう。〝下落合のミドリぶた〟はここから生まれたのだ。

しかし、ふたりの生活は半年も続かなかった。

「林さんは本当に温かくて優しい。あんなにいい人はいない、と思うほど。結局、私自身が結婚に向いていなかった、ということに尽きると思います。林さんには何の不満もありません。束縛するタイプではないし、毎日ご飯を作れとも言わない。新婚生活は私にとって、とても快適なものでした。でも、日が経つにつれて、落ち着かない気分になったんです。自分が誰かの奥さんであること、家に夫が毎日帰ってくること、生活や身分が安定することや家庭の温かさが、私にとってはだんだん息苦しいものになっていった。若かった、といえばそれまでだけど、やっぱり私はひとりが良かった。

そんな時、西洋文化の匂いを持った人にたまたま出会ってしまった。林さんは義理人情の人で、下町文化の人。でもその人は画家で、蜃気楼《しんきろう》のように現実感のない人だった。『好きな人ができました』と、私から林さんに言いました。今から考えれば、その人が好きだったというより、結婚生活そのものから脱出したかったのだと思います。『あなたのことは好きだけど、私は遠くへ行きたい。淋《さび》しいけれどひとりになりたい』林さんは黙って私の言葉を聞いていました。怒ることも一切ありません。結婚を解消する時には、私の伯父の家に挨拶に行ってくれました。家族麻雀や百人一首を一緒にやったりして懇意にしていたからです。『Mさんと別れます。すみません。今後は友人としてつきあいます』『何かがあって別れるというのはわかる。でも、その後、友人としてつきあうというのはおかしいだろう。僕には理解できない』伯父は強い口調で林さんを非難し、林さんは私の親族からの信頼を失いました。

結婚を解消したあと、林さんと過ごした数カ月間はかけがえのないものでした。私たちの生活はまったく変わりません。一緒に映画を観たり、食事をしたり。それまでと同じように、林さんは下落合のマンションからTBSに出社していきました。坂道を下りていく後ろ姿や、林さんのいない部屋でハンガーにかかったジャケットを見ると、胸が痛くなりました。でも、結婚を解消したいという私の気持ちが変わることはなかったのです。理解してもらえるかどうか自信はありませんが、林さんが私の身勝手な言い分を理解し、尊重してくれたことは本当にうれしかった。当時の私たちはお互いにいたわりあいつつ、そこはかとない淋しさ、哀しさに包まれていたような気がします。

林さんは正義感が強く、素直で明るい好青年。でも、実はデリケートな心の持ち主で、一目で相手のことを見抜いてしまう鋭さがあり、しかもそれを決して面には出さない。私と会う以前から、心に深い孤独を抱えていました。小さい頃に大好きだった叔父さんが若くして亡くなったから、自分もきっと長生きできない。林さんはいつもそう言っていました。林さんにとって、死はごく身近なものだったんです。頑張り屋の林さんは、人生の明るい部分だけを見ようとした。自分は孤独でも暗くもない。そう思い込もうとしてきた。けれども、私とのことがきっかけとなって、林さんは自分の中で眠っていた孤独に向き合わなくてはならなくなったのだと思います」

複雑な思いが胸中に渦巻く一九七一年暮れ、林美雄は一本の映画に出会う。『八月の濡れた砂』である。

Ⅲ　深夜の王国

八月の濡れた砂

今でこそ青春映画の傑作と高く評価されているが、一九七一年八月二十五日の公開当初はまったくの不入り。日本映画は斜陽を極め、前年には日活と大映が配給部門を統合してダイニチ映配を立ち上げたものの、両者の経営は悪化する一方で、ついに日活は映画制作を中断、ダイニチ映配もわずか一年で崩壊した。『八月の濡れた砂』はダイニチ映配最後の配給作品として、ろくな宣伝もないままに封切られた。

林美雄はこの映画を封切館ではなく、名画座で観ている。Mとふたりで入った池袋の文芸地下の客席は閑散としていた。

スクリーンには湘南の夏。太陽がジリジリと照りつける無人の校庭に、サッカーボールがひとつ転がっている。

白いバスケットシューズと白いジーンズを身につけた若者は、サッカーボールに足をのせると、身体の底から絞り出すように叫んだ。

「あ――――っ！」

声を聞きつけて、少年のクラスメイトだった清（広瀬昌助《まさすけ》）が駆け寄ってくる。

非行の果てに高校を追い出された健一郎（村野武範《たけのり》）が、久しぶりに湘南に戻ってきたのだ。

「お前、俺と一緒んところを見られんと具合が悪いんじゃないか？」

「もう、見られてるさ」

校舎の入り口では、ふたりの教師が若者たちの様子を窺《うかが》っていた。

教師の視線を意識しつつ、健一郎は校舎の窓に向かって思い切りボールを蹴りつける。音を立てて窓ガラスが砕け散ると『八月の濡れた砂』のタイトルが画面いっぱいに浮かび上がった。

まだ明け切らない砂浜を、清のオートバイが風を切って走る。水平線には虹、朝焼けの空には鰯雲《いわしぐも》が浮かび、夏の終わりと秋の到来を告げている。浜辺には打ち上げられた白いボート。

やがて数人の男たちが乗ったオープンカーがけたたましく現れ、少女が投げ棄《す》てられる。少女の名は早苗（テレサ野田）。裂けたワンピースから見える背中の傷が、前夜の生々しい暴行を物語る。

清が早苗に声をかけた。

「何人に犯《や》られたんだい?」

ハッとして、急いで破れたワンピースをかきよせる早苗。

「送っていくよ。どうだい?」

エキゾチックで、どこか妖精のような風貌の少女早苗と、大人に反抗しつつも心優しい清。ふたりの出会いはショッキングなものだが、にもかかわらずこのシーンは詩情にあふれている。

物語の後半、健一郎は、母に求婚している金満家の男に猟銃を向け、彼が所有するヨットを奪う。

「後悔するな、健一郎!」

「したいんだよ。できるならな」

ヨットに乗り込んだのは健一郎と清と早苗、そして早苗の保護者としてついてきた姉の真紀(藤田みどり)の四人。四人を乗せたヨットが洋上をひた走る中、大人の価値観を振りかざす年上の真紀に、健一郎はことごとく反発する。

清が船倉でペンキ缶につまずき、真っ赤な血のようなペンキが流れ出したのを見た健一郎、清、早苗の三人が白い船室を真っ赤に塗りつぶすところから、ドラマはクライマックスへと突き進んでいく。

健一郎は清に向かって真紀を強姦《ごうかん》しろと促し、健一郎に逆らえない清は、甲板で真紀を犯す。

怒りに震えた早苗は船室の猟銃を持ち出して清に照準を定めるが、健一郎が銃口の前に立ちはだかる。引き金に指をかけたものの、ついに健一郎を撃つことができない早苗は、真っ赤な船室の壁に泣きながら銃弾を撃ち込むばかり。

カメラがヘリコプターの空撮に切り替わると、白いヨットは青い海をゆらゆらと漂いつつ小さくなっていく。

やがて船影はガラスの破片をちりばめたようなさざ波の一点になり、スタッフロールとともに石川セリの歌うエンディングテーマが流れる――。

打ち上げられた　ヨットのように
いつかは愛も　朽ちるものなのね
あの夏の光と影は　どこへ行ってしまったの
想い出さえも　残しはしない
あたしの夏は　あしたもつづく

（「八月の濡れた砂」）

「いつかは愛も朽ちるもの」

「あの夏の光と影はどこへ行ってしまったのだろう」

そう感じていたのは林美雄自身だった。仕事でもプライベートでも追い込まれ、いらだちと無力感の渦中にあった。

《初めて日本の青春映画にぶち当たったという衝撃を受けました。つまり、あの頃、僕もイライラ、ジリジリしていたんです。自分の不満みたいなものを、こう、スクリーンの中で同じように、よくぞ言ってくれたという、「あっ、俺があそこにいる！」というような思いがあったわけです》（林美雄「七〇年代青春シネマグラフィティ」TBSラジオ一九七九年十二月十二日放送）

二十八歳の林美雄にとって『八月の濡れた砂』は初めて自分自身を投影できた青春映画であり、甘やかな石川セリの歌声は、自らの失われた青春の主題歌だった。

林美雄は日活のスタッフに頼んで映画『八月の濡れた砂』のサウンドトラックから主題歌をテープにダビングしてもらい、「パックインミュージック」の冒頭で毎週のようにかけ、主題歌と映画両方の魅力を繰り返し語り続けた。

「二カ月だったか三カ月だったか。とにかくずっとかけていましたね。自分が好きでたまらないから。石川セリをゲストに呼んだこともありました」（当時金曜パックのディレクターをつとめた齋藤靖男）

「『八月の濡れた砂』以前から、林はずっと日本映画を紹介していた。ただ、それまでに紹介していた作品は自分と直接的に結びつくものではなかった、ということでしょう。モチベーションがないものを紹介しても、リスナーにはすぐにわかってしまいますから」（宮内鎮雄）

林美雄にとって『八月の濡れた砂』は、自分に直接的に結びつく初めての映画だったから、当然、リスナーからの反響も大きかった。

《林は、一度、封切られながら、ほとんど人目に触れないままに埋れていた『八月の濡れた砂』を掘りだし、かれなりのキャンペーンを試みた。

上映館の文芸坐（注・正確には文芸地下だろう）は、開館以来の入りを示して、若い熱気に包まれた。

「日本映画を見直した」

「自分の生活の延長として考えてみたい」

「あなたの放送をだんぜん支持します」

多くの若者の声が、聞こえた。》（TBSアナウンス室『アナウンサー・DJになるには』一九七二年）

「パックインミュージック」二部が放送される午前三時から五時という遅い時間帯にラジオに耳を傾けていたのは、主に高校生と浪人生と大学生である。

当時上智大学の一年生だった横谷《よこたに》敦《あつし》は、林パックをきっかけに日本映画に深くのめり込んでいったひとりだ。

「映画は好きでしたが、観ていたのはもっぱら洋画。日本映画といえば『若大将』シリーズとか『ゴジラ』とか、そんなイメージしかなかった。『俺たちに明日はない』とか『明日に向って撃て！』などのアメリカン・ニューシネマが終わった空白の時期に『じつは日本にも、自分たちの気持ちに通じる映画があるんだよ』と教えてくれたのが林さんです。僕自身のことを言えば、とりあえず大学には入学した。何かをやりたいけれど、やりたいことが見つからない。いい大学に入って銀行員になるというような既成のステータスに寄りかかった生き方はしたくないけれど、どうすればいいのかわからない。部活を一生懸命やるわけでもなく、家で本ばかり読んでいました。高橋和巳《かずみ》とか埴谷《はにや》雄高《ゆたか》とか、年に二百冊か三百冊は読んだはずです。今にして思えば、自分が何者なのかわからないから、本の中に答えを探していたんでしょう。

そんな時、ナチチャコパックの延長でたまたま聴いた林パックを通じて、日本映画が自分の視野に入ってきた。林さんは評論家ではないから、映画紹介も詳しくはない。それでも、心から面白いと思った映画を紹介していることはすぐにわかりました。この人は本気だ。だったら触れてみる価値はあるんじゃないか、と思ったんです。林さんが紹介する映画を観ると『なんだ、自分がそこにいるじゃないか』という気持ちになりました。ロケ地が湘南だったりと、アメリカン・ニューシネマよりも地理的にずっと近かっ

失意の林美雄がめぐり合った映画が、藤田敏八監督の『八月の濡れた砂』（1971年）だった。当時の宣伝ポスター。

たこともあるけれど、それ以上に四畳半の部屋で暮らす自分に非常に近い感覚があったんです。『八月の濡れた砂』の主人公のように強姦したりライフル銃を撃つなんて自分にはあり得ない。それでも、自分の一部が確かにあの映画の中に存在するような気がしました」（横谷敦）

一九七〇年代初頭の日本映画は正にどん底だった。一九五八年のピーク時には年間十一億三千万人あった入場者数も、一九七〇年にはわずか二億五千万人少々と四分の一以下に激減した。もちろんテレビの影響である。

高倉健や藤純子が主演する東映の任俠《にんきょう》映画はすでに飽きられた。ストイックなヒーローとヒロインが演じる義理人情の世界は、全共闘の退潮とともに色褪《いろあ》せてしまった。『仁義なき戦い』シリーズはまだ始まっていない。

加山雄三の『若大将』シリーズに代表される豊かで明るい若者たちがリアリティを失い、国際的なスターとなった三船敏郎《みふねとしろう》が去ると、東宝は黒澤明と『ゴジラ』と戦争映画以外の話題作がなくなってしまった。その黒澤明も20世紀FOXと組んで作ろうとした『トラ・トラ・トラ！』で監督交替の憂き目に遭い、一九七一年十二月には自殺未遂事件を起こした。

看板スター市川雷蔵《らいぞう》を失い、勝新太郎《かつしんたろう》の『座頭市』シリーズの人気も落ちた大映は、ついに制作を停止してしまった。

青春映画の牙城である日活も、石原裕次郎《いしはらゆうじろう》や渡哲也《わたりてつや》、宍戸錠《ししどじょう》、浅丘《あさおか》ルリ子、松原智恵子《ちえこ》らのスターを次々に失い、監督たちも辞めていった。

予算もなく、スターも使えず、経験ある監督も失った日活では、それまでくすぶっていた藤田敏八や長谷部安春《はせべやすはる》や澤田幸弘らが低予算の日活ニューアクションを撮影したものの、多くの観客を集めることはできず、一九七一年十一月にロマンポルノへの転身を余儀なくされた。林美雄が絶賛した『八月の濡れた砂』は、ロマンポルノに移行する直前につくられた旧体制最後の映画である。

東京にはまだ映画館が数多く残っていた。封切館だけでなく、二本立て、三本立ての作品を安く観られる名画座も健在だった。

しかし、いまどこの映画館でどんな映画をやっているのか。情報はごくわずかだったし、面白い映画を探す手段も限られていた。新聞の映画欄は小さく、スポーツ新聞はやや大きく扱ったが、それでも開始時刻は映画館に電話で直接問い合わせなければならなかった。

閑散とした館内は外回りの営業マンの昼寝の場所となり、競馬や競輪で負けて家に帰る気になれない人間が時間つぶしをしていた。タバコと小便の臭いが薄く漂う映画館も多く、女性にとって快適な空間ではまったくなかった。

ところが林美雄が『八月の濡れた砂』を絶賛し、「パックインミュージック」金曜二部の冒頭で石川セリが歌う主題歌を数カ月にわたってかけ続けると、池袋の文芸地下は多くの若者で溢《あふ》れかえった。

驚いたスタッフが事情を調べると、ほぼ全員が林パックを聴いていることが判明して、午前三時から始まる深夜放送の影響力に驚愕した。文芸坐は早速、林美雄に企画賛助メンバー、つまりブレーンになってもらった。どんな映画を上映すれば若者たちがきてくれるのか。毎週土曜の夜十一時から日曜朝の五時半まで行われる五本立てのオールナイトではどんな特集を組めばいいのか。それを知っているのは林美雄だけだったからだ。

林美雄は強力な援軍を持っていた。

リスナーである。

『八月の濡れた砂』を紹介して以来、ごく短期間のうちに、林パックは若い映画マニアの巣窟と化していた。林パックで紹介される映画を観て、つまらないと感じたことは一度もなかったからだ。

同じ感覚を共有する若者の同志的結合はきわめて強固であり、彼らは映画を観るたびに自分の感想をハガキに書いて林美雄に次々と送り続けた。

年間三百本以上の映画を観て、面白い映画を見つけては林美雄にハガキで知らせた若い映画マニアの数は、おそらく二十人にも満たないだろう。

しかし、彼らこそが林パックを支えた。

「『やさしいにっぽん人』の中で緑魔子が歌った『夢の子守歌』が素晴らしかった」

「寺山修司の『書を捨てよ町へ出よう』の冒頭で主人公が観客に向けて言うセリフが印象的だった。番組で紹介してほしい」

「『鉄砲玉の美学』で使用されていた頭脳警察の『ふざけるんじゃねえよ』をかけてください」

「『日本春歌考』で吉田日出子《ひでこ》が歌う歌がよかった。タイトルもわからないが、もう一度聴きたい」

林美雄は彼らの要望に可能な限り応えた。レコードになっていなければ撮影所に出かけ、音源をテープにダビングしてもらった。撮影所のスタッフと仲良くなると、多くの情報が入ってきた。

前出のリスナー横谷敦は『八月の濡れた砂』以後、恐ろしい勢いで映画にのめり込んでいった。

「コアな映画ファンはみんな林パックを聴いていました。林さんはサラリーマンですからね。もちろん試写会や映画館にも通ったでしょうけど、大学生の僕らとは使える時間が違う。僕は年間五百本くらい観ていましたから。鈴木清順《せいじゅん》監督の『けんかえれじい』や長谷部安春監督の『野良猫ロック　セックス・ハンター』は、たぶん、二十回か三十回は観ているはず。『野良猫ロック』がかかっている映画館の暗がりが心地よかった。ヘンな話ですけど、生まれる前の子宮の中にいる子供のように、安心して浸っていられる空間だったんです。文芸坐のオールナイトにも毎週通いました。定位置は真ん中の通路の前から五番目。映画スターは見上げるものだと思っていたからです。常連はいつも同じ席に座っているから、『ああ、あいつがまた来ているな』とすぐにわかります。もちろん話しかけたりはしません。知らん顔をしています。僕たちの世代は群れるのが嫌いですから。

映画を観た感想は、毎週必ず林パックにハガキで送りました。林さんお勧めの映画を観ました。あれはよかった、これはいまひとつだった、この映画は観ましたか？　とか。リクエストや番組への要望も書きました。この映画の挿入歌をかけてほしいとか、こんなゲストを呼んでほしいとか。そうしたらある日、林さんから電話がかかってきたんです。『長谷部安春監督と藤竜也《ふじたつや》が今度ゲストでくるよ。君も一緒に番組に出ない？』って。驚きましたね。スタジオでは『野良猫ロック』シリーズの話が出たはずですけど、すっかり舞い上がっていたので、内容は全然覚えていません」（横谷敦）

映画の評価も、ゲストの人選も、文芸坐のオールナイトの特集プランも、マニアたちがすべてハガキで教えてくれる。林美雄と映画関係者にとっては宝物のような情報である。

中学二年から林パックを聴き始めた宮崎朗は、映画会社から番組に提供される試写状を毎週のように受け取った。情報提供の謝礼のつもりだろう。

「林さんが絶賛していたので、池袋の文芸地下で『八月の濡れた砂』と関根《せきね》恵子（現・高橋惠子）主演の『遊び』の二本立てを観ました。中学生にはこの二本の衝撃は大きかったですね。もちろん林さんに向けて感想のハガキを送りました。リスナーの感想が番組の中で読まれることはまずありませんが、試写状は必ず送ってくれました。一度、ATGの試写室で林さんに会ったことがあります。『いつも試写状を送っていただいている宮崎です』『ああ、君が宮崎くんか』林さんはシャイな人で、深く関わったり、ベタベタするのは大嫌い。僕も人見知りなのでちょうどよかった」（宮崎朗）

土曜夜に行われる文芸坐のオールナイトでは、鈴木清順特集、『野良猫ロック』特集、渡哲也の『無頼』シリーズの特集が立て続けに組まれて大評判を呼んだ。オールナイトの座席指定の前売りチケットは火曜日に売り出される。マニアには自分の好みの席があるから、火曜日には必ず池袋に出かけた。

『八月の濡れた砂』は、たちまちのうちに文芸地下以外の名画座でも繰り返し上映されるようになり、林美雄の「パックインミュージック」の評判は映画界に広く知れ渡っていく。

林パックが特に力をこめて紹介したのは、日活ニューアクションと呼ばれる作品群である。たとえば澤田幸弘監督の『斬り込み』『反逆のメロディー』、藤田敏八監督の『新

宿アウトロー　ぶっ飛ばせ』『野良猫ロック　暴走集団'71』、長谷部安春監督の『みな殺しの拳銃』『野良猫ロック　セックス・ハンター』など。

かつて日活のアクション映画には、石原裕次郎や小林旭、渡哲也に代表されるハンサムでかっこいいヒーローが不可欠だった。だが、ニューアクションには明確な主人公が存在しない。原田芳雄《よしお》、藤竜也、地井武男《ちいたけお》らアンチヒーローたちの群像劇なのだ。

全共闘世代は高倉健に代表される任侠映画を熱狂的に愛したが、学生運動や安保反対闘争は何の結実も得られなかった。それに続く「しらけ世代」と呼ばれた若者たちは、もはや超人的なヒーローに自分を仮託することができなくなっていた。

自分がヒーローになることは到底不可能だが、「かっこ悪い」アンチヒーローたちとならば、心を通わせることができそうだ。若者たちはそのような希望を抱いたのである。

まもなく林美雄は、日活がロマンポルノに移行してからの作品も紹介するようになった。たとえば田中登監督の『牝猫たちの夜』『㊙女郎責め地獄』であり、村川透《とおる》監督の『白い指の戯れ』であり、神代辰巳《くましろたつみ》監督の『濡れた唇』『恋人たちは濡れた』などだ。

七十分の映画の中で、十分に一回濡れ場を作れば、あとは何をやってもいいというロマンポルノのフォーマットの中で、若い監督たちは知恵を絞った。どうせなら面白いエロ映画を作ってやろうじゃないか。

《邦画の世界というのはレッテルだけで判断されているでしょう。当時は特にね。明るく楽しい東宝映画とか、邦画界の老舗、松竹とかね。そんな観念をとっぱらって、なんでもいいからそこにある映画館に飛びこんでやろうと思いましてね。

そこで、実際に入って感激したのが、日活アクションであり、日活ポルノだったわけです。そこで驚いちゃったのは、田中登監督の「牝猫たちの夜」だったんです。「牝猫たちの夜」っていったって、主演の女優の名前も知らないし、監督の名前も知らない。そこで、小屋に入ってみたら、アレーッて感じに驚いて、感激した。（中略）

自分の番組の中で、そうした映画についてしゃべったら、その反応が、よかったということです。でもそれはぼくが探してきた映画の話が良かったとかいうのでもなんでもなくて、みんながいいものを探し求めていた時期に、ぼくがちょっと紹介してあげたというだけなんです。あくまでも、ぼくは紹介者でしたから。》（TBSラジオ編『一慶・美雄の夜はともだち』一九七七年）

ニューアクションだろうがロマンポルノだろうが、林美雄にとって青春映画であることに変わりはない。時に残酷で陰惨な映画もあるが、青春とはそもそも残酷で陰惨なものなのだ。

同期の久米宏は、『八月の濡れた砂』以降の林美雄は、自分のNHKアナウンサー的な話し方について思い悩むことをやめた、と指摘する。

「話し方なんてどうでもいい、要は内容だ。どんな映画を紹介してどんな音楽をかけるか、誰をゲストに呼んでどんなテーマで話をするかが大切だと考えるようになった。『八月の濡れた砂』に出会って、彼は救われたんです。林はそこから一気に文化人になっていった。具体的にいえば、ＴＢＳのアナウンス室に顔を出さなくなった（笑）。映画会社の試写室で一日を過ごし、人とは喫茶店で会って、会社には週に一度顔を出すだけ、という感じ。世の中にまだ知られていない素晴らしい人間や素晴らしい才能を紹介する喜びを見つけて、そっちの方向に突っ走っていった。普通だったらＴＢＳが許しません。でも当時は日本経済も右肩上がりで、うるさいことを言わなかった。いい時代であり、いい会社だったんです」

一九七二年七月には情報誌「ぴあ」が創刊されている。林美雄の六期先輩にあたるＴＢＳアナウンサーの平山允《まこと》によれば、「ぴあ」を創刊したのはＴＢＳでアルバイトをしていた若者たちだったという。

「ＴＢＳの映画好きを集めて、秘密結社ＴＢＳシネクラブというのを作った。僕が社長で林美雄が専務。宮内（鎮雄）が常務だったかな。当時報道アナウンス部にいた僕は、映画情報をまとめた〝結社ノート〟を作った。上映スケジュールと内容紹介と、あと試写を観た感想が書いてある。それを見たアルバイトの連中が、これは商売になると思って『ぴあ』を作ったんです」

「結社ノートを作ったのは平山さん。平山さんは純粋な映画好きで、仕事とは全然関係ない。試写会の予定が組織的にうまく書いてあって、ノートを開けば、試写会を効率的に回れるようになっていた。今日は何時からユニバーサルで試写がある。そのあとにコロムビアに回れば二本観られる、とかね」（林美雄と同期の小口勝彦）

すでに東京では「シティロード」が、大阪では「プレイガイドジャーナル」が創刊されていた。これらの情報誌には、封切館や名画座までの地図、上演プログラム、上演時間はもちろん、コンサート情報やこの頃から増え始めたライブハウスの出演者情報まで載っていた。マニアックな若者たちは林美雄という稀代《きたい》の名ガイドに導かれ、「ぴあ」や「シティロード」を片手に、東京中を歩き回って面白い映画を自分で発見する喜びに夢中になった。

池袋東口には文芸坐と文芸地下があった。銀座には並木座、飯田橋にはギンレイホールと佳作座、高田馬場にはパール座と早稲田松竹、新宿には東映任侠映画の聖地である新宿昭和館と、雑多な映画がかかる昭和館地下があった。三鷹まで足を延ばせば三本立ての三鷹オスカーがあったし、浅草には戦前から続く格式の高い映画館がいくつも残り、珍しい旧作を観ることができた。

「基本的に林さんが好きなのは日活ニューアクションとロマンポルノと、あと『竜馬暗殺』に代表されるATG映画くらい。でも、林さんの凄いところは、土本典昭監督の『水俣――患者さんとその世界』や、小川紳介監督の『日本解放戦線　三里塚の夏』といったドキュメンタリー映画も紹介したこと。『薔薇の葬列』を撮った松本俊夫《としお》や『息子達』の安藤紘平《こうへい》の前衛的な映画は、伊勢丹の向かいのアートシアター新宿文化の地下にあるアンダーグラウンド蠍座で観ました。蠍座は三十人くらいの小さなスペースで、ここではオノヨーコや草間彌生《くさまやよい》の映画、アンディ・ウォーホルの日没から夜中まで、ずーっとビルを撮ってるだけの実験的な映画を観ましたね。若松孝二《こうじ》さんの赤P（『赤軍──PFLP世界戦争《せんそう》宣言』）も観に行きました。あの映画で誘われてアラブに行った人間もいたけど、自分が一本釣りされる感覚はまったくありませんでした。林さんはそういう映画が好きではなかったと思うけど、でも、『こういう映画もあるよ』と紹介してくれたことが大きい。もし林さんのパックを聴いていなければ、フィルムセンターでポーランドの映画を観ることも、溝口健二や加藤泰《たい》にハマることもなかったはず。林さんが教えてくれたことで一番大きいのは、自分が面白いと思うことをやるのは楽しいよ、ということ。だから、林さんの好きなことと自分の好きなことが違っていても全然構わない」（宮崎朗）

林パックにはマニアックな映画好きの若者が数多く集まっていたものの、じつは林美雄自身はマニアではなかった。映画業界や音楽業界の若い才能を紹介することが自分の仕事だ、と考えていたのだ。

「『八月の濡れた砂』を林さんがあれだけ騒いでくれなかったら、藤田敏八監督は桃井かおりと原田芳雄の『赤い鳥逃げた?』を東宝で撮ることも、秋吉久美子の『赤ちょうちん』『妹』を日活で撮ることもできなかったでしょう」(林美雄と親しかった元「週刊朝日」記者の邨野継雄《むらのつぐお》)

雑誌編集者の十河進《そごうすすむ》は、優れた映画コラムニストでもある。達意の文章家にかかれば、当時の林美雄が、時代の空気とともに彷彿《ほうふつ》とする。

《一九七二年、僕は大学の二年生で二十一歳の誕生日を迎えたばかりだった。一九七二年に生きていた多くの青年がそうであるように、僕には金がなく、心にいつも正体不明の鬱屈を抱えていた。(中略)

日本青年館の前には、若い男女が並んでいた。みんな揃《そろ》ってベルボトムのジーンズを履いていた。大きく丸いトンボメガネのサングラスをした若い女もたくさんいた。コートの前をはだけた女たちの多くは、十一月だというのに絞り染めのTシャツを身につけていた。

その中に場違いのようにOL風の一団がいた。何人かは花束を持っていた。そんな光景が僕には気に入らなかった。「おまえたちと一緒のミーハーなファンじゃねぇんだ」と僕は口に出さずに毒づいた。若い頃に特有の傲慢さと不寛容が僕の体内を占めていた。

その夜、日本青年館では「八月の濡れた砂」の上映と原田芳雄のミニコンサート、藤田敏八監督との対談などが行われる予定だった。司会は林美雄アナウンサーだった。僕はパック・イン・ミュージックでそのイベントを知り、ひとりで出かけてきたのだった。

花束を抱えたＯＬたちはテレビドラマを見て原田芳雄のファンになったに違いなかった。原田芳雄はテレビドラマ「五番目の刑事」（一九六九年）に主演したが、一九七二年の頃は浅丘ルリ子と共演したドラマなどで一般的な人気が出た。女性誌にもインタビュー記事が載り始めていた。

イベントは六時半から始まった。林美雄がおなじみの声で登場した。彼はひとしきり喋り、「八月の濡れた砂」を紹介した。映画が終わり再び林美雄が登場し、原田芳雄と藤田敏八を紹介する。あまり喋らない二人を少しもてあますような感じだったが、林美雄は場を盛り上げようとしていた。

林美雄が「また、お二人で映画を作っているそうですね」と聞く。そこへ、舞台の袖から桃井かおりが登場し、会場が湧いた。藤田敏八監督が、桃井かおりを迎えながら「今度は不良中年の映画です」と答えた。「題名は『赤い鳥逃げた？』といいます」と続ける。

対談は二十分ほどで終わり、最後に原田芳雄のミニコンサートになった。ＯＬ風の女性たちが一斉に立ち上がり、花束を持って舞台に駆け寄った。それを苦々しく感じながら「原田芳雄はキャーキャー騒ぐような役者じゃないんだ」と僕はつぶやいた。彼は反体制的ヒーローだった。アウトローが似合った。

五曲ほど歌ってコンサートは終わった。歌っている時は気持ちよさそうだった原田芳雄は、終わった途端にシャイな感じになり、林美雄に向かってボソボソと何かを言って引っ込んだ。林美雄は「藤田敏八監督、原田芳雄さんと桃井かおりさんが出演する『赤い鳥逃げた？』は来年、公開されます。見にいってくださいね」と言ってイベントをしめた。

客が出てしまうのを待って、僕はゆっくりと会場を後にした。ブラブラと会場の周囲を歩いてみた。二年前の夏に『反逆のメロディー』を見て以来、僕は原田芳雄の熱心な崇拝者になっていた。彼が映画の中でかけていたナス型のレイバンのサングラスがほしくて、安物の偽レイバンを買ったこともある。

僕は生身の原田芳雄を目の前にして興奮していたし、彼に会えるのではないかという淡い期待を抱いて会場の周りを歩いていた。会場の裏手に回った時だった。少し高くなった位置にある階段の踊り場でボンヤリと神宮の森を見つめている林美雄を見かけた。街灯の明かりが彼の顔を浮かび上がらせていた。

会場で見た林美雄とは別人のようだった。もちろん、アナウンサーである以上、仕事の時はテンションを高めて間断なくその場のムードを盛り上げなければならない。職業意識が常に彼の言動をメリハリのあるものにする。話し方だって、きちんと誰にでもはっきりわかるようにしなければならない。

その時、林さんはきっと緊張が解けた状態だったのだ。彼はフッと僕の方を見た。自分の放心したような表情を見られたと思ったのだろうか、照れた笑いを浮かべて肩をすくめ、そのままドアを開いて中に戻った……》(十河進『映画がなければ生きていけない1999-2002』二〇〇六年)

この頃、二十九歳になっていた林美雄は下落合のマンションを出て、八歳年下の女性と足立区綾瀬で同棲《どうせい》を始めていた。

若く美しい女性だった。

ユーミンとセリ

都立第三商業高校放送部は、七年前に部長の林美雄がＮＨＫ杯全国高校放送コンテストアナウンス部門で優勝したあと、長く低迷を続けていた。予選の上位にさえ入れない現状を打破するためには、優秀な指導者が必要だった。

白羽の矢を立てられたのが林美雄である。

一九六八年の春、久しぶりに母校にやってきた林美雄を見て、放送部員たちは色めき立った。当然だろう。現役のＴＢＳアナウンサーであり、全国優勝を成し遂げた伝説の先輩なのだから。

ＴＢＳで研修を受けて間もない林美雄の指導は基本に忠実であり、文の切れ目や鼻濁音などを細かく注意されて部員たちはメキメキと実力をつけた。

しかし、東京都予選を通ったのは二年生の二見《ふたみ》文子《ふみこ》ただひとり。当然指導は一対一になり、ふたりは急速に親しくなった。

二見文子は二年連続で東京都予選を突破したが、全国大会の壁は厚かった。

「審査員は地方の元気のいい、若さのあるワーッという子を採るね」

林美雄はそう言って文子を慰めた。

文子が短大に進んだ頃から、ふたりはデートを重ねるようになった。

「映画を一緒に観たり、サントリー美術館に行ったり。たとえば私が『風と共に去りぬ』や『ウエスト・サイド物語』を観ていないと言うと、『それは不幸だ。観なさい』とちゃんとした映画館に連れて行ってくれる。いろいろなことを教えてくれて、まるで先生と生徒みたいな関係でした。ええ、初めて会った時からずっと、この人と結婚したいと思っていました。八歳年上の兄がたまたま彼と同級生だったこともあって、兄妹みたいな感覚もあったかな」（林文子）

優しくて面白くて魅力的な林美雄を文子は尊敬し、愛していたものの、肉体関係を持つことは決してなかった。鰹節《かつおぶし》問屋を営む家の五人きょうだいの末っ子は、厳しい道徳教育を受けてきたからだ。

「何回か迫られたことはあったけど、私はガードがしっかりしていましたからね。最後まで許すことはなかった。彼はそれでおかしくなったと思います（笑）」

文子にプロポーズした経緯を、林美雄は「パックインミュージック」の中で漏らしたことがあった。

「一九八〇年頃の放送の中で、林さんはこう言っていました。『女房と知り合ってね、デートしたんですよ、プールで。プールサイドに上がった彼女の胸を見て、くそ、この胸ほかの男に渡してたまるかって思って、それでプロポーズしたんだよね……』。なんて正直な人だろう、と驚きました」（リスナーの堀浩）

一九七二年二月から三月にかけて、ふたりは一緒に京橋のフィルムセンターに通いつめた。小津安二郎特集が組まれていたからだ。ビデオテープの普及以前、小津の映画をまとめて観られる機会は貴重だったから、林が仕事で来られないときにも、文子はひとりでフィルムセンターに出かけた。

卒業を目前に控えた美しい短大生に、声をかけてきた男がいた。

「よくお見かけしますが、昨日一緒だった男性は彼氏ですか？」

文子が相手にしないと、男はニヤニヤしながら続けた。

「文芸坐のオールナイトには、ほかの女性を連れていましたよ」

知らん顔をしていた文子も、さすがに男の話に耳を傾けざるを得なかった。

「彼は林美雄さんでしょう。その女性と一緒に映画を観ているところを、僕は何度も目撃しています」

声をかけてきたのは、当時東映の助監督をしていた横山博人《ひろと》だった。のちに監督となり、『純』『卍』『恋はいつもアマンドピンク』など、数本の映画を撮っている。

フィルムセンターを出ると、文子は早速林美雄を問いつめた。もうすぐ結納だというのに、自分以外の女性とオールナイトを一緒に観るとはどういうことか。

林は弁明した。黙っていたことは悪かったが、その女性はMといい、以前の妻だ。マンションの契約の問題があって同居を続けているが、すでに夫婦ではない。彼女もまもなく別の男性と一緒になるはずだ。やましいことはひとつもない。

文子は若さに似合わずしっかりした女性で、冷静さを失うことはなかった。

とにかく私はこの人のことが好きで、この人は私と結婚しようと言ってくれている。聞けば結婚式は挙げたものの、籍は入れていないという。つまり、ふたりが戸籍上、夫婦であったことは一度もないのだ。ならば親にも隠し通せるかもしれない。

文子は林美雄にこう言った。

「Mさんに会わせてほしい」

林美雄は愛する女性の言葉に従うほかなく、銀座の千疋屋《せんびきや》にMを連れてきた。Mは文子に向かってこう言った。

「確かに私は林さんと一緒に下落合のマンションで暮らしていますが、すでに男女の関係はなく、大切な友人としてつきあっています。別れようと言い出したのは自分であり、あなたと林さんの結婚を祝福こそすれ、邪魔をするつもりはまったくありません」

文子がMに会ってみてわかったのは、彼女が西洋の芸術に一流の審美眼を持ち、下町育ちの林美雄や自分とはまったく異なるタイプの人間であることだった。
Mが林美雄に大きな影響を与えていることもわかった。
たとえば林パックの中で読まれた無数の〝ミドリぶたの詩〟はMが作ったものだった。
一例を挙げよう。

背中が寒いひとりぶた
青ざめた夜に身も震え
タバコの煙も青く青く消えていく
いまは昔かいつの日か
思う心もままならぬ
ああ、背中が寒いひとりぶた

「苦労多かるローカルニュース」の前に必ずつけられる架空の番組提供MCも、Mの手になるものだ。

月夜のぶたは恥ずかしい。
ずんぐり影が映ってる。

がに股足で坂を下り
夜空見上げりゃ、あっ、星ふたつ。

ぶっぶー。

苦労多かるローカルニュース。この番組は、がに股印ぶた型湯たんぽブーブーちゃんでおなじみの下落合本舗の提供でお送りいたします——。

愛川欽也《あいかわきんや》の水曜パック（火曜深夜）一部と林美雄の金曜パック二部の両方で愛された「風でセーター編みました」も、Mが作った詞に愛川欽也が曲をつけたものだ。

風でセーター編みました
グレーと紺の縞《しま》模様
木の葉に包んで贈ります
雨の毛糸を混ぜたので
少し長めになりました
ルルル、ルルル、ルルル
風でセーター編みました

三日かかって編んだので
夢の匂いがするでしょう
落ち葉の色と青空に
ぴったり似合うと思います
ルルル、ルルル、ルルル
（「風でセーター編みました」）

愛川欽也に作曲を依頼したのはもちろん林美雄である。Mが表に出ることを嫌ったために、自分が作詞したことにした。
「ある日、欽也さんが譜面を持ってやってきた。パックを放送する第三スタジオの奥にはグランドピアノが置いてあるんですが、『曲を作ったから録音してほしい。俺がピアノを弾くからお前はギターで合わせてくれ』という。たまたま僕がスタジオにギターを置いていたから。調整卓には誰もいません。テープは回しっぱなしです。コードは単純な循環コードだから合わせるのは簡単だったけど、欽也さんはマイナーコードを弾けない人だし、あとで聞いたらギターのチューニングもちゃんと合わせてなかった（笑）。『風でセーター編みました』はそんな感じで録音したんです。チャコ（白石冬美）ちゃんが欽也さんのパックで歌ったこともありました。欽也さんと林さんとの接点はそれまで全然なかったから、最初のうちはチャコちゃんが作詞したんだとばかり思っていました。永六輔さんと遠藤泰子《えんどうやすこ》さんの『誰かとどこかで』のゲストに欽也さんが入った時にもつきあわされて、ギターを弾いた記憶があります」（愛川欽也の「パックインミュージック」のディレクターをつとめた綜合放送の加藤昇太）

「パックの中で彼が〝ミドリぶたの詩〟を読んだりするじゃないですか。あれはMちゃんが書いたもの。演劇にも映画にも精通していて、詩も書くし、イラストも描ける。要するにアーティストなんです。夫はいろんなものを人からもらうタイプ。自分でも『お月様みたいなものだ』と言っていました。自分自身は光らないけれど、光っている人を見つけるのは得意だと。Mちゃんの感性を夫が必要としているのであれば、私も間接的に彼女を必要としているということ。だったら、そっちはそっちでやって下さい、と。私もすごく若かったし、嫉妬することはあまりなかった。私の中で、分けてしまった部分があったかもしれない。Mちゃんは自分の感性を大切にするアーティストで、自分は家庭を築く普通の人間だと。別に卑下しているわけではないんですよ。私には普通が一番という感覚があったから」（林文子）

賢明なる二十歳の二見文子は、フィアンセが下落合でMとしばらく同居することを認めた上で、ふたりに要求を出した。

「林さんのご両親のところに行って、きちんと話を通してほしい」

数日後、三人は揃って当時練馬区富士見台にあった林美雄の実家に行った。両親はさぞかし驚いたろう。

林美雄は両親にきっぱりと言った。

「Mとは別れて、文子さんと一緒になります」

林の母親が出してくれた鯛焼《たいや》きの尻尾をMが皿に残すのを見て、文子は驚いた。

「ああ、この人にはかなわない」

夫の実家で食べ物を残すなど、下町育ちの自分には決してできないことだ。

一方、Mも文子に驚いた。

これほど人を一途に愛することができるのか。なんてまっすぐな女性だろう。しっかりと前を向いて、堅実に確実に生きている。林さんが素敵なパートナーに出会えて本当によかった。

グズグズしていては何が起こるかわからない。文子の動きはすばやく、一九七二年四月に林家と二見家は結納を交わした。

しかし、文子の父は最初から林美雄を信用していなかった。可愛い末娘の夫にふさわしい男には見えなかったからだ。

「テレビ局なんか水商売だ。公務員や銀行員や教師、あとは自分のように商売をやっている人間の方がエラいんだ。父はそう考えていたんです」（林文子）

実際に、婿となるはずの男は下落合のマンションでMと同居していたのだから、父親の心配も大きく外れてはいなかった。

「父親はすごくうるさい人だから、多分、興信所とかを使ったんじゃないかな。きっちり調べられて、いろいろとマズいことが出てきたんでしょう。結婚は認めない、という雰囲気にだんだんなってきた」（林文子）

親孝行な末娘はきちんと段取りを踏み、両親を納得させた上で家を出るつもりだったのだが、そうも言っていられなくなった。

このまま自然な形で結婚にこぎつけるのは難しい。そう考えた文子は、ついに実力行使に出た。林美雄に足立区綾瀬の賃貸マンションを借りさせて同棲を始めたのだ。一九七二年七月七日のことだった。

「夫はニコニコしながら『こんなにいい奥さんがきてくれて、七夕からぼた餅』と言ってくれた。その前は怒濤《どとう》の日々でしたけどね。一晩帰らなかったら、父親に『二度と家の敷居をまたぐな』と家に入れてもらえなかったこともあったし（笑）」（林文子）

やがて文子は懐妊、七三年十月には身内だけで式を挙げた。場所はかつて林美雄がアルバイトをしたことのある早稲田のアバコブライダルホール。立会人は桝井論平夫妻に頼んだ。

一緒に暮らすうちに、文子は林が生活者としてはまったくの無能力者であることがわ

林美雄と文子夫人の結婚写真。1973年10月。提供／林文子

かった。

「僕の眼鏡を知らない？　とか、僕のストップウォッチを知らない？　とか、いつもそんなことばかり言っている。結んでおいたストップウォッチの紐《ひも》がほどけなくなると、すぐにハサミを持ち出す。靴紐さえうまく結べない。経済観念はまったくない。クレジットカードはもちろん、キャッシュカードさえ、持たせればいくらでも使うからすぐに取り上げました。カード破産が話題になったのはそのあとだったから、夫には『君には先見の明があるね』って褒められた（笑）。不動産とかそういうことも全然ダメ。うっかり連帯保証人になりかけたこともあって、親の遺言だからダメと断らせた。親はまだ生きていたんですけど（笑）。

朝、新聞が届くと、挟んである広告をバサバサと落としながら歩く。家に帰ってくるとうれしくて、座った瞬間に靴下を脱いでパーッと投げて、『おーい、帰ってきたぞー』って言う。バカかお前は、って感じ。基本的にはとても子供っぽい人です。私と同世代の女の人たちは、男も家事を分担するべきだとか、どうして夫の靴を磨かないといけないのとか争っていたけど、私にはそんな考えは全然ない。下手なヤツにやらせるよりはこっちがやった方が早いしうまい、と思っている。せっかく一生懸命働いて帰ってきて、靴下を投げて喜んでいるんだから、拾って洗濯くらいしてあげてもいいよ、と。たくさん稼いでくれるんだし。子供もできて、私は巣作りに一生懸命になっていたから、夫が

外で何をしていようが気にならなかった」（林文子）

寛大なる妻の許しを得て、林美雄はその後もしばしば、下落合のマンションに泊まった。ふたつ上のMに精神的に依存していたからだ。

「林美雄は世の中を斜めに見ていた。進学校からストレートで大学に入って、そのまま放送局に入った人間ではないから、エスカレーターで上がってきて当然という顔をしているヤツなんて仲間じゃないと思っていたはず。Mちゃんはとても優しい子だった。その優しさに林美雄は癒やされた。子が母を追うように、林は年上の彼女が持っている感性の世界を慕ってくっついて行った。ずっと甘えていたかった、という思いはあったと思う」（桝井論平）

林美雄自身は、別れたMについて次のように書いている。

《時折ある女性のアパートを訪れ、我が精神にゼンマイを巻いてもらいます。大抵泊まってきますが肉体的接触といえば、帰り際にホッペタを出してそこにキスを乞うだけ。〝新しい人間同士の交わりよブップー〟と彼女は快くチュー。どうも僕は人間扱いされてなくて、ブーブーちゃんとか豚！　とか、人前でも平気で彼女は呼ぶ。これが実にいい響きなのでそれをそっくりパックで拝借している次第。実は「がに股印ぶた型湯たんぽ」というのも彼女の創作で、彼女なくして我がパックは成り立たないほどその恩恵を受けている。もう十年近い付き合いだから姉弟みたいな間柄だが、この世に生を受けてこの人に巡りあったことを深く感謝している。童話を書いたり、人形を作って写真に撮るなどと、ハタから見るとイマ風で優雅な生活をしているように見えるが、自分の役割を見すえた上で、女三十、力強く生きている姿を見ると、俺もという気にさせられる。》（林美雄「あっ！下落合新報　創刊第一号」一九七四年五月）

知的で繊細で、芸術的な刺激を与えてくれるMの面影を林美雄は長く追い続けた。

これまで見てきたように、林美雄にとっての「いい映画」とは、自分自身を投影できるものだ。言い換えれば、スクリーンの向こう側の虚構に自分の現実が重なった時、林美雄は作品に深く共感する。

一九七三年一月に公開された『フォロー・ミー』（キャロル・リード監督）は、林美雄にとって生涯最愛の映画となった。

イギリスの上流階級に属する敏腕会計士のチャールズ・シドリー（マイケル・ジェイストン）は独身の堅物だが、ふと立ち寄ったエスニック料理店でウェイトレスをしていたベリンダ（ミア・ファロー）に一目惚れ。やがてふたりは結婚する。

しかし、ヒッピーをしていたベリンダは上流階級の暮らしになじめず、まもなく夫の留守中に外出を繰り返すようになった。

妻の浮気を疑ったチャールズは、探偵のクリストフォルー（トポル）に調査を依頼する。ベリンダは探偵のヘタクソな尾行にすぐに気づくが、のんきな探偵は気づかれてもお構いなしに尾行を続けた。

ベリンダは誰にも会わず、ひとりでロンドンを歩き回っていた。ホラー映画を何時間も観たかと思えば、テムズ河、ハイドパーク、ナショナル・ギャラリーやハンプトン・コートなどの観光名所を次々に訪れた。

尾行されるベリンダと尾行する探偵は、言葉を一切交わさないまま、お互いの個性や人格を認め合い、ついに探偵はベリンダの孤独な彷徨《ほうこう》の理由を理解する。

彼女はいまの生活に満たされていない。彼女が欲しているのは、素晴らしい家で暮らすことでも、仕立ての良い服を着ることでも、高級な料理を食べることでもなく、自分を愛し、理解してくれる人と人生の貴重な時間をともに過ごすことなのだ。

探偵はチャールズに告げる。もしもあなたがベリンダとやり直したいのなら、自分のように無言のまま彼女を尾行しなさい。

チャールズは探偵の言葉に戸惑いつつもベリンダを尾行し始める。彼女を愛し、理解するために――。

賢明なる読者諸兄諸姉はすでにおわかりだろう。林美雄はベリンダにMを、探偵に自分自身を重ねた。Mの髪型はミア・ファローと同じショートカットだった。

あるがままの自分であろうとする女性を決して邪魔することなく、つかず離れず、絶妙な距離を保ちながら見守り続ける。

林美雄はMを、探偵がベリンダを愛するように愛したのだ。

この繊細きわまる恋愛映画『フォロー・ミー』とセンチメンタルな主題歌をこよなく愛した林美雄は、「パックインミュージック」の中で繰り返し紹介した。日本映画ばかりを紹介してきた林パックにあって、『フォロー・ミー』は例外中の例外だった。

林美雄の映画紹介は短い。印象的だったシーンへの共感を語っても、映画論を長々と語ることはない。もちろん、自分のプライベートに結びつけて映画を語ることも決してなかった。それでも不思議なことに、『フォロー・ミー』が林美雄にとってかけがえのない映画であることは、リスナーにははっきりと伝わる。深夜のラジオほど語り手の感情がダイレクトに伝わるメディアはないのだ。

林美雄にとって、歌を愛することは歌手を愛することと同じことだ。

林美雄は、「八月の濡れた砂」を歌う石川セリに夢中だった。

銀座ガスホールや並木座で『八月の濡れた砂』のフィルムコンサートを次々に企画して、藤田敏八監督や主題歌を作曲したむつひろしをゲストに呼んだ。

上映前にはもちろん歌のコーナーがあり、『八月の濡れた砂』の主題歌はもちろん、「鳥が逃げたわ」「村の娘でいたかった」「野の花は野の花」などの持ち歌を、スクリーンの前で石川セリに歌わせた。

若い映画ファンの間でブームになっていた映画『八月の濡れた砂』とともに、歌手石川セリを売りだそう。林美雄はそう考えていたのだ。

「『八月の濡れた砂』をご覧になった林さんが、私に声をかけてくれたのがきっかけだったと思います。午前三時から始まるラジオ番組と聞いて、そんな夜中にラジオを聴いている人がいるのかなあと不思議でした。〝ミドリぶた〟というネーミングだけでもう衝撃。『何これ?』って。私はモンティ・パイソンが好きだったから、『苦労多かるローカルニュース』も『もう、どこまで本当なのかしら?』ってとっても楽しかった」(石川セリ)

林美雄のプロモーションの甲斐《かい》あって、七二年十一月にはデビューアルバム『パセリと野の花』が発売されたものの、まもなくキャニオンレコードとトラブルを起こしてしまう。

「こんなことを言っていいのかな(笑)。キャニオンは、山本リンダと同じ作詞、作曲陣を私に持ってきたんです。要するに『どうにもとまらない』みたいな感じで歌いなさいということ。リンダちゃんは私より年上の先輩ですけど、数少ない友だちだったし、彼女の世界を壊したくもなかった。だから私は断ったんです。そうしたらキャニオンから『これをやらないとクビになりますよ』という電話がかかってきたから、『わかりました。クビで構いません』って。まもなくフィリップスから話がきたからよかったんですけど。林さんのことは好きでした。私を応援してくれたからだけじゃなくて。ちょっと可愛い顔をしていて、ジャン・レノにもちょっと感じが似てた。ヨーロッパの男性って素敵じゃない？　自分の世界があって。私のことを好きって言ってくれたし、デートのお誘いもあったかな。私には当時ボーイフレンドがいたから現実的な話とは思わなかったけど、アバンチュールというか、そういう気持ちを持っていること自体が素敵なんです」（石川セリ）

『八月の濡れた砂』を最後に、日活はロマンポルノに転じた。

日本映画は斜陽の極にあったものの、神代辰巳や村川透ら若い監督たちは、ロマンポルノのフォーマットを守りつつ、低予算の中で野心的な作品を作っていた。

特に林美雄が気に入っていたのは田中登監督だった。『牝猫たちの夜』にも感銘を受けたが、一九七三年四月公開の『㊙女郎責め地獄』にはさらに強い衝撃を受け、魅力的な遊女を演じた中川梨絵を早速「パックインミュージック」のゲストに呼んだ。

東宝でデビューしたものの作品に恵まれず、日活ロマンポルノで『恋人たちは濡れた』、『㊙女郎責め地獄』など、数本の印象的な作品に出演したのちに、ＡＴＧの『竜馬暗殺』での演技を林美雄および林パックに集う映画マニアたちから絶賛された中川梨絵は、初めてゲストとして招かれた夜のことを鮮明に記憶している。

「林さんと会うまでに日活の映画には五本くらい出ていたはずですけど、取材を受けたことは一度もなかった。十把一絡《じっぱひとから》げに扱われたらたまらないと思っていたから。でも、映画評論家の斎藤正治《まさはる》先生から『TBSのパックインミュージックは林美雄という素晴らしい青年がやっている。ぜひ出てあげてほしい』と頼まれたんです。打ち合わせも何もなく、いきなりマイクの前で向かい合ってお話ししたんですけど、お酒も飲んでいなかったし、最初のうちは緊張していました。でも、いつの間にかどんどん楽しくなっていったんです。

有名な司会者の方ともずいぶんとお話ししましたけど、大体そういう人は自己主張が強くて、お互いに反発しちゃって話が乗っていかない。

ところが林さんはごく普通で飾らない人だったから、私にはとてもよかった。私の話をきちんと受け止めて、私自身も気づいていなかったサービス精神旺盛な部分を引き出していただきました。『㊙女郎責め地獄』のおせんさんは、元々は吉原の女郎だからこういう言い方をするのよ、とセリフをいっぱい言ったり、『エロスの誘惑』の時には、若いのに中年女の役だったのよ、って年増の声を出したり。普通にお話ができて、それがそのまま電波に乗っていく。こんなに楽しい時間があるのかしら、と思いました。林さんには会話の楽しさを初めて教えていただいたような気がします。私の話が面白かったらしくて、聴いていらっしゃる方からの反響が凄かった。年末（一九七三年）に、パックインミュージック独自の主演女優賞を聴取者の投票で決めることになり、『㊙女郎責め地獄』の私が選ばれたんです。

そのあと、もう一度ゲストに呼んでいただいたんですけど、スタジオに入る前に『スポニチ（注・スポーツニッポン）』の松本さんという記者の方と散々呑んでいて、相当酔っ払っていたから、よく覚えていません。松本さんは『俺は止めた』と言うんだけど、私がもう自制が利かなくなっていて『うるさい、黙れ』と言ったらしい（笑）。どうやってスタジオに入ったのかもわからないくらい。

林さんは『アナウンサーの特権を利用して、自分らしいことができて幸せだ』とおっしゃっていましたね。ごく普通のアナウンサーだったのに、『八月の濡れた砂』以降、どんどん面白いことに出会って、いろいろな人につながることができたから。七〇年代前半という時代に生かされた方だったと思います」

林美雄の「パックインミュージック」は、日本映画に特化した番組である。

石川セリの「八月の濡れた砂」「海は女の涙」、緑魔子の「やさしいにっぽん人」、佐藤蛾次郎《がじろう》の「もずが枯れ木で」、原田芳雄の「愛情砂漠」、安田南の「赤い鳥逃げた？」など、林パックに登場した印象的な曲の多くは、映画の主題歌や劇中歌だった。

ユーミンこと荒井由実は、日本映画に色濃く染められた林パックに突然、まったく異質な存在として登場した。

「別に異質とは思いませんでしたよ（笑）。とにかく、ほかはどこも扱ってくれないから、ここ（林パック）はそういうところなんだな、と。私はどこにも属していなかった。メジャーだったわけでもないし、サブカルという言葉も、おたくという言葉もまだなかった。周囲がジャンルを決められない中、私を受け容れてくれた場所が林パックだった。林さんにとっては、ほかでどう評価されているかは関係ない。自分自身の評価だけを大切にしていた。そういうことができる人であり、時間帯でもあったんでしょうね。

今にして思えば、林さんの世界と私の音楽は、センチメンタルでロマンチックという点で一致していたと思います。林さんは競輪が好きじゃないですか。競輪はセンチメンタルでロマンチックだと思います。自転車はマシンというよりむしろツールで、そのツールによって、すごい速度が出る。自転車は外気にさらされていて、シンプルで、人力そのものを問われる。レースになれば人間関係も大きく関わってくる。林さんが競輪好きというのは、私にとっては一番わかる感性なんです」（松任谷由実）

「林美雄さんはデビュー間もないユーミンの数少ない貴重なブレーンのおひとりでした。特に一九七四年四月のヤクルトホールのデビューコンサートは、アルファ・アンド・アソシエイツの新入社員だった私が制作を担当したために、チケット代が千五百円と高額になってしまい（ちなみに前年九月の『はっぴいえんど解散コンサート』の前売り券が千円でした）、五百席弱のチケットが半分も売れませんでした。もちろん、林パックにも出演して宣伝したのですが、チケットが危機的な状況だったので、再度林パックに出演させていただきました。

林さんの『みんな、男の心意気でユーミンのコンサートに行ってあげようよ！』というひとことで、コンサートは満員になりました。私から見ますと、このヤクルトホールのコンサートで多くの林パックリスナーに温かく見守られてライブパフォーマーとしてのスタートを切れたことは、その後のユーミンのアーティスト活動に大きく影響したと思います。私は、林さんには足を向けて寝られません。ユーミンも林さんにはすごく感謝しているはずです。

本番中の林さんは、シビアというか神経質でしたね。話が中途半端になったか何かで、林さんは『じゃあ、ここでCM』と言ったら、ディレクターはディレクターで『いや、もっとまとめて下さい』とキューを出し合って、放送事故寸前になったことがありました。林さんはマジで怒って『何だお前、あんなんでしゃべれるわけないだろう！』とディレクターを一喝していました。ですから私の中の林さんは、シビアで神経質な方、という印象が強いんです。実際に話をしていても決して明るく楽しい方ではなく、むしろおっかない人でした」（荒井由実の初代マネージャーをつとめた嶋田富士彦）

「私はADとして林パックに入ったのですが、映画は本当に観ていなくて、まったく話についていけませんでした。林さんとの話はもっぱら音楽関係ばかり。ユーミンは歌詞とコードの人ですよ。メジャーセブンスとかのテンションコードがいっぱい出てきてか

っこいいから、これから絶対出てきますよ、とか、そんな話を生意気にもしていました」（林パックのADだった澤渡正敏）

　クラシックにもポップスにも映画にも美術にも精通するリスナーの沼辺信一は、林パックに突然現れた天才少女の衝撃を次のように書いている。

《寺山修司の『書を捨てよ町へ出よう』、東陽一《ひがしよういち》の『やさしいにっぽん人』、清水邦夫《くにお》＋田原総一朗《たはらそういちろう》の『あらかじめ失われた恋人たちよ』、藤田敏八の『八月の濡れた砂』、神代辰巳の『恋人たちは濡れた』、村川透の『白い指の戯れ』、田中登の『㊙女郎責め地獄』…。林さんが絶賛を惜しまなかった邦画群は今なお往時の輝きを失わない青春映画の傑作揃いであり、林さんの見る目の確かさを証《あか》している。それらが当時の邦画の主流でなかったからといって誰がこれらをサブカル呼ばわりできようか。いいものはいい。だがそれらは人々に知られずに隠されている…。

　不思議にも、ユーミンの楽曲はこうした「林パック」の世界になんの違和感もなくしっくり馴染んでいた。

　林さんは『ひこうき雲』が世に出てすぐ、一九七三年秋からユーミンの紹介を始めるのだが、誰もが寝静まった深夜から早朝にかけてラジオから流れてきた「ひこうき雲」や「ベルベット・イースター」には格別の味わいがあった。こんなにも繊細で内省的な音楽を紡ぎ出す少女がこのニッポン国に出現したのだ、という予期せぬ驚きと嬉《うれ》しさに心が震えた。番組の最後に「雨の街を」がかかり、そのあとトランジスタ・ラジオを切って外気を吸いに表へ出ると、白々と明けてきた街路はひっそり静まりかえっていて、まるで歌の世界のまんまだとひとりごちたのを今でも憶えている。》（沼辺信一のブログ「私たちは20世紀に生まれた」）

夜明けの雨はミルク色
静かな街に
ささやきながら降りて来る
妖精たちよ

誰かやさしくわたしの
肩を抱いてくれたら
どこまでも遠いところへ
歩いてゆけそう

庭に咲いてるコスモスに
口づけをして

垣根の木戸の鍵をあけ
表に出たら

あなたの家まですぐに
おはようを言いにゆこう
どこまでも遠いところへ
歩いてゆけそうよ

夜明けの空はブドウ色
街のあかりを
ひとつひとつ消していく
魔法つかいよ

いつか眠い目をさまし
こんな朝が来てたら
どこまでも遠いところへ
歩いてゆけそうよ

誰かやさしくわたしの
肩を抱いてくれたら
どこまでも遠いところへ
歩いてゆけそう

誰かやさしくわたしの
肩を抱いてくれたら
どこまでも遠いところへ
歩いてゆけそう

（「雨の街を」）

宮崎駿《はやお》監督の『風立ちぬ』の主題歌となったタイトルチューンを含め、林パックのリスナーたちは荒井由実のデビューアルバム『ひこうき雲』に収録されたすべての曲を熱烈に愛した。

しかし、彼らが最も深く愛した一曲を挙げるとすれば、センチメンタルでロマンチックな「雨の街を」になるのではないか。

朝までラジオを聴いている孤独な若者たちは、愛する人の肩を抱いて、どこまでも遠いところへ歩いていきたかったのだ。

やけ酒

一九七三年暮れ、林パックに一通の手紙が届いた。差出人は女性だった。

《いつも番組を楽しく聴いています。林さんが紹介する映画を何本か観ましたが、どれも面白いものばかりでした。よく紹介される池袋文芸坐のオールナイトも楽しそうで、ぜひ行ってみたいのですが、深夜の映画館は、女性には少々敷居が高いのです。林パックで「深夜映画《オールナイト》を観る会」というのを作ってもらえば、私たちも行きやすくなるのですがいかがでしょうか？》

池袋文芸坐、新宿ロマン、川崎銀星座などの名画座では、土曜日の通常の興行終了後に俳優や監督の特集を組み、夜を徹して五本程度の作品を上映していた。

だが、映画館で女性がひとりで深夜映画を観ていれば、痴漢その他の心配がある。躊躇するのは当然だった。

林美雄はさっそくリスナーに呼びかけた。

深夜映画を観る会は素晴らしいアイディアだ。男性陣にガードしてもらえれば、女性たちも安心して観られるだろう。今度の土曜日の夜には、みんなで一緒に池袋文芸坐のオールナイトを観に行こう。池袋東口で夜の八時に集合。もちろん僕も行きます――。

林美雄に手紙を書いたのは、当時保母のアルバイトをしていた野沢直子である。

「五人くらいは来るかな、と思って前売り券を五枚買いました。前売りの方が安いですからね。もちろん代金はいただくつもりでしたよ。徹夜で映画を観ればお腹も空《す》くだろうと、炊き込みご飯で五人分のおにぎりも作りました。待ち合わせの目印は、冬だったので赤い毛糸の帽子。合言葉もありました。当時エメロンシャンプーの『振り向かないで～♪』というCMが流行していたので、『こんにちは、デベロンシャンプーです』と言い合うことにしたんです。

池袋でバスを降りたら、駅前のビルの下に人がうじゃうじゃと固まっていて、その固まりが赤い帽子の私に向かって押し寄せてきた（笑）。あわわわと狼狽《ろうばい》しているうちに取り囲まれました。たぶん三十人以上はいたはず。女性も何人か。合言葉なんて全然必要なかった（笑）。林さんが現れたのは、確か前売り券争奪ジャンケン大会をやっている最中でした。どんな映画を観たかは全然覚えていませんが、とにかく朝まで観たあと、西口にある二十四時間営業の喫茶店にみんなで行きました。電話番号を交換して『来週はどうする？』とか、『あの映画館で面白い特集をやってるよ』とか、そんな話で盛り上がったんです。

深夜映画を観る会を月に一度やることも決まり、林パックで次回の予定が紹介されました。オールナイトは若い人ばかりだったし、こんな雰囲気なら大丈夫だと思って、『キネマ旬報』で情報を集めてひとりでも行くようになりました。池袋の文芸坐に行っても新宿武蔵野館に行っても、深夜映画を観る会の知り合いが必ずいました。そんな風にして、リスナー同士の横のつながりがだんだんできていったんです」（野沢直子）

リスナーの中でも博覧強記で知られる沼辺信一は、初めて文芸坐のオールナイトで宍戸錠特集を観た時の様子を次のように書いている。

《深夜の文芸坐は昼間とは全く違う空間だ。いや、空間そのものは同じに決まっているが、そこを埋める観客の熱気がまるで異なるのだ。始まる前から、ただならぬ昂奮と期待があたりに蔓延《まんえん》していて、落ちついて坐《すわ》っていられない。（中略）

日活マークに大歓声。題名が映ると盛大な拍手。出演者のクレジットロールにもいちいち拍手が湧き起こる。

客の多くが上映作品をすでに何度となく観て、あらゆる場面を隅々まで熟知している。エースの錠が格好良い独白や決め台詞《ぜりふ》を発すると、間髪を入れず「よしッ」という掛け声がかかる。印象的な脇役が登場するや、すかさず拍手喝采だ。》（沼辺信一のブログ「私たちは20世紀に生まれた」）

日本有数の映画マニアである横谷敦によれば、観客の盛り上がり方は特集によってかなり異なるという。
「たとえば『野良猫ロック』特集や鈴木清順特集、渡哲也の『無頼』シリーズ特集だと大盛り上がりになる。もちろん林パックの影響です。拍手や声かけは六〇年代から行われていて、高倉健さんの『昭和残侠伝』で声がかかったという話も聞きました。でも、オールナイトを観るのは大学生がほとんどなので、この頃には完全に世代交代していたんです。深夜映画を観る会が作られる以前から、『初めてオールナイトを観に行きました』というハガキは林パックではよく紹介されていた。オールナイトを観るのは常連ばかりなので、ロビーに見知らぬ人を見つけると『おぬしがハガキを出したのか？』と聞きたくなりましたね。もちろん声をかけたりはしませんけど」
「当時の僕は高校三年生。それまでは自分と同じ年の人間としかつきあっていなかった。深夜映画を観る会には、世代も所属も住んでいるところもバラバラな人間たちが集まった。そして彼らは、ひとことで言えば面白い人たちだったんです」（リスナーの山本大輔）
「深夜映画を観る会には女優の中川梨絵さんも時々来てくださって、お菓子とかを差し入れていただきました。スクリーンではあんなに色っぽい梨絵さんが、実際にはとても気さくで優しい。なんて素敵な人なんだろうって感激しました」（リスナーの菊地亜矢）
「リスナー同士が出会うことはまずありません。みんな孤独にラジオにかじりついているだけで、林さんの番組は知っていても、お互いのことは何も知らない。映画館で隣の席に座っている人が、もしかしたら自分と同じように林パックを聴いているかもしれない。でも、そんなことはわかりようがない。いつまでたっても他人同士のまま、スクリーンを見つめているだけ。もし、深夜映画を観る会を作ろうという野沢さんの呼びかけがなければ、僕たちが知り合うことは永遠になかったと思います」（沼辺信一）

深夜映画を観る会が誕生したことで、本来は出会わないはずのリスナーたちが、横のつながりを持ち始めた。マニアックな若者たちが、最先端の日本映画情報を発信し続ける林パックに集結すると、映画業界も音楽業界も注目するようになった。

林パックの影響は関西にまで及んだ、と映画監督の大森一樹《かずき》は証言する。

「当時の僕は神戸に暮らす大学生。林パックは聴いていませんでした。多分神戸ではネットされていなかったんと違うかな。『オールナイトニッポン』は聴けましたから。東京には休みのたびに行って、映画を観まくった。東京在住の映画好きは全員林パックを聴いていましたね。

林美雄さんのお名前は、いま映画評論家をやっている秋本鉄次《てつじ》とか内海《うちみ》陽子から聞いたはずです。東京に行くと彼らの家に泊めてもらって池袋の文芸地下で日活ニューアクションを観たり、文芸坐でオールナイトを観たり。まもなく僕は神戸で村上知彦《ともひこ》（のちに漫画評論家）たちと一緒に『グループ無国籍』という自主上映の会を作り、新開地《しんかいち》の福原国際東映劇場を借りて鈴木清順特集や渡哲也の『無頼』特集を上映した。関西中の映画好きが集まりましたね。そのうちに自分でも映画が作りたくなって、一九七四年に『暗くなるまで待てない！』を作ったんです」

自分の番組が多くの若者たちに影響を与えていることに意を強くした林美雄は、これまでよりもさらに一歩踏み込むことにした。

林美雄には「アナウンサーはジャーナリストであるべきだ」という思いがあり、当時の若者にとってのジャーナリズムとは、反権力を貫くことだった。

一九七四年の二月十五日、林美雄は小中陽太郎と山口文憲《ふみのり》のふたりをゲストに招き、ベトナム戦争と反戦運動について語ってもらった。

《小中陽太郎氏の「私の中のベトナム戦争」に感動してあの熱気を何とか聞いている若い世代に伝えようと小中氏をスタジオに招いた。この時も①今話題の本であること②サンケイ出版局発売 この2点を表向きの理由として来ていただいた。慎重すぎるかもしれない。》（林美雄「放送批評」一九七四年十・十一月号）

三月二十九日のゲストは小田実だった。小田は放送の中で翌三十日に行われるべ平連主催の「暮らしを奪い返せ！ 世直し大集会」というデモのPRを行い、林美雄もリスナーに参加を呼びかけた。

公正中立であるべき放送局のアナウンサーがリスナーにデモへの参加を呼びかけるのは、異例中の異例だ。成田事件で痛い目に遭っているTBSの上層部は「桝井論平の仲間がまたやりやがった」と苦々しく思ったにちがいない。だが、幸いにもTBS局内で問題視されることはなかった。

「明日の土曜日には三・三〇世直しデモがある。目印に『あっ!』の旗を会場の代々木公園の第一と第二の間の歩道橋に掲げておくから、みんなで集まろう。林さんはそう言いました。全国放送のアナウンサーがデモに行こうと呼びかけちゃっていいのかな、変わってるなあ、と。でも、高校生べ平連に関わっていた私には合ってるな、と思いました。当時の私は浪人明け。大学も決まっていて時間はたくさんあった。待ち合わせ場所の歩道橋の上には数十人が集まり、ファンクラブの名簿を作っていたので、私も名前を書きました」(リスナーの持塚弓子)

一カ月後、持塚弓子の元に「あっ!下落合新報　創刊第一号」というミニコミが届けられた。B4判片面一枚というごく小さな手書き印刷のミニコミには、創刊の辞らしきものが書かれていた。

《何人かの人が集まってきました。映画好きの人もいました。議論の好きな人も……。もちろんデモなんて初めての人がほとんど。そして、そこには緑地に黄色く「あっ!!下落合本舗」と書かれた旗が在ったのです。

いっしょに歩きました。自分自身のために、歩きながら考えたり、歩きながら話をしたり……。次に逢《あ》った時には、何人かの人はお互いに顔見識《かおみし》りだけではなく、仲間だということが解《わか》っていました。小さな集まりが出来ました。（後略）》（「あっ！下落合新報創刊第一号」一九七四年五月）

社会に目を向けよう、一緒にデモに参加しようというリスナーたちのグループはまもなく、『あっ！』の会を名乗るようになった。

「あっ！下落合新報」の発行人をつとめた中世正之は、『あっ！』の会に実体はなかった、と語る。

「林さんは真摯な放送をする人で、映画や音楽の紹介も自分なりの価値観に基づいて、自分の全責任でチョイスしたものを紹介していました。だからこそ、デモに行ってみないかという呼びかけがあった時に、素直に行く気になった。歩道橋の上に集まったのは林さんも含めて四十人くらい。デモに参加したあと、代々木の喫茶店に行きましたが、話の内容は覚えていません。林さんはもちろんべ平連の人たちと知り合いで、同様の政治的信条を持っていたと思いますけど、僕たちにそれを押しつけることはなかった。組織に入れ、政治運動に関われ、というメッセージではなく、デモに参加してみれば、思うことがあるだろう、ということだったと思います。

『あっ！』の会に実体はありません。会報を作るだけで、とりあえず事あるごとに集まって、一緒に映画を観に行ったり、音楽を聴きに行くだけ。渋谷のジァン・ジァンの上のマンションには住民広場というべ平連が借りている部屋があって、そこには謄写版の印刷機があった。会報はそれを借りて作っていました。ジァン・ジァン昼の部に出演したユーミンのライブを聴いたあと、みんなで住民広場に集まったこともありましたね。政治が好きなヤツも中にはいましたけど、みんなに押しつけがましく言うヤツは敬遠されました。デモに行きたい人間はデモに行く。映画を観たい人間は映画を観る。会として招集をかける、ということはなかったんです」

深夜映画を観る会も『あっ！』の会も林パックの一側面であることに変わりはない。ふたつのグループはまもなく合体し、オールナイトのたびに「あっ!!下落合本舗」の旗を掲げるようになった。旗を掲げたのは、林パックのリスナーが声をかけてきやすいようにと考えたからだ。

林美雄は番組の中で、月に一度の深夜映画を観る会の予定を告知し、「あっ！下落合新報」が発行されるたびに内容を紹介して「会報がほしい人は郵便切手を添えて以下の住所に手紙を出して下さい」とつけ加えた。

住所を読まれた中世の元には、数百通の封書が届いた。

「社会的な部分で林さんが毎週紹介していたのが『市民の暦』。小田実さんたちが作った本で、権力を握っている側の立場からではなく、市民の立場から見た歴史を日記のように三百六十五日分まとめた本です。放送日に近い日の出来事を林さんが読むんですけど、中身が社会運動的なものが多かったから、どうしてもそういう話になる。公共の電波なので、自分の主張をそのまま言うことはできない。だから本やレコードを紹介する、という形をとったんです。『発行元は朝日新聞社』と必ず前置きしてから紹介していました。社会的なことと言えば、六月になるたびに林さんは六〇年安保闘争の時の録音を流していた。多分ソノシートだと思うけど、ラジオの記者が警官にめちゃくちゃに殴られている様子を実況録音したものです」（リスナーの荒川俊児）

荒川の言う〝ラジオの記者〟とは、当時ラジオ関東（現・アール・エフ・ラジオ日本）アナウンサーだった島碩弥《しまひろみ》のことだ。

一九六〇年六月十五日、全学連主流派の学生を中心とするデモ隊が国会に突入した際、島碩弥はただひとりデモ隊に交じって実況生中継を敢行した。デモ隊と機動隊の衝突の最中、機動隊員に警棒で殴られた島は、しかし、ひるむことなく実況を続けた。

《ただいま実況放送中でありますが、警官隊が私の顔を殴りました。お前、何してるんだ、と私の首っ玉をつかまえました。向こうの方で検挙しろと言っております。すごい暴力です。法律も秩序も何もありません。ただ憎しみのみ。これが日本の現在の情勢です――》

「林さんは六〇年安保と七〇年安保の谷間の世代。当事者になれなかったトラウマがあったんでしょう。林パックを聴いていた大学生たちも七〇年安保に間に合わなかった世代だから、谷間の世代同士で波長が合った。六〇年安保反対運動のときのテープを毎年流したのも、小田実らの『市民の暦』を毎週読んだのも、環境問題を取り上げたのも、すべて自分の不在を埋める作業だったような気がしますね。もちろん、桝井論平さんのことも重ね合わせていたと思います」（「週刊朝日」元記者の邨野継雄）

「当時の大学生には、政治の季節への憧れと乗り遅れた悔しさが同時にあった。デモに行きたくても大きなデモなんかないし、反体制的なリーダーもいない。すでに熱は失われていたけれど、残照のようなものがどこかに残っていた。そんな若者たちが林パックに惹かれた部分はあると思います」（「キネマ旬報」元編集長の植草信和）

《記録の伝承をしなくてはと、六〇年安保闘争やそのほかの事件や社会現象も伝えていくし、今後は更に、アナウンサーはジャーナリストなんだということを肝に銘じて番組に関わっていくことになるだろう。》（林美雄「月刊民放」一九八〇年十月号）

林パックのリスナーは、学生運動が退潮したあとの「しらけ世代」と呼ばれた若者たちである。あさま山荘事件と山岳ベース事件に全共闘世代の思想的帰結を見た彼らは、群れることを本能的に嫌い、小田実や小中陽太郎にも無条件に深い共感を寄せることはなかった。

「べ平連の人たちが言っていることは、その通りだし、否定するわけではないけれど、時代がそういう方向じゃなくなっていたから、運動としてやっていくのは難しいんじゃないか、と思った。林さんは〝ここにこういう問題があるから討論しよう。みんなで何とかしよう〟という発想ではなく〝これ、面白いよ、共感した人は一緒にやろうよ〟という人。僕はべ平連ではなく、林さんに影響を受けたんです」(リスナーの宮崎朗)

本来、群れることを嫌う若者たちが深夜映画を観る会と三・三〇世直しデモをきっかけに横のつながりを持ち始めた一九七四年夏、ショッキングな事件が起こった。七月二十六日の放送の中で、林美雄が「僕のパックは八月いっぱいで終了します」と告げたのだ。

すでにTBSは「パックインミュージック」二部の打ち切りを決定していた。後番組はタクシーおよび長距離トラック運転手向けの「歌うヘッドライト」。これまで買い手のつかなかった午前三時から五時の枠を一週間まるごと買い取るといすゞ自動車の申し出に、TBSは喜んで応じた。

スポンサーつきの新番組「歌うヘッドライト」の誕生は、TBSにとっては慶事以外の何物でもなかったが、林美雄にとっては悪夢だった。心血を注いで作り上げた自分の番組が、八月いっぱいで消滅することを意味するからだ。

《よく会社(注・TBS)が僕みたいな、あんなね、パックをやらしてくれたという、一つは会社に対する感謝もありますよ、それで、もちろんここまでやってきたものをこう形で終わるという、会社に対する怒りもあるし、その辺は組織にいる人間だからあれだけど……。ま、ともかく自分としてはTBSという会社に入って、パックインミュージックの金曜二部っていうのを与えられなかったら、つまんないアナウンサーになっていたと思いますねえ、(中略)僕は青春時代っていうのはバイトばかりやってるし、女の子ともつきあわなかったけれど、まさに遅ればせながら自分の青春というのがね、あの時間にあったという気がして、まあ俺の一生であの四年間を、つまり金曜の三時から五時までしゃべったということは、もう大変ですね。ものすごく感謝してますよ。(中略)僕なんかやっぱりパックが終わるようになってから、あとがない!って感じたらねえ、やっぱりシャカリキになったところもあるしねえ。人間、あと百日しか生きられないっていったら、その瞬間っていうのは、一生懸命生きると思うし。》(林美雄「映画研究2」一九七四年十月)

深夜映画を観る会および『あっ!』の会に名を連ねた若者たちは、愛する番組の消滅を座視することができず、パ聴連を結成して番組の存続を求める署名運動を開始した。パ聴連がベ平連のパロディであることは言うまでもない。戦争反対のためでも政治への憤りのためでもなく、深夜放送の番組存続のために、彼らは瞬時に一致団結した。それほどまでに林パックは彼らにとって、かけがえのない番組だったのである。

パ聴連の動きはすばやかった。

八月十二日に第一回の会合を持ち、三十七名が集まった。

八月二十五日、サマークリスマスと名づけられた林美雄の誕生日には四百人のリスナーが集まり、石川セリ、荒井由実、中川梨絵のゲストたちも番組存続の署名にこぞって参加した。

八月二十七日、パ聴連の代表は集まった署名千二百名分を持ってTBSに乗り込んだ。

「TBSだって、その少し前には成田事件と田英夫さんのニュースコープ降板に反対してスタジオで全組合員が集まってティーチインをやった。そういうことが普通に行われていた時代だった。だからパ聴連の活動も特別ではなく、ごく普通のことだったんです」（リスナーの山本大輔）

しかし、パ聴連の番組存続の要請は、TBSによってごくあっさりと拒否された。私企業としては当然の判断だろう。

「僕は非常に怒っていましたけどね。TBSはけしからん。業務に支障をきたしてもいいから、何かをしてやろうって本気で思っていました。結局は何もできないんですけどね。パックの二部にはスポンサーがついていなかったから仕方がないなんて全然思わなかった。何でだよ、パックがつぶれるんだったらほかの番組を作れよって」（リスナーの持塚孝）

二日後の八月三十日（二十九日深夜）、五十人近くのパ聴連のメンバーは、再びTB

Sに集合した。林美雄の金曜パック最終回のためだ。

「僕も行きました。自分たちも番組を存続させようといろいろがんばったけど、やっぱり無理だったね。じゃあ最後に林さんにお別れを言いに行こうか、となったんです。よく覚えていませんが、人数も多かったから、どこかの部屋に押し込められたんじゃないかな。全員がスタジオの中に入れるわけじゃないので。林さんは酔っ払っていましたね。お酒を飲みながら放送していたんです。心臓をギュッとつかまれるような、感情のこもった放送でした」（中世正之）

午前三時、ブッカー・T&ザ・MG'Sの軽快なテーマ曲「タイム・イズ・タイト」が流れ始める。

冒頭の数分間、金曜パック一部の野沢那智と白石冬美がスタジオに残って林パックの終了を惜しんだあと、林美雄が最初にかけた曲は、寺山修司の『書を捨てよ町へ出よう』の劇中歌「1970年8月」だった。

林美雄が「パックインミュージック」をスタートしたのは一九七〇年六月五日。この最終回を、林美雄は自分の番組の集大成にするつもりだったのだ。

《難しいんだ。ホントにこういう最終回ってのは。なんかかっこいいこと言いたいと思うし、有終の美を飾るとか。（中略）ブチブチと愚痴っぽくやるべきか、それともサラッといつもの毎週の調子でやってね、終わりは田英夫さんがTBS「ニュースコープ」を終わった時に、まったくいつもと同じ調子で、最後「では皆さん、さようなら」と。こういうのもいいなあなんて思ってね。やっぱり死に際とかね、終わり際っていうのはみんな考えるんだけど、なかなかどうしてうまくいかないんで、いつものようにみっともねえ終わりざまになるかと思いますが、これから五時までよろしくおつきあいください。請負担当、あっ！　林美雄です》（当日の放送から）

カラン、と氷がグラスに当たる音を時折響かせつつ、林美雄は最後の「パックインミュージック」を進めていく。

やけ酒である。

《TBSに桝井論平さんってアナウンサーがいまして、やっぱり僕らが生きていて――まあ、今日だけだから聴いてください――僕らが生きていて、何といったってうれしいのはやっぱり、素晴らしい人に巡りあうことが僕らの喜びだし、ああ、こんな人で、こんなに燃えて、こんなに動いている人と触れあった時の喜びっていうのは、うれしい気もしますけど。アナウンサーとして桝井論平さんという方と接したことが、僕に大きな影響を与えていて、あの方がパックをやった時に僕もずっと聴いていて。（中略）論平さんがパックを去ったあと、僕は論平ジュニアでいいや、と。論平さんができなかったことを少しでもやっていこう、と。（中略）もうひとつ、いま報道にいるんですけど、僕の同期で小口勝彦さんという方がいまして、放送記者をやっています。で、ニュースなんか読んでますが、非常に日本の映画が好きで、一生懸命音を録《と》ってきては、日本の映画を紹介していたわけです。その頃僕は「朝のひととき」でチンタラチンタラ、ブーツカブーツカ、何こいつ考えてやってるんだ、という放送をしてまして。僕がやってきたことはですね、桝井さんのできなかったこと、できなかったことじゃないけど、少しでも、ということと、小口勝彦さんの、あいつは同期なんだから「やいおめえ」なんて言ってるわけですが、小口さん、小口くんですね、この人の邦画に対する情熱をハタで見ていて、何かの形で放送で出したい、と。それだけをただ、ここ数年やってきた、ということだったんですけど》

石川セリの「遠い海の記憶（つぶやき岩の秘密）」、『市民の暦』の紹介、原田芳雄の「プカプカ」、「苦労多かるローカルニュース」に続いて、イギリスＢＢＣで研修中の同期・宮内鎮雄が以前に読んだ架空のコマーシャルが再び紹介された。

《特報！　ついに出ました。ジャジャジャジャジャーン！　レコードの常識を破った驚異の発明。お湯を注いで三分間、ふたを開ければ音が飛び出す、名づけてパックインミュージック。第一回発売は宮内鎮雄の「ＢＢＣブルース」と林美雄の「あっ！　ブーブーちゃん」。十月一日、全国一斉発売。なお、音が下にたまることがありますので、お聴きの際はよくかきまぜてください》

映画『青春の蹉跌』の主題歌をかける際に、テープスピードを間違えて超スローな演奏になってしまうという事故もあったが、林美雄は委細構わず番組を進めていく。流麗な『フォロー・ミー』のテーマ曲に乗せて、林美雄は数編の〝ミドリぶたの詩〟を読んだ。

ミドリぶたが歌う夜は
どこかで子供が生まれます
ミドリぶたが泣く夜は
哀しい人が待っている
ミドリぶたのほほえみは
優しい日差しによく似てる
哀しい人の手をとって
黙ってうつむくミドリぶた
楽しい時には思いきり
野原を駆けようミドリぶた
緑の星が光る夜
遠い国からやってきた

僕の名前はミドリぶた
波のレースに見え隠れ
お日様西に沈む時
空が奏でるメロディは
颪の音にも似ています
いずれの日にか雲に乗り
見知らぬ国へと去っていく
僕は優しいミドリぶた
僕は優しいミドリぶた
ぶっぷー

リスナーは何も知らない。

林美雄が読んでいるのが、別れた妻が作った詩であることを。バックに流れている「フォロー・ミー」が、妻との思い出が投影された映画のテーマ曲であることを。そして、林美雄がこの最後の放送に、彼女をゲストに呼ぼうとして拒まれたことを。

しかし、トランジスタラジオのモノラルスピーカーから流れるAMラジオの音質であっても、林美雄が感極まり、必死に涙をこらえていることがはっきりとわかる。

林美雄にとって、この詩がどれほど深い意味を持つのか、そして、「パックインミュージック」を失うことがどれほどつらいことなのかが、直接胸に響いてくる。

続いて紹介されたのは、荒井由実の「旅立つ秋」だった。のちのスーパースターが林美雄に捧げる曲を作った、というのは、林美雄を語る際に真っ先に挙げられるべきエピソードだろう。

《この番組でおなじみのユーミンが、絶対に今日の今日まで聴いてほしくない。つまり、この時間にかけてくれ、というわけで作ってくれた曲なんで、僕も今日、初めて聴くんですがね。ちょっと聴きたいな、という時もあったんだけど、ここは一番諦めて、いま初めて聴く曲があって。なんか彼女のLPの中にも入る曲だそうです。もしかすっと〝僕に捧げる曲〟というタイトルもつくかもしれないけど、まあ、そんなことはないと思うんだけれども。

ユーミンが作ってくれた「旅立つ秋」です》

愛はいつも束の間《つかま》

このまま眠ったら

二人　これから　ずっと

はぐれてしまいそう

明日あなたのうでの中で
笑う私がいるでしょうか

秋は木立ちをぬけて
今夜　遠く旅立つ

夜明け前に見る夢
本当になるという
どんな悲しい夢でも
信じはしないけれど

明日霜がおりていたなら
それは凍った月の涙

秋は木立ちをぬけて
今夜　遠く旅立つ

今夜　遠く旅立つ

（「旅立つ秋」）

林パック最後の放送が始まる少し前にＴＢＳを訪れた荒井由実は、テープだけを置いて帰った。

「私がとてもよく覚えているのは、プロモーターでアルファ・アンド・アソシエイツの布井（育夫）さんの特徴のある横流れの斜めの字が、オープンリールテープの箱に書いてあったことですね。大きさは十五センチ×十五センチくらいかな。白い箱に『旅立つ秋　荒井由実』と書いてあった。番組の最後にかかるといいな、と思ったんです。『夜明け前に見る夢』という歌詞は、その時間を意識して作ったから」（松任谷由実）

ユーミンの思惑とは少々異なり、「旅立つ秋」は林パック最後の曲とはならなかった。林美雄自身が無伴奏でエディット・ピアフの「私の回転木馬」を、ギターの伴奏つきで野坂昭如の「黒の舟唄」を歌ったからだ。

《「黒の舟唄」という歌が僕は大変好きで、なんとかして野坂さんのあとを、「フォロー・ミー」ってあの人がついておいでと言ったら、素直にあとをついていくと。乗り越えることはできないと思って》（当日の放送から）

「林さんは野坂昭如に心酔していた。野坂昭如は決して政治的な人ではないけれど、ニヒリスティックな中に、今の世の中に対する批判や呪いをこめていた。そういうスタンスは、番組を聴いている僕らにも何となく伝わってきました。黙っていてはいけない、長いものに巻かれていてはいけないんだ、という気持ちです」（沼辺信一）

林パックは不思議な番組だった。野坂昭如特集をやったことも、小沢昭一《しょういち》の歌を紹介したこともあった。三上寛《みかみかん》の「夢は夜ひらく」、吉田日出子の「満鉄小唄（『日本春歌考』より）」、能登道子の「むらさきの山」、荒木一郎の「僕は君と一緒にロックランドにいるのだ」など、普通に暮らしている若者には、決して出会うことのない映画や音楽を、まるで手品のように目の前に差し出してくれた。

しかし、異次元への扉を開き続けた林パックの魔法も、まもなく解けようとしていた。

午前四時五十五分、緑魔子の「やさしいにっぽん人」のアコースティックギターのイントロが流れ始めた。

《この曲でお別れいたします。長いこと、どうもありがとうございました。また、適当にやっております。この曲をバックにしゃべりたくないんだけど、ひとこと言わせてもらいます。ラジオに乗る放送っていうか、今後もやっていくと思いますけども、僕が心をこめてやってきたというのはこの番組だけだった。いや、そんなことはない。そんなことは言わない。そんなことを言っちゃうと、ちょっとまずいな。給料もらえなくなっちゃう。特に力を入れてきたのはこの番組であった、と。僕は金曜日のパックが終わったあと、初めて休みの日があって、金曜日から金曜日っていうのが僕の日課だったんですけど、これからちょっと変わってくると思います》（当日の放送から）

林パック最後の放送を見届けた桝井論平は、その時の様子を日記に書いている。

《八月三十一日（土）ＰＭ１：40

いよいよ、夏もおしまいだ。新しい台風が今夕には四国に上陸する。くもっていて、風が強く、にわか雨が時折やってくる。

昨日の朝、深夜放送をやめていく友人を見送った。彼は、いつか週刊誌のインタビューに答えて「ぼくら、大きい声は出るけれど、叫ぶことはできないから」と言っていたのを思い出す。日活ロマンポルノと競輪と、別れた妻と、ひとり息子を愛している男だ。五十人近い若者が、スタジオやわれわれの部屋にあふれた。若者たちは、黙って、じっと立っている。

一緒にいた友人が、若者たちにハラを立てた。彼をひとりにさせてやりたいと言った。五十人近い若者が、言葉もなく、緊張に青ざめて、じっと立ち並んでいる様は、確かに異様だ。そこで、彼らをつれて四谷の土手まで歩くことにした。

彼の最後の放送は、質のよいものではなかったけれど、心情あふれるものだった。外に向かず、内へ内へとこもっていった。これも、ひとつの青春の終わりだった。》

午前五時に放送を終えた林美雄は、数十人の若者たちをTBSに残したまま、ひとりタクシーで帰宅することができなかった。

「じゃあ、散歩しようか」

真夏の明け方にTBSを出た一行は、赤坂見附に出て弁慶橋を渡り、清水谷公園からニューオータニの角を左折して上智大学横の土手を歩いた。土手から見た朝日が美しかった。

この日の昼、林美雄は日本橋三越の屋上で桜田淳子《さくらだじゅんこ》ショーの司会をすることになっていた。林美雄と離れがたいパ聴連の若者たちは、時間をつぶしてから、昼前に日本橋三越の屋上に再び集まり、アルバイトを終えたばかりの林美雄に花束をプレゼントした。

若者たちが林美雄にサインをねだっていた午後十二時四十五分頃、突然、ドーンという鈍く低い音が地鳴りのように響いた。まもなく無数のパトロールカーや救急車、消防車のサイレンが行き交い、ヘリコプターが何台も頭上を旋回し始めた。

東アジア反日武装戦線「狼」による無差別爆弾テロが起こったのだ。

現場は日本橋三越から直線距離で一キロ少々の三菱重工業東京本社ビル。死者八人、負傷者三百八十五人を出し、戦後日本最悪の爆弾テロ事件となった。

騒然とした雰囲気の中、若者たちは林美雄と別れた。もう当分の間、林美雄に会うことはないだろう。若者たちの多くはそんな感傷にひたっていた。

1974年8月30日早朝、「パックインミュージック」最終回の放送を終えた林美雄はパ聴連の若者たちと赤坂から四谷の土手まで歩いた。撮影／荒川俊児

しかし、最終回の放送中に林美雄はこう宣言していた――。
《来年の一月十八日には一応、神田の共立講堂で「歌う映画スター、あっ！歌の狂宴」ってやって、菅原文太、渡哲也、梶芽衣子《かじめいこ》、緑魔子、桃井かおり、中川梨絵、その他もろもろ十六名集めて一大フェスティバルを開こうと思って僕らがんばってます。僕がこれから、大げさに言えば命を懸けてやる一大フェスティバルなんで、よかったら。できるかどうかわかんないんで、とりあえず九月の五日に一同打ち揃って、僕はひとりいないんですけども実行委員の方々が、東京12チャンネル（現・テレビ東京）にきている菅原文太氏に第一回目の交渉に行く、と。それがまとまれば、あと渡哲也や、いろんな人に頭下げて「ぜひとも映画ファンのために」というフェスティバルを企画してるんで、来年の一月十八日、ぜひ、精神的な応援をお願い致します》
林美雄の人生最大のイベントが、実現に向かって動き出していた。

歌う銀幕スター夢の狂宴

ラジオCM制作会社勤務の横田栄三は、林美雄の麻雀仲間、競輪仲間である。三歳年下の横田は林を「アニさん」と呼んで慕い、林は横田を「ヨコちん」と呼んで可愛がった。

「僕は当時、ラジオコマーシャルを作る会社にいました。TBSは鷹揚《おうよう》な会社で、アナウンサーのアルバイトが認められていた。僕は、林さんや小島一慶さんや久米宏さんに、仕事の合間にラジオコマーシャルを読んでもらっていたんです。僕も日本映画が好きだったので、林さんとはすぐに意気投合しました。林さんも僕もそうですが、当時の若者たちはみんな鬱屈していた。社会に出れば、理想と現実が一致しないことがいっぱいある。仕事をしていれば、理不尽なことで頭を叩かれる。鬱屈した若者たちは、現実と重ね合わせながら映画を観ていたんです。

革マルや中核といった全共闘の闘士たちは、オールナイトで東映の任侠映画を観ていた。高倉健さんが最後に殴り込みに行き、悪い親分を叩き斬る時に『よしっ！』と掛け声がかかったという話は有名ですよね。自分たちはなかなか世の中を変えられないけど、健さんは九十分の中で悪いヤツを叩き斬ってくれる。だからこそ、彼らは健さんの映画を観ていたんです。当時の映画は映像も美しかった。きれいな肉体を持つ役者ふたりがスクリーンの両脇にすっと立つ。言葉は交わさず、ただ桜吹雪だけが舞っている。様式美というか、ほとんど歌舞伎に近い世界です。ところが全共闘運動が挫折した七〇年代になると、様式美の世界は成り立たなくなった。映画は時代を反映するものですから。

渡哲也主演の『無頼　人斬り五郎』は、ヤクザの中にあって一本筋を通そうとする男が、ドブの中で刺されて死んでいくという話です。結局、夢は実現しないまま、主人公は死んでいく。悪い親分は死んでも、悪い代貸はまだ残っている。日本の社会の縮図のような話でした。林さんにとっては、渡哲也がドブの中で死んでいったことと、桝井論平さんがパックを降ろされたことが重なっている。深いところまでは知りませんが、酒を呑んだ時に、一度チラッと聞いたことがあります。黒木和雄監督の『竜馬暗殺』も素晴らしい作品ですけど、原田芳雄さん演じる坂本竜馬も、結局は暗殺されてしまう。七〇年代前半は、挫折するヒーローへの共感というか、敗者の美学があった時代でした。深作欣二《ふかさくきんじ》監督の『仁義なき戦い』にはぶっ飛びましたね。日本の政治家の権力闘争そのものだったからです。脚本家の笠原和夫《かずお》さんも『俺が書いているのは単なるヤクザ映画じゃない』と豪語していました。義理と人情の世界が通用しなくなって、東映も任侠路線から実録路線に変わった。『ワシらうまいもん食うての、マブいスケ抱くために生まれてきとんじゃないの、おお?』みたいなリアリティのある台詞が出てくると、『そうだよなあ』と深くうなずくわけです（笑）。僕たちはそういった映画を熱烈に愛していた。明るく楽しい青春映画なんか冗談じゃない。東宝も松竹も関係ないと。いつだったか、例によって林さんと麻雀をしながら映画の話をしていたら『実は、映画に関するイベントをやりたいと思っているんだ』と言われたんです」（横田栄三）

　イベントとは、林美雄が愛する映画スターを一堂に集めて、主題歌や劇中歌をステージ上で歌ってもらおうというものだった。

《数年来の夢なんですが、何処《どこ》か野外の広い場所で催したいのです。冒頭に〝疲れたら眠りなさい……〟と緑魔子が登場し、続いては〝東京流れ者〟を渡哲也が、原田芳雄には〝愛情砂漠〟、もちろん〝八月の濡れた砂〟の石川セリも。スクリーンを設けて名場面を併せて写しましょう。その内に（注・菅原）文太の兄イがかけつけて〝新宿の与太者〟を唄ったかと思うと、高橋明《めい》さんが〝エーなかなかなんけ〟てな調子、特別出演で藤純子さん、あー次から次と出演交渉が大変だなあ。でもこれは是非実現したいと思っています。》（林美雄「キネマ旬報」一九七四年三月下旬号）

「スクリーンの前で歌手が歌う」というイベントは、林美雄にとって未知のものではなかった。すでに『八月の濡れた砂』で経験済みだったからだ。

銀座の並木座やガスホールで行った特別上映会では、石川セリがスクリーンの前で生歌を披露している。神宮外苑の日本青年館で行った上映会のあとには、原田芳雄のミニコンサートを行った。

石川セリや原田芳雄に加えて、「くちなしの花」を大ヒットさせていた渡哲也や、『仁義なき戦い』で人気絶頂の菅原文太にステージ上で歌ってもらったら？ そんな考えが、ごく自然に林美雄の頭の中に浮かんできた。

イベントの実現に向けて、林美雄は仲間をひとりずつ集めていく。気分は『七人の侍』（黒澤明監督）の志村喬《たかし》である。

植草信和の記憶によれば、「キネマ旬報」編集部に林美雄から電話がかかってきたのは、一九七三年のある日のことだった。

「当時の僕はキネ旬の編集部員。陽《ひ》の当たらない日活ニューアクションが好きで、会う人ごとに宣伝して、編集後記にもしょっちゅう書いていました。のちの話ですが、渡哲也さんの大ファンだったので、『渡哲也――さすらいの詩』（芳賀書店）というムックを作ったこともあります。そんな僕のところに、見ず知らずの林さんから突然電話がかかってきた。『君は俺と趣味が合うね。一度パックのスタジオに遊びにこないか？ って』。つきあいが始まったのはそれからです。当時から林さんの中に『歌う銀幕スター』の漠然とした構想はありましたが、具体的な話になったのは七四年の夏。『高田純という若手のシナリオライターがいるから、彼に脚本を書いてもらおうと思うんだ』と林さんは言いました」（植草信和）

一九七四年夏、林美雄の王国である金曜パック二部はまもなく滅亡する運命にあった。いまこそ数年来の構想を実行に移す時ではないか。

シナリオライターの高田純は二〇一一年四月に亡くなったが、幸いなことにブログが残されている。

《林美雄さんに初めて会ったのは、当時レギュラーで執筆していたスポニチのコラム「キャンバスNOW」の取材でだった。

その頃、日本映画への偏愛を方々に書き散らしていた私に、一番気にかかる存在が林美雄という人物だった。TBSの深夜放送、「パックインミュージック」で藤田敏八監督の『八月の濡れた砂』を絶賛し、『無頼』シリーズの渡哲也に心酔し、『野良猫ロック』シリーズの原田芳雄に熱狂する彼の趣味嗜好が、私の好みと見事に一致していたからである。

赤坂一ツ木通りの旧TBS前にあった喫茶店で待ち合わせた林さんは、嬉しいことに私の書いたものを逐一読んでくれていた。

彼もまた、同じような独断と偏見に満ちた奴がいるものだと呆《あき》れ、いつか会いたいと願っていたというのである。》（高田純のブログ「牡丹亭《ぼたんてい》と庵《あん》の備忘録」）

「週刊朝日」でフリーランスの取材記者をしていた郡野継雄は日本映画に造詣が深く、学生時代には林パックを毎週のように聴いていた。別の記者が林美雄にインタビューを行った際にたまたま郡野の名前が出たことから、まもなくふたりは会う約束をした。

「七三年の終わりか、七四年の初めでした。場所は新宿コマ劇場近くの〝ジャックの豆の木〟。赤塚不二夫さんや長谷邦夫《ながたにくにお》さん、高信太郎《こうしんたろう》さんが常連だったスナックです。林パックはよく聴いていたし、映画でも音楽でも方向性が一致していたので、初対面という感じはしませんでした。『映画俳優を集めたコンサートをやりたい』という話は、初対面の時から出ていたと思います。僕は週刊誌で記事を書いていたので、趣意書（企画書）を書いたり、広報的なことを頼まれました。林さん、横田、植草、高田、僕のほかに『歌う銀幕スター夢の狂宴』に関わったのは文化放送のいぬいみずえさん。いぬいさんは『走れ！歌謡曲』の中でやはり映画の話をしていました。日本映画のテーマ曲、主に歌詞のある曲を〝歌謡曲〟としてかけていた。一時期は林パックとエールの交換みたいなこともやっていたはずです」（郡野継雄）

かくして〝六人の侍〟が揃った。

TBSアナウンサーの林美雄。

ラジオCM制作会社勤務の横田栄三。

「キネマ旬報」編集部員の植草信和。

シナリオライターの高田純。

「週刊朝日」記者の郡野継雄。

文化放送アナウンサーのいぬいみずえ。

林美雄は当時三十一歳。残りの五人は全員が二十代後半という若さ。六人の若者は〝映画スターファン倶楽部《クラブ》〟を名乗り、「歌う銀幕スター夢の狂宴」の実現に向けてまっしぐらに突き進んでいく。

「当時の日本映画は斜陽の極致。撮影所はボロボロで撮影本数も激減。大映は倒産して、日活は『八月の濡れた砂』と『不良少女　魔子』の二本立てを最後にロマンポルノに移行しました。林さんがパックの中で『八月の濡れた砂』を狂ったようにかけ始めたのはそれからまもなくのこと。『もっと日本映画を応援しないといけない』という思いがあったからです。日本映画が元気になってほしい。そのために一回限りのお祭りをやろう、大きな花火を打ち上げよう、というのが僕たちの共通認識で、『歌う銀幕スター夢の狂宴』の基本コンセプトでした」（植草信和）

林美雄は〝映画スターファン倶楽部〟のメンバーたちを集め、「歌う銀幕スター夢の狂宴」の内容と出演者の人選について話し合った。

《六人のメンバーは先ず、林さんの肝入《い》りで、伊豆にあったTBSの保養施設に集合して一泊し、ああでもないこうでもないとイベントにかける夢を語り合った。

渡哲也、菅原文太両スターの出演は不可欠である。

他にも〝パック……〟にゲスト出演しては、弾き語りで絶品の『プカプカ』を披露していた原田芳雄さん。『任俠花一輪』のヒットを飛ばしていた藤竜也さん。

歌う佐藤蛾次郎さん。

日活ニューアクションの傑作、『反逆のメロディー』の劇中で『百舌が枯れ木で』を歌う佐藤蛾次郎さん。『六本木心中』の桃井かおりさん。

ロマンポルノからは宮下順子《じゆんこ》、中川梨絵、芹明香《せりめいか》、丘奈保美《おかなおみ》、山科《やましな》ゆり、ひろみ麻耶《まや》といった綺麗《きれい》どころ。もちろん、名作『濡れた欲情』劇中の猥歌《わいか》「なかなかづくし」を歌う高橋明さんの存在も欠かせない。

監督にも出てもらいたいよね。鈴木清順さん、深作欣二さん。

ああ、『八月の濡れた砂』の主題歌を歌う石川セリさんには、ぜひ生で歌ってもらいたい。緑魔子さん、宍戸錠さん、出来ればハギワラさんにも……と、夢は際限なくふくらんでいく。

考えてみれば、その頃の私たちは顔を合わせると映画の話、それも日本映画のことばかりを語り合っていた。今ならさしずめ〝邦画萌え〟とでも呼ばれて、半ば好奇の目、半ば軽侮の目で見つめられる存在だったことだろう。
「歌う銀幕スター夢の狂宴」、やっぱりシャレがきついイベントの名前も決まり、郡野氏が企画書を書き上げたところで、六人は何はともあれと渡哲也さんを訪ねた。》（高田純のブログ「牡丹亭と庵の備忘録」）

肋膜炎《ろくまくえん》でNHK大河ドラマ「勝海舟」を降板して入院中だった渡哲也を訪ねた時のことは、林美雄自身が書いている。

《九月下旬、実行委員会六名が下田《しもだ》で合宿。すでに内諾を得ていた菅原文太氏に続き、帰途、熱海に静養中の渡哲也氏を訪ねました。

突然の訪問にもかかわらず快く面会に応じてくれた氏に手渡す趣意書が、緊張のあまり一瞬小さくふるえた。病みあがりとは思えぬ精悍《せいかん》な横顔が趣意書の文字を追う。数十秒の沈黙がやたら長く感じられる。さらに数秒、ようやく顔を上げた氏は「協力させていただきます」と一言。この簡潔にして明快な応諾の返事に、感激のあまり感謝の言葉も思うにまかせぬまま、実行委員六人は病院を後にしたのです。

「パァーッと派手な祭りにしようよ」と、スクリーンのアクションさながらの快諾をくれた文太。そして初春のステージに勇躍羽ばたくことを約束した不死鳥の哲。二人のメインスターのOKに勇気づけられて、実行委員会は「なにがなんでも」と闘志を新たにしたのです。

もちろんすべてがうまくは行かない。本邦初演、前代未聞のビックイベントと自負するものの、興行に関しては全くのシロウト集団。予期せぬアクシデントの連続に当初のスケジュールの日延べが相次ぐ。時の流れの無情さを恨んでみたり嘆いたり。それでも、原田芳雄、藤竜也、宍戸錠、高橋明、さらに緑魔子、中川梨絵と交渉は進み、深作欣二、あるいは萩原健一《はぎわらけんいち》もというところまでこぎつけて実行委員会の緊張もひとしお増し、会議は深夜、時には夜明けまでと白熱化していきました。》（林美雄「キネマ旬報」一九七四年十二月上旬号）

六人が知恵を出しあい、郡野継雄が最終的にまとめた趣意書は次のように締めくくられている。

《邦画を愛する人たち、邦画にかかわっている人たちが一堂に会し、邦画に抱き続けてきた情熱の賛歌を一気に歌いあげる、邦画と邦画ファンのための一大祭典を開催したい。》

斜陽の極にあった日本映画を応援しようとする林美雄たちの心意気が、渡哲也以下綺《き》羅《ら》星《ぼし》のごとき映画スターたちの胸を打ったのだ。

「菅原文太さんには、渡さんにお目にかかる少し前に東映大泉撮影所にお邪魔してメイクの最中にお願いしました。『出演はＯＫだけど、チケットの料金は安くしろよ』と即決してくれました。『渡さんと文太さんの二人がＯＫなら、何とかいけそうだね』と熱

海からの帰りの列車の中で喜び合ったことを覚えています」（植草信和）
渡哲也と菅原文太だけではなかった。ほとんどの映画俳優および映画監督が「林さんがおやりになることなら、喜んで協力させていただきます」と出演を快諾してくれた。
「ある時期の林さんは、日本映画界の広報担当のような役割を担っていたと思います。今のように日本映画を応援しようなどという媒体は皆無でしたから。林パックは一部の映画評論家やメディアの中ですごく評価が高かった。日本映画をなんとかしたい、という素直な気持ちが番組に出ていたし、取材もきちんとしていた。取材の仕方はもちろんライターや作家とは違いますが、撮影現場に自ら出かけて、生の声を拾って放送に乗せるという態度は、誰からも認められていました」（植草信和）
実現に向けて動き始めた「歌う銀幕スター夢の狂宴」について、邨野継雄はホームグラウンドの「週刊朝日」で次のように書いている。
《一時の低迷期を脱出しつつあるかに見える日本映画界に、外野応援団が誕生しそうだ。「映画スターファン倶楽部」（代表・林美雄TBSアナウンサー）がそれ。設立の動機は、邦画をあそこまで不振に追いやった「ファンとして、観客としての責任を」どう考えるかだという。映画が死ぬほど好きだけど、金もない、興行面にもまったく素人の、人数はひとけたのミニ集団。彼らが清水の舞台から飛び降りたような気持ちで踏みきった第一弾のイベントが「歌う銀幕スター・夢の狂宴」（来春一月十九日、東京・厚生年金会館)。

代表の林氏はご存じ「パック・イン・ミュージック」で人気者だった人。氏が番組の中でかねがね口にしていた映画スター主題曲コンサートが実現の運びになったわけで、当日の内容は、俳優による主題歌・挿入歌のコンサート、さらにフィルムによる名場面集。

出演交渉もみんな大物だけに難航気味だったがほぼ完了。「お祭りにしましょうやね、パーッとさ」とは菅原文太。まだ静養中だった渡哲也は「協力しましょう」とただひとこと。早々とOKした中川梨絵などが新幹線車中で原田芳雄に「出ましょうよ」と口説いてくれたシーンもあった。原田の答えは「生ギターのいいの用意してくれよ」と、これは梨絵さんのお色気のおかげ?

おあとは藤竜也、宍戸錠、佐藤蛾次郎、高橋明、榎木兵衛《ひょうえ》、緑魔子など多士済々《たしせいせい》。出演の方向にあるのは人気者、秋吉久美子に桃井かおり、そして深作欣二監督。神代辰巳監督はテレ屋だけにどうかな、というところ。いささか趣味に偏した人選という声があがるかもしれないが、このあたりが、日活や東映のいまの路線の基礎になっているのは事実。

たしかに映画を作る側の退廃だけを責める声が久しく高かった。観客のほうのおのれの責任を考える視点が、このイベントを機にして広がってゆけば、という期待感があ

る。》（「週刊朝日」一九七四年十一月十五日号）

出演者が固まってくれれば、次は当然台本である。誰に、どんな順番で、どのような演出で歌ってもらうか。

台本を書いたのは高田純だが、演出プランは会議を開いて全員で出し合った。

「富士五湖だったか箱根だったか、TBSの保養施設に泊まり込んで開いた第一回の台本会議では、高田くんが『入りができたよ！　ピストルの轟音《ごうおん》がオープニングなんだ』と言ってきた。『仁義なき戦い』第一作のラストシーンで、菅原文太の広能昌三《ひろのうしょうぞう》が松方弘樹《ひろき》の遺影に向かって拳銃を撃ったあと、金子信雄《かねこのぶお》の山守組長に向かって『山守さん、弾はまだ残っとるがよ』という名台詞があるんですが、高田くんは、それをファーストシーンにしようというんです。『それはいいね！』と僕たちは大賛成したんですが、そこからが大変だった。

トップバッターは菅原文太、トリは渡哲也というのは、僕たちの中では最初から決まっていたことですが、文太さんは勘の鋭い方ですから『自分は二番手なのか』と不満を持ったんです。『仁義なき戦い』が大当たりして、菅原文太は当代きってのトップスター。文太さんが『渡より俺の方が上だろう』と思ったのは当然です。ただ、僕らはやっぱり日活だった。『仁義なき戦い』も大好きだけど、心情的には渡哲也、原田芳雄の方が好きだった。二番手という扱いに文太さんは不満を抱いていたけれど、林さんには文句を言いにくい。主催者の代表だし、テレビ局のアナウンサーという一種の芸能人ですから。だからクレームは林さんではなく、僕や高田くんの方にくる。舞台裏は大変でした」(植草信和)

「素人集団ですからね。渡さんに目の前で歌ってほしい、桃井かおりの『六本木心中』を生で聴きたい。藤竜也の『花一輪』を聴いてみたい。そんな思いだけで、本業の仕事そっちのけで、金もみんな持ち出しでやってました」(横田栄三)

会場は新宿・東京厚生年金会館大ホールを押さえた。演奏は小野満《みつる》とスイング・ビーバーズ、編曲は高見弘《ひろし》。一流のメンバーである。いぬいみずえが文化放送アナウンサーという立場をフル活用して、破格のギャラで頼んでくれたのだ。

すべては実現に向かって順調に進んでいたが、問題は演出家だった。

《ミーティングの席で、私は長谷川和彦《かずひこ》氏に頼んでみたらどうだと提案した。

私の記憶が確かなら、彼はまだデビュー作『青春の殺人者』を撮る前で、身分的には日活の契約助監督だったはずだが、当時からそのビッグマウスぶりと存在感は圧倒的で、日活撮影所内を我が物顔で闊歩《かっぽ》していた。

間違いなく将来の大器と噂されるその男に、映画デビュー前に一本演出してもらおうではないか。

彼の人となりを聞き知るメンバーたちも「オレたちらしくていいと思う」と賛成し、

長谷川氏も「よう分からんが、やってみるか」と首を縦に振ってくれた。》（高田純のブログ「牡丹亭と庵の備忘録」）

「『八月の濡れた砂』の藤田敏八さんの助監督に、長谷川和彦という面白い男がいるという噂は以前から聞いていました。もともとは今村プロでアルバイトをしていて、今村昌平《しょうへい》さんから可愛がられていたし、僕らも敏八さんの撮影現場にはしょっちゅう行っていたからよく知っていた。藤田敏八監督は口下手な方なので、現場は全部長谷川助監督が仕切る。東大でアメリカンフットボールをやっていたから、ゴツい体格をしている。長髪をなびかせて走り回る姿がゴジラみたいだから、あだ名が〝ゴジ〟。ゴジに演出をやってもらおう、という高田くんの意見に、僕らはすぐに賛成した。当時のゴジは、まだ一本も自分の映画を撮っていません。『銀幕』は、ゴジが世に出た最初だったと思います」（植草信和）

長谷川和彦を含めた七人は、高田純が書いた脚本を前に、構成および演出に関して侃々諤々《かんかんがくがく》の議論を繰り広げた。

「演出プランの話をしているうちに、どうしても映画の話になっちゃうんですよ。きっかけは忘れましたが、とにかくゴジさんが怒っちゃって、林さんに向かって『ＴＢＳの林？　電波塔がなかったら、お前なんかただのゴミだろう。俺は映画屋で、バックボーンなんか何もないんじゃ！』ってバンバン文句を言っていました。酒も入っていて、す

ごい迫力だったから、僕らは怖かったですよ。これが映画屋かと思って」（横田栄三）
「どんな監督、演出家でも脚本や台本に不満を述べるのが習性ですから、高田純の台本と長谷川の演出意図の間に細かな齟齬《そご》があったことは確かです。しかしそれは大きな溝ではなく、二人の話し合いで済みました。台本の二刷がなかったのがその証拠です」（植草信和）
ポスターのイラストを描いたのは、ミステリー作家の島田荘司《そうじ》である。当時、島田荘司は「スポニチ」のコラム「キャンバスNOW」のイラストを描いており、コラムの下請け編集長をつとめていた高田純とは旧知の仲だった。
《その島田さんが、出演者全員の似顔絵をベースにしたポスターを描いてくれ、本当にこのお祭りをやるのだなあと実感がわいてきた頃、まず最初の大トラブルが私たちを見舞った。
「長い間役者をやって来たが、○○より下に名前が載せられたのは初めてだ」
某役者さんから、怒りの抗議が発せられたのである。
俳優のランク、そのあたりの事情についてはまったく無知な素人集団である。私たちは自らのファン度に鑑みて、渡哲也さんをトップに、そしてシメに菅原文太さんの名前を配し、後は有体に言って好きな俳優さんの順に、ポスター面を並べていた。これがキャリアを誇る某役者さんのプライドをいたく傷つけたのだった。

ポスターの刷り直しをしない限り、出演は辞退させてもらう。強硬な要求に、私たちは頭を抱えた。はっきり言ってそんな予算はない。入場料収入だけを当てに、原則イベント終了後の支払いという虫のいい条件を呑んで、各方面に請け負ってもらっている仕事である。どうしよう……。》（高田純のブログ「牡丹亭と庵の備忘録」）

某役者さん、と高田純は名を伏せているが、要するに宍戸錠が「ポスターの並びが気に入らない」と抗議してきたのである。

日活の黄金時代の立役者のひとりである宍戸錠にとって、日活が落ちぶれて多くのスターが去ったあと、ようやく主役が回ってきた原田芳雄や藤竜也の下に自分の名前が置かれるのは耐え難いことだった。

こう書けば、「宍戸錠はくだらないプライドにしがみつく器の小さい人間だ」などと、あるいは読者諸兄諸姉に受け止められてしまうかもしれない。だがそれは違う。すべての映画スターにとって序列はプライドの根源であり、何よりも重要なものなのである。

宍戸錠はただ正直だっただけで、配慮が足りなかったのは林美雄たちの方なのだ。

「自分が言い出したことだから、自分の力で何とかする。ポスター刷り直しのお金は僕の貯金から出すよ」

林美雄が印刷所に支払った刷り直しの代金は、給料の半月分に相当したはずだ、と高田純は推測している。

ポスターに関してはそれでカタがついたが、トラブルはそれだけでは終わらなかった。菅原文太がチケットの値段に異議を唱えたのである。

《「自分はこのイベント出演を、映画ファンのお祭りだと思って引き受けた。ところが数千円の入場料を取って、営利を目的にしているフシがある。それでは賛同できないので、降ろさせてもらう」

あわてて、六人のメンバー全員で文太さんのところに飛んだ。

断じて営利目的ではありません。

入場料を取るのは、最低限のイベントにかかる費用を捻出するためです。

出演してもらう役者さんや監督さんにも、信じられないような低額ですが、お礼をしなければと思っています。

ホールの借り賃、仕事として参加するスタッフへの報酬等々、それらを計算すると、どうしてもこれだけの入場料を設定しなければいけないんです。

もちろん、我々は一銭のもうけも考えていません。

じつはこのイベントに関しては、林さんの元にいくつかのスポンサーから資金提供の打診があり、テレビ放映の申し込みもあったと聞く。

だが、私たちのツッパリはそれを許さなかった。

あくまで一夜限りの、泡と消える祭りがやりたかったのである。

「歌う銀幕スター夢の狂宴」のポスターを見て宍戸錠は刷り直しを要求した。

文太さんは、そんな我々の説明にすぐに事情を了解してくれた。

「そういうことなら、私のギャラは要らないから、バックを務めるバンドにその謝礼を回してください」

良かった。そう安堵《あんど》したのも束の間、またもや同じクレームが今度は渡さんサイドから届くことになるのだが、こちらも誠意を尽くした説明に、気持ちよく翻意してもらった。

「初めからギャラを貰《もら》おうなんて考えてもいませんでしたから、私の分は他のことに役立ててください」

かくしてそのお金は、手弁当で参加してくれたミドリぶたパック・リスナーたちの打ち上げに回り、ささやかながら彼らの酒食に当ててもらうことになったのは、瓢箪《ひょうたん》から駒の出来事だった。

私が今でも渡さんと文太さんのファンであり続けるのには、そんな理由がある。

本物のスターとはそういうものだと、こうして書いてみて改めて思う。》（高田純のブログ「牡丹亭と庵の備忘録」）

数々のトラブルを乗りこえて「歌う銀幕スター夢の狂宴」の概略が決まった。

日時は一九七五年一月十九日、会場は新宿の東京厚生年金会館大ホール。

席数二千六十二。チケットの売り上げで総予算五百万円を賄わなくてはならない。会場費、俳優たちへのギャラおよび交通費、伴奏するミュージシャンへの謝礼、照明、舞台装置のスタッフへの謝礼、弁当その他の諸経費を考えると、チケット代はどうしても高くなってしまう。一番高いS席が二千八百円、一番安いC席が千五百円である。
「あれほどの豪華メンバーなら、多分（放映権を）テレビにも売れただろうし、スポンサーを集めることもできたはず。でも、僕たちは自分たちの手でやろう、電通や博報堂が入るようなイベントにはしたくないと思っていた。結婚資金として貯《た》めていた五十万円を、新宿・厚生年金会館の手付け金として支払った記憶があります。僕らの儲《もう》けはもちろん一銭もありませんが、スポンサーをつけなかったから、チケットの一番高い席が二千八百円と結構高くなってしまった。菅原文太さんはかなり怒っていましたね。すべては手探りでした。チケットってどうやって作るの？　どうやって売るの？　というところから始まったんです。〝チケットぴあ〟もない時代ですから、手売りするしかなかったんです」（植草信和）
《前売りは通信販売（渋谷区宇田川町《うだがわちょう》一一の二新井ビル、映画スターファン倶楽部。電話四六一―一七八九）のほか、プレイガイドへ券を委託し、土、日曜の午後には、銀座並木座、テアトル新宿、池袋文芸座にメンバーが出張して、売り場を貸してもらって売っている。リーダー格の林さんは池袋文芸座を担当し、無料奉仕の大学生たちと一緒に券を売っていた。

「予算が五百万円。券が全部売れたら五百六万円。映画会社を回って説明に歩いたのですが『もうけた分をどうするんです？』と聞かれた。ぼくらはもうけがあるわけないと固く信じていたのでドギマギしました。メンバーの中には、新婚旅行の費用を運転資金に出した人もあって、みんな一生懸命です。え？　成功したらまたやるか？　とてもとても、しんどくて無理ですよ。ぼくらより若い熱心なファンがあとを引き継いでくれればいいと思ってます」というのが林さんの感想だ。》（「読売新聞」一九七四年十二月二日夕刊）

低迷する日本映画を救おうと立ち上がった素人軍団を応援しようというメディアはほとんどなく、植草信和が所属する「キネマ旬報」、郡野継雄が記者をつとめる「週刊朝日」、高田純がコラムを書く「スポーツニッポン」以外に「歌う銀幕スター夢の狂宴」が紹介されることはまずなかった。

唯一の例外が「読売新聞」だった。記事を書いたのは、映画評を担当する河原畑《かわらばた》寧《やすし》記者である。

「TBSには映画好きが多くて、美雄ちゃんもそのひとり。酒の席で一緒になったこともありました。明るくて気持ちのいい、好感の持てる人だった。深みのあるいい声でね。日活と大映が作ったダイニチ映配という会社がありましてね、それの最後の映画が藤田敏八の『八月の濡れた砂』。公開当時（七一年八月二十五日）に、僕は『読売』で映画評を書いた。記事を読んだ美雄ちゃんが大げさにラジオで宣伝してくれた。ダイニチ映配のラストだったから、ちょっとセンチメンタルな記事だったけどね（笑）。そんないきさつもあって『歌う銀幕スター夢の狂宴』の宣伝に喜んで協力したんです。日活はロマンポルノになってしまったけど、若い監督たちは頑張っていたから、応援してあげたいという気持ちも林さんの中にはあったはず。今ならマネージャーや宣伝会社が間に入るけど、当時は評論家にしても新聞記者にしても宣伝部員にしても、役者さんと直接の触れあいがあった。だからこそあのイベントが実現した。美雄ちゃんは日本映画を頑張って応援していました。深夜放送全体が充実していた時代だったし、林パックの影響力は大きかったと思います」（河原畑寧）

河原畑記者が書いた記事に登場する〝無料奉仕の大学生たち〟とは、林美雄の金曜パック二部の存続運動を行ったパ聴連の若者たちのことだ。

パ聴連の林パック存続運動は失敗に終わり、一九七四年八月三十日に林美雄の金曜パック二部は最終回を迎えた。パ聴連の主要なメンバーは、署名に参加してくれた人たちやカンパしてくれた人たちに向けて、番組存続活動が失敗に終わったことを知らせる文書を作り、会計報告を行った。千通を超える宛名は手分けして書いた。署名活動の結果はどうだったのか。集めた募金はどのように使われたのか。自分たちにはそれらを報告する義務があると考えたのだ。立派な若者たちと言うほかはない。

《林美雄さんがパックをやめさせられたことに抗議して署名してくれた皆さんへ——署名どうもありがとう。林さんの放送の終わった八月末までに一二〇〇名それ以降現在まで約八〇〇名、およそ二〇〇〇名位の人が、林さんがやめさせられないように署名してくれました。八月末までの一二〇〇名の署名は八月二十七日にTBSに直接持っていき、趣意書とともに（ラジオ局）編成部の副部長磯原氏と平川氏に手わたし、話し合いを持ちました。TBSとの話し合いはまったく折り合いがつかず、TBSとしては林さんを使う気はないし、番組を持つか持たないかは、林さんの意志ではなく社の方針で、私達のような聴取者もすべて無視するということでした。

私達が現在までやれたこととしては、一、署名活動　二、それをTBSに持って行き直接行動したこと　三、キネ旬、毎日新聞etc.に投書し多くの人に林さんがやめさせられることを知らせていく。この三つのことでした。

林さんがやめさせられてしまった今、私達の方針としては、林さんに再び番組を持ってもらうための運動（あるいはもう少し広げてマスコミというものの問題点を考えに入れた運動）を考えているのですが、具体的に何をしていくかを考えたときに、八方ふさがりの状態なのです。

これからの運動を続けるにしても、一応終わりにするにしても、これからの方向を検討しなくてはならないと考えています。

十一月三日に今までの活動報告と、これからについて話し合いたいと考えています。ぜひ参加して下さい。

金の面でも今苦しい状態で、署名してくれた人に報告するための郵送料が莫大《ばくだい》です（三万円以上）。ぜひカンパをお願いしたいと思います。》（「みどりぶたニュース　第二号」）

十一月三日、京王線初台《はつだい》駅近くの本町《ほんまち》区民会館には四十五名の若者が集まり、事後報告会が開かれた。

しかし、もう彼らには打つ手がなかった。署名活動も団体交渉も何の効果もなく、「パックインミュージック」二部は消滅してしまい、すでにタクシーおよび長距離トラック運転手のための新番組「歌うヘッドライト」がスタートしている。番組存続運動の意味はもはやない。この先自分たちは何をすればいいのか。いくら考えても、何も思いつかなかった。

月に一度の深夜映画を観る会はかろうじて存続していたが、林パックがなくなってしまえば、自分たちが集まる意味ももはやないかもしれない。パ聴連の若者たちがそんな薄い絶望感を感じていた頃、思いがけず天からの声が降ってきた。

「来年の一月十九日、東京厚生年金会館大ホールで『歌う銀幕スター夢の狂宴』を行う。ポスターを貼ったりチケットを販売しなくてはならないが、いかんせん人手が足りない。悪いけど君たちに手伝ってほしいんだ」

そうか。林さんの悲願だったイベントがついに実現するのか。素晴らしいイベントになるに決まっている。ぜひ成功させたい。林美雄を深く愛する彼らは、ただ働きを喜んで引き受けた。

「十一月の終わり頃から毎週末、昼から夜まで交替で池袋文芸坐や銀座の並木座、テアトル新宿に行って売り子をやりました。本当に寒かったことを覚えています。映画館との交渉は林さんや『キネマ旬報』の植草さんがやってくれたはず。映画館が断るはずがありませんよ。林さんが日本映画を後押ししていたことはみんなが知っていましたから」(持塚弓子)

「飛ぶように売れたわけではなかったけれど、『あっ、林さんのイベントですね』とチケットを買ってくれた人は確かにいました。僕らは『林さんの悲願であるイベントを成功させるんだ！』と燃えていたから、新宿の歩行者天国でもチラシを配ったけれど、反応はまったくありませんでしたね。世間的にはごくマイナーなイベントだったんです」(沼辺信一)

渋谷区宇田川町の〝映画スターファン倶楽部〟の実体は、シナリオライターの高田純が仲間と借りていた事務所だった。問い合わせの電話を受けたのは深夜映画を観る会の設立者であり、パ聴連の一員でもある野沢直子。ただひとりの有給スタッフである。

「当時の私は保母のアルバイトをしていて日給は三千八百円くらい。でもこの時は日給千円しかもらえなかった（笑）。電話がかかってくると、すぐに名前と連絡先を聞いて、私なりに作った座席表を埋めていきました。九州から電話がかかってくることもあれば、『いま札幌からかけています』とおっしゃる方もいました。代金は基本的に現金書留の前払いですが、イベント当日に窓口でチケットと引き換えたこともありました。

いま考えてみると、なかなかすごいことだったと思うんです。映画好きの林さんを中心にした六人が自分の仕事をしながら役者さんたちと交渉する。事務所といっても、木造二階の歩けばギシギシときしむような階段を上った六畳一間に机と電話がひとつあるだけ。林パックはなくなってしまったから、宣伝方法もほとんどなかった。『キネマ旬報』と『週刊朝日』と『読売新聞』に記事は出たけれど、広告の予算はまったくないから、映画館や林さんたちの行きつけのバーにポスターを貼らせてもらうくらい。『パックインミュージック』やいぬいみずえさんの『走れ！歌謡曲』では宣伝してもらっていたはずですけどね。

プレイガイドでも販売したけれど、基本的には手売り。週末のたびにパ聴連のみんなが文芸坐や並木座、テアトル新宿に交替で行って、吹きさらしの出入り口付近でチケットを売ったんです。それでも座席表は少しずつ埋まっていきました」（野沢直子）

林美雄以下、映画スターファン倶楽部の六名、演出の長谷川和彦、そしてボランティアスタッフとなったパ聴連の若者たち全員が初めて顔を揃えたのは、本番前日の寒い夜のことだった。渋谷区宇田川町の喫茶店「ルノアール」に夜七時に集合して、その場で野沢直子がパ聴連の若者たちの担当を決めた。

野沢の記憶によれば、舞台監督助手五名、予約チケット引き換えブース二名、入場口整理四、五名、楽屋入り口警備二名、楽屋付き十一名、伝令一名の計三十名弱がボランティアスタッフとして参加したという。

「メモ帳と電話メモを持って事務所からルノアールに行くと、まず目を引いたのは長谷川ゴジ（和彦）さん。サングラスで眼《め》は見えませんが、体も声も存在感も大きくて驚きました。チケットの売り上げ状況の説明や当日のスケジュール、確認事項など、打ち合わせはどんどん進み、私はやらなくてはいけないことを聞き漏らすまいと必死でメモをとりました。スタッフの集合時間、それぞれの係の注意事項、チケット引き換え用のつり銭の準備、楽屋には関係者以外は出入り禁止、お弁当の手配、楽屋での飲み物の準備など……。全員が集中していました。明日になればスクリーンの役者さんたちに会える！　というワクワクした感じはまったくなく、むしろ緊張感でいっぱい。何事もなくイベントが成功してほしい、と誰もが祈っていました」（野沢直子）

一九七五年一月十九日日曜日がやってきた。

パ聴連の若者たちは、新宿の東京厚生年金会館の楽屋裏で走り回り、舞台の袖で舞台監督の指示を仰ぎ、映写用フィルムを準備し、楽屋口で人の出入りのチェックを行った。

初めての経験に戸惑いつつも、与えられた仕事を懸命にこなした。
高校一年生の菊地亜矢は、楽屋係をつとめた。
「渡哲也さんは、たかが高校生の私に敬語で話しかけて下さるんですよ。『渡です。今日はお世話になります。アルバイトでいらっしゃいますか?』『いえ、今日のスタッフは全員がボランティアです。みんな映画が大好きなので』『そうですか。日本映画のためにありがとうございます』私は渡さんのファンだったので『もう、素敵すぎる。どうしよう!』って興奮したことを覚えています。桃井(かおり)さんは桃井さんで『私、怖い。緊張して足が震えちゃってもうダメ』なんて言いつつ、スタッフの誰かに抱きついていた。抱きつかれた本人は大喜びしてましたけど(笑)」(菊地亜矢)
「私が担当した楽屋には原田芳雄さんがいました。桃井さんがずーっといて、原田さんにべったり張りついていた。私は桃井さんが好きだったので、『赤い鳥逃げた?』や『あらかじめ失われた恋人たちよ』を現場で観ているようで得した気になりました。隣の楽屋には菅原文太さんがいて、そちらは全然雰囲気が違っていました。こう言っては何ですが、チンピラっぽい人が結構いたんです」(当時浪人中の喜田村城二)
「苦労多かるローカルニュース」の常連投稿者でサマークリスマスの名づけ親でもある阿北省奈こと門倉省治は、当時ICUの四年生だった。
「林さんは僕のことを結構買ってくれていて、『銀幕』の時も助監督のような立場に推薦してくれた。だから演出の長谷川和彦さんほか、本当のスタッフ数人の中で台本を抱えつつ動いていたんです。ゴジさんが『次のシーンではここに幕を張って』とか言っていた時に、よく聞き取れなかったので、隣にいた方に『いま、なんて言ったんですか？』と聞きました。そうしたらゴジさんが、『君、わからないことがあったら僕に聞いて』と言った。プロって凄いな、と思いましたね。こういうテキパキとした感じがあれば、絶対に面白くなるぞってワクワクしました」(門倉省治)

昼過ぎにはリハーサルが始まった。

《リハーサル中に起きた最大のトラブルは、某役者さんによるロマンポルノ差別発言だった。

こんな連中と一緒にやるのか……。不用意に口をついたその一言が、ロマンポルノ関係者たちの癇《かん》に障って、その場で引き上げるという騒動が勃発したのだ。

林さんをはじめ、メンバー一同が懸命に説得して、最後は何とか予定通りの出演にこぎ着けたのだが、自身もロマンポルノにかかわっていた身としては、今でもその役者さん(＝ポスターのランクにクレームをつけた同一のお方)の顔を見ると複雑な心境になる、一種のトラウマである。》(高田純のブログ「牡丹亭と庵の備忘録」)

ポスターの名前を原田芳雄や藤竜也の下に置かれるのは我慢できない。刷り直さない限り出演は辞退させてもらう、と強硬に主張し、ロマンポルノの女優、男優たちの前で

「こんな連中と一緒にやるのか」と口をすべらせた某役者さんとは、もちろん宍戸錠のことだ。

宍戸錠にとっての日活とは、光り輝くアクション映画の牙城だった。ヒーローはキザで強く逞《たくま》しくかっこよく、ヒロインは健気《けなげ》で美しかった。

ところが、素晴らしかった日活はすっかり凋落《ちょうらく》し、有名監督たちは全員日活を去り、それまで陽の当たらなかった若い監督たちが低予算でロマンポルノを作っていた。日活の黄金期を支えた女優たちは、浅丘ルリ子も松原智恵子もすべて去り、代わりにピンク映画やストリップ劇場に出ていた女優が裸を見せていた。石原裕次郎も小林旭も渡哲也もとっくに日活を退社し、ロマンポルノの女優の相手役をつとめたのは大部屋俳優だった高橋明や榎木兵衛だった。

宍戸錠自身も、すでに時代遅れの存在になっていた。タフでハードボイルドで現実離れした〝エースのジョー〟は、荒唐無稽なギャング映画の中でこそ棲息可能なキャラクターだった。そして日活がそのような映画を作ることのできた六〇年代は、遠い過去のものとなっていたのだ。

長い間、宍戸錠は心の中で叫び続けた。

「俺たちの日活はどこへ行ってしまったんだ！　ロマンポルノなんか映画じゃない」

しかし、林美雄たち映画スターファン倶楽部は、かつて日活のスターだった渡哲也や宍戸錠を、彼らからすれば遥かに格下である原田芳雄や藤竜也、さらに高橋明やポルノ女優たちと同列に並べた。ロマンポルノの中に痛切な青春映画を発見していたからだ。

《日活がロマンポルノに転向してしまって、いささか残念な気配があったんですが、しかし、期待しないで行った映画館で、なんとまあ、ロマンポルノという中に、また青春映画を見つけた訳です。

特に『牝猫たちの夜』という映画の中に吉沢健《よしざわけん》という、ちょうどその頃政治の季節が終わって、挫折感大なり、気力喪失、何をしていいかわからない。その青年がアパートの一室、天井からキャベツを吊《つる》し、揺り椅子に揺られながら、ただそのキャベツにかぶりつき、そして隣のアパートで繰り広げられる情事に、見やるとも、見届けるとも、見つめるともつかない、摩訶不思議な視線を送っていた映画の中に、人が何を思ってどう生きているのかってことを、まざまざと教えられた気がしたわけです。

僕らが目の前に見る若者が出さない姿を、映画の中に見せられたという感じが、この頃、とってもしていたわけです。》（林美雄「七〇年代青春シネマグラフィティ」ＴＢＳラジオ　一九七九年十二月十二日放送）

ロマンポルノのフォーマットを守りつつ、若い監督たちは素晴らしい作品を撮った。セットは入念に作られ、撮影監督も優秀だった。調布にある日活撮影所には、五〇年代、六〇年代の黄金時代を経験したスタッフがまだ残っていたからだ。

フランソワ・トリュフォーは、京橋のフィルムセンターで観た神代辰巳監督の『四畳半襖の裏張り』を絶賛している。

林美雄および林パックを愛する映画マニアたちは、ロマンポルノに一切の偏見を抱かなかった。重要なのはベッドシーンの有無ではなく、自分にとって価値ある切実な映画であるかどうかだ。

宍戸錠は、この「歌う銀幕スター夢の狂宴」が、ファンが自腹を切って日本映画再興のために企画した意義あるイベントであることを充分に理解している。しかし、かつてのスターは嘘《うそ》のつけない率直な人間であり、高いプライドを隠し通すことができなかった。だからこそ「こんな連中と一緒にやるのか」という本音が出たのだ。

驚くべきことに前売り券は完売した。通信販売とプレイガイドで前売りの三分の一を販売し、池袋の文芸坐、銀座の並木座、テアトル新宿の手売りで残りの三分の二を売り切った。

当日券売り場には、わずかなチケットを求めて大勢の客が並び、なんとダフ屋まで出現した。

「厚生年金会館の入り口は階段になっていたんですけど、私はメガホンを持っていって、『その辺の人から買わないでください』みたいなことを言ったの。ダフ屋とは言わなかったつもりですけど、ダフ屋の人から『うるせーんだよ！』とどなられました。開演時

間が近づいても諦め切れない人たちが結構並んでいたので『立ち見で入っちゃえ』と入れてしまった覚えがあります」（野沢直子）

午後六時三十分、客席の明かりが落とされ、小野満とスイング・ビーバーズが演奏する華やかな音楽が鳴り響いた。

林美雄の張りのある美声が重なる。

《歌う銀幕スター夢の狂宴！　昨日の夕陽はどんなに赤くても今日の影を映さない。今日の影はどんなに長くとも明日には届かない。だが、それでもみんな忘れて日が暮れれば、また明日がくる。山のかなたの真っ赤な夕焼けに向かって、しのつくような雨の川べりに沿って、華麗に舞う花吹雪に身を埋《うず》めて、後ろ姿で去って行ったスクリーンのヒーロー、ヒロインたちが、今、私たちの方に向かって立っている。歌う銀幕スター夢の狂宴！》（当日の音声より）

主催・映画スターファン倶楽部。後援・キネマ旬報。協力・東映、日活、東宝、松竹、ATG。構成・高田純。演出・長谷川和彦。音楽・高見弘。舞台監督・川島陽。

斜陽の極致にある日本映画を何とか盛り上げたい。そんな思いだけでこの数カ月間、林美雄とその仲間たちは突っ走ってきた。

林パックはすでに消滅している。だが、これからステージに上がる俳優や監督はもちろん、舞台裏で働くパ聴連の若者たちも、客席を埋め尽くした二千人以上の観客たちも、林美雄の「パックインミュージック」が七〇年代前半の日本映画に果たした役割の大きさを充分に知っていた。

原田芳雄は、林パックの影響について次のように語っている。

《73年、74年頃ですか、TBSの深夜放送「パックインミュージック」のパーソナリティーの林美雄が、日活のニューアクションのファンで、毎週水曜日の深夜にどんどん発信してくれた。僕も、夜中2時、3時に松田優作とスタジオに乱入して、いろんなことやっているうちに、学生が映画館に戻ってきた。

日活の「野良猫ロック　暴走集団'71」なんかが新宿のオールナイトを通じてブームになったのは、封切られてから3年後くらいですよ。新宿のオールナイトがものすごい状況になっているから行って見てこいと言われて、こっそり見に行ったら、そのとき、70年の「反逆のメロディー」をやってて、びっしり客が入っていて、ドアが閉まらない状態なんですね。この「反逆のメロディー」は封切りの時、観客がたった3人だったというのを覚えているんですよ。それがとにかく入りきれないんですから。廊下まで人があふれていて、タイトルが出ると、わわわァーっとなって、セリフが入ると、「異議なーし」とすごいんですよ。地下の映画館だけ満員で、その時、よーし、これから上に向かって映画つくるゾーと叫んだのを覚えてますね。》（『連合赤軍・〝狼〟たちの時代　1969－1975』一九九九年）

この日にステージで繰り広げられたのは、思いつく限りの日本映画へのオマージュだった。

菅原文太は、深作欣二監督が作詞に参加した「吹き溜《だ》まりの詩」を歌った。

中川梨絵は『㊙女郎責め地獄』に登場する人形振りを自ら演出しつつ踊り、さらに「雪が降る」を歌った。

半纏《はんてん》にジーンズという出で立ちで登場した原田芳雄が、林パックのスタジオでも歌った「プカプカ」と「早春賦」を披露して「おーい、ゲバ作、ゲバ!」と大声で叫ぶと、佐藤蛾次郎がオートバイを押しながら現れた。原田のギターに乗せて歌うのは厭戦歌《えんせんか》の「もずが枯れ木で」。澤田幸弘監督の『反逆のメロディー』の名シーンの再現だった。

再び原田が「黒の舟唄」をしっとりと歌いあげると、超満員の客席は割れんばかりの拍手喝采に包まれた。

桃井かおりは楽屋での緊張の欠片も見せずに「六本木心中」を歌い、宍戸錠は「黒い霧の町」(『拳銃無頼帖　抜き射ちの竜』主題歌)と「ジョーの子守唄」(『赤い荒野』主題歌)を熱唱した。

幕間《まくあい》にはスクリーンが下ろされ、六〇年代から七〇年代にかけての日本映画の名場面が上映された。

『けんかえれじい』『昭和残俠伝　死んで貰います』『反逆のメロディー』『紅の流れ星』

『仁義なき戦い』『一条さゆり　濡れた欲情』、そして『八月の濡れた砂』。

「『八月の濡れた砂』のラストシーンは、海に浮かぶヨットをヘリコプターから俯瞰《ふかん》で撮った映像なんです。『銀幕』の時には、その映像をスクリーンに映して、その前で石川セリさんに生で歌ってもらった。本番中は裏でいろいろやらないといけないんで、僕らはリハーサルで観たんですけど、鳥肌が立ちましたね」(横田栄三)

第二部のオープニングを飾ったのは、ロマンポルノ最多出演俳優である高橋明の歌う「なかなかづくし」。神代辰巳監督作品『一条さゆり　濡れた欲情』の冒頭で歌われる猥歌である。

太鼓を叩く予定だった榎木兵衛はある事件に巻き込まれて出演できず、坂本長利《ながとし》が代役をつとめた。合いの手で参加したのは『セックス・ハンター　濡れた標的』の主役を演じたジョージ・ハリソンこと沢田情児《じょうじ》だった。

のちに映画監督になった大森一樹は、客席で呆然としていた。

「高橋明さんが『なかなかなんけ、なかなんけ』と歌い始めると、全員がウォーッと盛り上がった。ロマンポルノの劇中歌が共通言語になっているということ。そんなの普通は考えられないですよ。当時の映画祭には〝おたく〟というよりも、結構インテリが集まっていたんですが、『銀幕』は中でも特別でした」(大森一樹)

曲が終わり、「行ってみようかあ！　何もかんも忘れて踊ろじゃないか！」という掛け声がかかると、山科ゆり、丘奈保美、ひろみ麻耶の三人がガウンやコートを脱ぎ捨て、上半身裸のホットパンツ姿で、あるいはパンティ一枚で踊り、日活の現在を支えているのがロマンポルノであることを示した。

「楽屋裏では裸になるならない、おっぱいを見せる見せないで一悶着《ひともんちゃく》ありました。女優さんたちは『どうして私が脱いで踊らないといけないの？』と思っていたんです。そういった演出上のトラブルは、全部長谷川ゴジが引き受けて対処してくれました」（植草信和）

予定されていた緑魔子が急病で出演できず、代役として桃井かおりがあがた森魚《もりお》と「昭和柔侠伝《じゆうきようでん》の唄」をデュエットし、藤竜也はいつもの寡黙な無表情を崩さないままに「ネリカンブルース」（本歌は藤圭子《ふじけいこ》）と「花一輪」を歌った。

再び菅原文太が登場して「命半分ある限り」を歌い、さらに、藤純子ならぬ宮下順子と『緋牡丹博徒　お竜参上』の絡みを演じた。雪の今戸橋《いまどばし》での名場面の再現である。

鈴木清順がステージに上がった時、客席は異様な興奮に包まれた。鈴木清順の出演はポスターにもチラシにもまったく予告されておらず、当夜の最大のサプライズだったからだ。

鈴木清順は日活黄金期に専属監督としてプログラムピクチャーを作っていたものの、エースではまったくなかった。宍戸錠や渡哲也を主役に立て、石原裕次郎主演映画と併映される作品ばかりを撮っていたのだ。レコードでいえばB面担当である。

鈴木清順監督作品はじつに奇妙で、ストーリーを攪乱《かくらん》するような不可解な細部や、想像を絶するけれん味を持つ。娯楽映画であるにもかかわらず、説明不能の不思議なシーンがいきなり登場するのだ。

たとえばヤクザの殴り込みのシーンで突然襖《ふすま》が倒れると、背景が真っ赤なホリゾントになっていて、桜吹雪が大量に舞う。他の監督の追随を許さない特異な演出ゆえに、鈴木清順は少数のマニアックなファンたちから熱烈に支持されていた。

鈴木清順監督、宍戸錠主演の『殺しの烙印』が公開されたのは、日活の経営危機が叫ばれ始めた一九六七年六月のことだった。主役の宍戸錠さえ「俺にも意味がわからない」と評したほどシュールな作品である。なにしろ宍戸錠が扮する殺し屋は電気炊飯器の匂いにエクスタシーを感じる変態で、敵役の殺し屋は座ったまま小便を垂れ流すのだから。

社内試写で『殺しの烙印』を見た日活社長の堀久作《ほりきゆうさく》は激怒した。

「六千万円もかけて作った映画を、鈴木は平気で赤字にする。あいつには二度と映画を撮らせない」

堀社長は怒りにまかせて鈴木清順のクビを切り、さらに旧作のフィルムの貸し出しを禁止してしまう。鈴木清順の映画を愛する人々は「鈴木清順問題共闘会議」を結成し、民事訴訟を起こした鈴木清順を支援した。

一九七一年、日活は鈴木清順に和解金百万円を支払うことで裁判を終結させたが、他の映画会社は裁判やデモ行進まで引き起こしたトラブルメーカーを恐れたから、鈴木清順は相変わらず、映画を撮れない映画監督のままだった。次作『悲愁物語』を撮ったのは、前作から十年も経った一九七七年のことだ。

鈴木清順の旧作が上映されるのは、池袋文芸坐などの名画座がときおり催すオールナイトがほとんどだった。

『野獣の青春』(一九六三年公開)はカラー作品であるにもかかわらず、冒頭のシーンだけはモノクロ映像で表現されている。わずかに椿《つばき》の花だけを人工着色で赤く染めて観客に強烈に印象づけた。ところが、フィルムの経年変化で画面全体が茶色っぽくなってしまい、椿の花の鮮烈な赤色の効果も薄れてしまった。ずっとあとになってニュープリントの『野獣の青春』が上映された際に、観客は初めて鈴木清順の非凡なる色彩感覚を知ったのだ。

ほとんど神格化されていた鈴木清順が「銀幕」のステージに登場すると、客席から地鳴りのような歓声が湧き起こった。鈴木清順の映画は何度も観た。しかし、本人を見たことは一度もなかったからだ。

宍戸錠が、万感の思いを込めて鈴木清順を紹介する。

「一九六〇年代を代表する鈴木清順を紹介します。『けんかえれじい』『肉体の門』、数々の名作を生んだ鈴木清順でございます。ところが日活はポルノになりまして、そのポルノの先駆者みたいな人だったこともあるんでございまして、でも、彼が、やはりこのままでね、終わらせたら俺、日活の映画、イヤだし、鈴木清順もイヤなの！（涙声）（大拍手）だから、なんとか、鈴木清順にもう一回ね、俺たちの楽しい夢を与えてくれる……俺は、君たちしかいないの！（長く大きな拍手、大歓声）俺、バカだから泣いちゃうけどね。でも鈴木清順を大事にしてあげて下さい。お願いします。（中略）これから日活映画、文ちゃん（菅原文太）は東映だけども、俺は日活だった。清順さんも日活だし（大拍手、大歓声）。日活映画、ポルノの人たちがいま一生懸命頑張ってるけれども、でも日活ってのはそれだけじゃ終わんない。石原裕次郎も小林旭も（大歓声）渡哲也も（大歓声）高橋英樹《ひでき》も（大歓声）、二谷英明《にたにひであき》も宍戸錠も浅丘ルリ子も、なんとかもう一回やる。（その通りだ！の掛け声）どうもありがとうございます」

拍手と歓声はいつまでも鳴り止《や》まなかった。映画ファンの願望を、宍戸錠が代弁してくれたからだ。

一九六四年の『肉体の門』で、鈴木清順監督は主演の宍戸錠の頭に日の丸の旗をかぶせて戦時歌謡「麦と兵隊」を歌わせている。この日の鈴木清順は自ら日の丸をかぶって「麦と兵隊」を歌った。

菅原文太に紹介されてステージに上がった深作欣二監督が愛唱歌の「赤とんぼ」をし

みじみと歌い終えると、最後に登場したのは渡哲也だった。前年に体調を崩し、ＮＨＫの大河ドラマを降板するなど、健康面の不安を抱えていた時期だったが、「東京流れ者」「望郷子守唄」「くちなしの花」の三曲を危なげなく歌い終えて、完全復調を印象づけた。

熱狂的な拍手喝采とともに「歌う銀幕スター夢の狂宴」は幕を閉じた。

《すべての舞台が終わり、いぬいさんのＭＣとともに、さしもの満席だった会場も空になったとき、やったという充実感よりも、ひたすら疲れた……という虚脱感の方がはるかに強く、メンバー全員でその場にへたりこみそうになった。

この夜、映画ファンのための打ち上げ花火は、多少くすぶりながらも華々しく打ち上げられ、そして跡形もなく煙となって消え失《う》せたのだった。

後年になって聞いたことだが、その客席には風《かざ》間《ま》杜《もり》夫《お》さんが座っていて、どうしてオレはあそこにいないのだと歯《は》噛《が》みしていたという。

また、当時はまだ早稲田の学生だった内藤剛志《ないとうたかし》さんも、一人の映画ファンとして目を輝かせていたのだと聞く。

すごいメンバーでしたよね。あんなイベント、もう二度と出来ないですよね。

横田さんやいぬいさんが後に仕事で組んだ折り、彼らは懐かしそうにそう語ったというが、残念ながら私はその話に加わっていない。》（高田純のブログ「牡丹亭と庵の備忘録」）

この日集結したＴＢＳのアナウンサー仲間たちは、一大イベントを実現させた林美雄の行動力に驚愕した。

「俺はぶっ飛んだね。TBSの仲間全員、久米宏も小島一慶もみんなで観に行ったけど、菅原文太から渡哲也から、これだけのスターを集めたイベントをプロデュースできるんだ。もう俺らの枠は超えた。やっぱり林美雄は凄いやって、みんなが思ったんだよ」

（桝井論平）

「一介のアナウンサーにこんなことができるんだ、と度肝を抜かれました。企画から人集めからすべてをやったわけですから凄いですよ。地味ではあるけれども、やりたいことはしっかりやる。林さんはそういう人でした」（小島一慶）

客席には、奇《く》しくもこの日に二十一歳の誕生日を迎えたユーミンこと荒井由実もいた。

「今にして思えばすごいメンバーですよね。原田芳雄さんとか渡哲也さんとか桃井かおりさんとかが出ていて。名前を知っている人も知らない人もいたけれど、ステージと客席がひとつの環境になっていて、日活とか新宿ゴールデン街とか、私の知らないカルチャーの縮図を見たような気がしました。私は好奇心が強いので、面白かったですよ」

（松任谷由実）

「結局、帳簿上は赤字にはなりませんでした。『銀幕』は最初に林さんが三十万円を出したところから始まっているのですが、本番終了後にすべての支払いを終え、最後に林さんに三十万円を返したことをはっきりと覚えています」（野沢直子）

「『銀幕』の打ち上げの時は、僕の知ってる新宿の『どん太郎』という飲み屋まで皆さんに来てもらったんですよ。渡哲也さんだけは『体の調子が悪いので失礼します』とお帰りになったけど、あとは全員、菅原文太さんも原田芳雄さんも桃井かおりさんも藤竜也さんも、ロマンポルノの女優さんたちもみんな来てくれました。壮観でしたよ。『林さん！　やったね、俺たち』『これこそ俺たちの夢だな』酔っぱらって林さんと口づけをしました」（横田栄三）

遅れて打ち上げに参加した野沢直子は、印象的なシーンを目撃している。

「菅原文太さんと長谷川ゴジさんが朝までいらっしゃって、私も結局朝までいたんですけど。その時、文太さんがゴジさんに向かって『一緒に映画を撮ろうよ』と盛んに話しかけていた。文太さんは『銀幕』の時に初めてゴジさんに会って、強烈なキャラクターに魅了されたんだと思います。七九年に『太陽を盗んだ男』を観た時には『ああ、あの時ふたりが話していたことが実現したんだな』って思って感激しました」（野沢直子）

Ⅳ　夏もおしまい

荻窪大学

「歌う銀幕スター夢の狂宴」終演後、撤収作業を終えたパ聴連の若者たちが新宿の東京厚生年金会館を出た時点で、時計の針はすでに夜十時を回っていた。

高校生たちはそのまま自宅へ帰り、浪人生と大学生たちは打ち上げに繰り出した。数人のグループは、池ノ上のスナック「む」で一夜を明かした。

「む」は当時最先端の音楽がかかっていた店で、パ聴連の若者たちはここでエリック・アンダーソンの『ブルー・リヴァー』やジェイムズ・テイラーの『スウィート・ベイビー・ジェイムズ』など、主にアメリカのシンガー・ソングライターのアルバムを愛聴していた。

安いウィスキーを酌み交わしつつ、誰もが上機嫌で自分が目にした光景を語った。

内容は林美雄であり、原田芳雄であり、桃井かおりであり、渡哲也であり、鈴木清順であった。

「楽屋係をしていました。本番前に桃井かおりさんから当日売りの切符の手配を頼まれた時、桃井さんに二の腕をつかまれたのが何よりのご褒美でした」（喜田村城二）

「僕はオーケストラピットに入って、模造紙に大きく書いたカンニングペーパーを役者さんに見せる係。自分の持ち歌なのに、役者さんたちは全然歌詞を覚えていないんです。本番前にトイレでおしっこをしていたら、隣に菅原文太さんがやってきて緊張しました」（宮崎朗）

「映写係のアシスタントだったので、本番中に『スクリーンを下ろしてください』と、演出のゴジさん（長谷川和彦）のところに頼みに行きました。鈴木清順監督の登場前に『東京流れ者』をスクリーンに映さないといけなかったからです。ところがゴジさんはかなり酔っ払っていて『スクリーンなんかどうだっていいんだ！』って（笑）。『困ります！』と抗議したら、いきなり殴りかかってきた。何人かのスタッフがゴジさんを羽交い締めにして『スクリーンは俺たちが下ろしてやるから、とにかくお前は戻れ！』って（笑）。舞台裏はメチャクチャでしたね」（三浦規成）

「私の担当は楽屋口の警備。出演者の出入りをリストで確認して、楽屋係の担当に引き渡す役でした。本番直前の林さんに面会客があり、ご本人に話を通しに行くと、タキシードに蝶ネクタイ姿の林さんから『いま応対できるわけがないだろう！　そっちでやっておいてよ！』と激しい剣幕で怒鳴られました。凄《すさ》まじい集中と緊張を強いられていたんでしょうね。もうひとつ覚えているのは、菅原文太さんと渡哲也さんという、ふたりのトップスターがお帰りになる時のことです。警備担当の私たちが『お疲れ様でした！』と頭を下げると、トレンチコートをはおり、サングラスをかけた文太さんは『おう！』とひとこと。取り巻きを従えて颯爽《さっそう》と出て行かれました。一方、渡さんは全然違っていました。私たちが声をかけると立ち止まり、振り向いて、なんと深々と頭を下げてから出て行かれたんです。どちらも正にトップスターの風格で、さすがだなあと感心しました」（山本大輔）

スタッフサイドから見た各人各様の「銀幕」体験が、ジグソーパズルのように組み合わされていく。映画好きの若者にとっては夢のような一夜だった。

本番中は舞台袖で小道具の出し入れを手伝っていた沼辺信一は、慣れない作業に疲労困憊《こんぱい》したものの、心は達成感で満たされていた。敬愛する林美雄の夢だった大イベントに、仲間たちと一緒に協力することができたからだ。

一九七四年の夏から冬にかけての半年間は、沼辺信一にとって現実とは思えないほど興奮に満ちた出来事の連続だった。

林パックを愛する若者たちが結成したパ聴連。林美雄、荒井由実、石川セリ、中川梨絵が参加した嵐のサマークリスマス。

初めて観た池袋・文芸坐のオールナイトでは、観客たちの異様な熱気と盛大な拍手や絶妙な掛け声に圧倒された。

　日本青年館で行われたユーミンのクリスマスコンサートのゲストはシュガー・ベイブ（山下達郎《たつろう》＆大貫妙子《おおぬきたえこ》）、吉田美奈子、山本潤子《じゅんこ》（赤い鳥↓ハイ・ファイ・セット）であり、大晦日《おおみそか》の夜にアートシアター新宿文化で聴いた浅川《あさかわ》マキの年越しコンサートの共演は山下洋輔《ようすけ》トリオ（山下洋輔、森山威男《たけお》、坂田明《あきら》）だった。

　池ノ上のスナック「む」で知り合った音楽評論家の小倉《おぐら》エージからは、細野晴臣《ほそのはるおみ》の『ＨＯＳＯＮＯ　ＨＯＵＳＥ』や小坂忠《こさかちゅう》の『ＨＯＲＯ』を教えてもらった。

　署名活動や「歌う銀幕スター夢の狂宴」の前売りチケットを販売するうちに、パ聴連の仲間とどんどん親しくなり、毎日のように誰かと会っていた。気の合う仲間と会話するのが、楽しくて仕方がなかった。

　正月三日には鎌倉の海岸にパ聴連の仲間十六名が集まり、羽根つきと凧揚《たこあ》げをして遊んだ。よく晴れた日で、海風に煽《あお》られて凧は空高く揚がった。仲間のひとりが糸を切ると、凧がみるみる小さくなった。空の彼方《かなた》へと消えていく青空の一点を、若者たちは黙ったまま、いつまでも見つめていた。

「歌う銀幕スター夢の狂宴」本番当日の一月十九日がユーミンの二十一歳の誕生日であることに、沼辺はもちろん気づいていた。客席でユーミンを見つけると、あらかじめ用意しておいたヨックモックの箱詰め菓子をプレゼントした。

その間も日本有数の映画マニアたちと一緒に、おびただしい数の日本映画を観た。新宿のアンダーグラウンド蠍座では羽仁進《はにすすむ》監督の『初恋・地獄篇』と『午前中の時間割り』、田原総一朗、清水邦夫共同監督の『あらかじめ失われた恋人たちよ』、蔵原惟《くらはらこれ》二《つぐ》監督の『不良少女　魔子』、市川崑《こん》監督の『股旅』、増村保造《ますむらやすぞう》監督の『遊び』、森崎《もりさき》東《あずま》監督の『高校さすらい派』、寺山修司監督の『書を捨てよ町へ出よう』、澤田幸弘監督の『反逆のメロディー』を観た。

新宿日活では藤田敏八監督の『八月の濡れた砂』『赤ちょうちん』『妹』『バージンブルース』、澤田幸弘監督の『あばよダチ公』を観た。

銀座・並木座では藤田敏八監督の『赤い鳥逃げた?』、神代辰巳監督の『青春の蹉跌』、鈴木清順監督の『刺青一代』、村山新治《しんじ》監督の『実録飛車角・狼どもの仁義』を観た。

江古田にある武蔵大学の文化祭では東陽一監督の『やさしいにっぽん人』『日本妖怪伝　サトリ』の二本立てを観た。どちらも緑魔子の主演作だ。

新宿ロマンのオールナイトでは渡哲也特集を、虎ノ門ホールの特別上映会では黒木和雄監督の『竜馬暗殺』を観た。

御茶ノ水の全電通ホールでは鈴木清順監督の『けんかえれじい』『悪太郎』『俺たちの血が許さない』と、藤田敏八監督の『野良猫ロック　暴走集団'71』を観た。

東京駅前の名画座ヤエス松竹では村川透監督の『哀愁のサーキット』を観た。石川セリが挿入歌を歌い、端役で出演している。

数多くの日本映画を観るうちに、最初の頃に感じた違和感は跡形もなく消え失せた。それどころか、日本映画しか受けつけないようにさえなってしまった。オールナイトを観たあとは、必ずといっていいほどパ聴連の仲間たちと代々木公園に行って早朝の草野球に興じた。

ひとつひとつが、終生忘れることのできない、目も眩《くら》みそうな思い出ばかりだった。けれども、それももう終わりだ。自分たちは「銀幕」で燃え尽きた。林美雄の「パックインミュージック」はとっくに消滅している。存在理由が失われた以上、パ聴連も解散だろう。春になればそれぞれが自分の道へと踏み出していくことになる。

一九七五年初頭、沼辺はそんな感傷の中にいた。

ところが、沼辺の予想は大きく外れた。荻窪のアパートを、パ聴連の仲間たちと共同で借りることになったのである。

仲間のひとりだった高木俊三は地方から上京してきた浪人生であり、駿台予備校に通って武蔵野美術大学の建築科を受験したが、結果はまたもや不合格だった。

原因が遊び仲間との付き合いと映画館通いにあることは明白であり、両親は息子に、東京を離れて名古屋の河合塾に通うようにと厳命した。

高木は命令に従うほかなかったが、荻窪五丁目のアパートを引き払うのはいかにも惜しい気がした。駅までは徒歩五分と近く、家賃も六畳間で二万円と格安だったからだ。一年後に東京に戻ってきた時に、これほど好都合な部屋が借りられる見込みは薄い。

高木はパ聴連の仲間に相談した。自分が不在の一年間、誰かにこの部屋を借りてもらえないだろうか。

話はすぐにまとまった。十人が二千円ずつ出せば家賃が払える。どうせ毎日のように誰かと会って飲んでいるのだ。部屋に酒と食材を持ち込めば、外で飲むよりもずっと安く済む。電車がなくなれば雑魚寝もできる。近くには銭湯もある。借りない手はない。

「当時の僕らは、池袋東口の〝清龍〟という飲み屋によく集まっていた。サンマが安くて、つまみには必ずサンマを頼んだから、僕らは〝サンマ亭〟と呼んでいましたけどね。酒も安くて、千円もあれば吐くまで飲めた。当然、『次の店に行こうよ』となるけれど、二軒目もどこかの店で飲むのはもったいないと思っていた。そんな時に、たまたま荻窪駅の近くのアパートに住んでいるヤツが一年間いなくなる。だったら俺たちが金を出し合って借りようよ、という話になった。足りないものは、みんなが家で余っているものを持ち寄ったから、たちまち生活空間ができちゃった」(門倉省治)

初めに十人が月額二千円を出資したが、まもなく月額千円に下がった。出資者が倍増したからだ。

荻窪のアパートをたまり場にしたのは、上は大学四年生から下は高校一年生までの映画と音楽をこよなく愛する若者たち。林パックを支えた精鋭揃いだ。

六畳ひと間に十数人が泊まったこともあった。あぶれた人間は朝まで道端に座り込んで話をした。いつのまにか古い布団二組も入った。

「みんなが荻窪のアパートを借りた頃、僕は懐疑的でした。僕たちは『銀幕』で燃え尽きたはずだ。パ聴連の残党が、たいした目的もないままダラダラと集まっているのは見苦しいとさえ思った。ところが、ゲストとして何度かアパートに顔を出すうちに、すっかり楽しくなってしまったんです。たいして親しくないヤツとふたりきりで夜を明かすこともありましたね。お互い、深夜にラジオを聴いたり、ひとりで映画を観ていた人間だから、元々はとっつきにくい、人見知りをするタイプ。ところがじっくりと話をしてみると、意外にいいヤツだった。週末に行けば必ず誰かがいるから、なけなしの金を出しあって酒とツマミを買い、近くの風呂屋に一緒に行って部屋に戻る。毎日が合宿状態でした」（沼辺信一）

「そのうちに荻窪のアパートを〝荻窪大学〟と呼ぶようになった。略して『荻大《おぎだい》』。部屋にはノートが一冊置いてあって、来たら何かを書く。新宿で飲んでいて遅くなって帰れないから泊まりにきたとか、この映画が面白かったとか。荻大に行くと、夜には必ず誰かがやってきて、最近あった話をして盛り上がる。

荻大の人間には押しつけがましいところが全然なくて、つきあいやすかった。映画はもちろんですけど、クラシックに詳しい人間も、演劇にハマっている人間もいた。その頃の僕はフリージャズにのめり込んでいたから、ジャズのことを僕に聞いてくる人間もいましたね。富樫雅彦《とがしまさひこ》とか山下洋輔とか梅津和時《うめづかずとき》とか加古隆《かこたかし》とかについて。初めてジャズ喫茶に行った時には片山広明《かたやまひろあき》さんが出ていました。ステージには六人が上がっているのに、お客さんは僕と殿山泰司《とのやまたいじ》さんだけ（笑）。阿部薫《かおる》の演奏も凄かったけど、ライブが終わると鈴木いづみとケンカをしていました。そんな時代です。フリージャズの次は現代音楽。ATGの映画音楽をやっていたのが一柳慧《いちやなぎとし》だったし、あとは廣瀬量平《ひろせりょうへい》とか松村禎三《ていぞう》とか。NHK－FMでは小泉文夫《ふみお》さんの『世界の民族音楽』もあって、どんどん興味が広がっていったんです」（宮崎朗）

荻窪のアパートに集まった若者たちは、自分の目で観た映画や演劇、自分の耳で聴いた音楽について、部屋に置かれた「荻大ノート」に書き記した。「つかこうへいの芝居が面白いぞ。いまVAN99ホールでやっている」と誰かが荻大ノートに書けば、即座にみんなで観に行った。

VAN99ホールは、青山にあったヴァンヂャケット本社の一階を演劇用ホールに改装して作られたもの。客席数九十九、入場料もひとり九十九円。満席になっても一万円に満たないが、石津謙介《いしづけんすけ》が青山通りの一等地のスペースを演劇を志す若者に提供した。劇団「つかこうへい事務所」も佐藤B作《さく》の「東京ヴォードヴィルショー」も野田秀樹《ひでき》の

「夢の遊眠社」も、みんなVAN99ホールでの公演を足がかりにして大きくなった。

荻大のアパートから歩いて数分の距離にある荻窪ロフトは、前年十一月にオープンしたばかりのライブハウスだ。

山下洋輔トリオ、ティン・パン・アレー（旧キャラメル・ママ）、鈴木茂《しげる》とハックルバック、大瀧詠一《おおたきえいいち》、シュガー・ベイブ、はちみつぱい（のちのムーンライダーズ）、金《かね》子《こ》マリ＆バックスバニー、頭脳警察、四人囃子《よにんばやし》、めんたんぴん、ダウン・タウン・ブギウギ・バンドなどが、飲み物代プラス数百円の料金で気軽に聴けた。

「素晴らしいものがすぐ近くにある時代だった。金子マリのライブは二、三十回は聴いたけれど、本当に凄かった。レコードも出ているけど、ライブの良さはこれっぽっちも入っていない。マリさんは下北沢にある葬儀社『金子総本店』のお嬢さん。お母さんがやっていた喫茶店『まり』で見かけたこともある。シモキタの街を歩いていると、しょっちゅう出くわした。『こんにちは！』『今夜ライブがあるから来てね！』と、そんな感じだったんです」（沼辺信一）

パ聴連がべ平連のパロディであったことは、すでに触れた。

パ聴連には「林パックを存続すべきだ」という明快な主張があり、「自分たちには林美雄というリーダーが必要なのだ」という認識があり、さらには社会運動的な匂いも多少は持っていた。

しかし、荻窪のアパートに集まった若者たちには、番組存続という主張も、林美雄という中心も存在しなかった。

「パ聴連には、ちょっと政治運動っぽい、べ平連のシンパみたいな人たちもいたけれど、荻窪大学になると、そういう人たちとは自然にお付き合いしなくなりましたね」（持塚弓子）

「パ聴連は林パック存続運動のための組織ですから、こいつとはちょっと合わないな、と思うヤツがいても目標に向かって一緒にやっていた。ところがプライベートで繰り返し会うようになると、だんだんリラックスして地が出てくる。荻大の頃には林美雄さんという建前が取り払われて、個人の、人間同士の付き合いになった。気がつくと自然淘《とう》汰《た》されて、ある程度自分の輪郭を持っている人間、独自の考えを持っている魅力的な人間、毎日会っていても苦にならない人間だけが残ったんです」（門倉省治）

林美雄の「パックインミュージック」が失われてしまったのであれば、自分自身がもうひとりの〝林美雄〟になる以外はない。

「林さんが発見したものは素晴らしいものばかりだった。ラジオを聴いている僕たちは、目の前で次々と扉が開かれていくような感覚を味わっていた。だからこそ僕たちは林さんの感性を、感受性を信じた。でも、林さんは同時に『本当にいいものは隠れている。だから自分で探さないといけない。自分がいいと思ったものを信じて、それを追いかけるんだ』と言った。それこそが林美雄の思想であり、哲学だったのでしょう。林さんという存在は、言ってみれば自転車の補助輪のようなもの。自分の力で自転車に乗れるようになれば、もう補助輪は必要ない。荻大ができたことによって、それまではラジオから得ていた情報が、直接生身の人間から入ってくるようになった。あとは『ぴあ』さえあれば、面白いものは自分たちでいくらでも探せた。荻大ノートは、林パックよりも遥かに強力なメディアでした」（沼辺信一）

すでに沼辺信一は、東京大学文学部で専攻している西洋美術史のことや卒論のことなど、どうでもよくなっていた。五百年前のルネサンス美術の魅力など、いま目の前で生み出されつつある素晴らしい音楽や映画に比べれば、無に等しいように思えた。

年齢も出身地も学校もバラバラで、林パックを熱烈に愛したこと以外には何の共通点も持たない荻大の友人たちとの会話は、とてつもなく面白かった。

本郷のキャンパスに足を向けなくなった沼辺が熱心に打ち込んでいたのは、一九七五年四月に発足した荒井由実ファンクラブである。

当時ユーミンが所属していたアルファ・アンド・アソシエイツの布井育夫から「ユーミンのファンクラブを作ってほしい」と声をかけられたことがきっかけだった。

「普通、ファンクラブは会社がしっかりとイニシアティブをとって自前で運営するもの。でも我々の会社には『ファンクラブはアイドルのもの』という認識があった。いわゆるニューミュージック系の歌手がそういう組織（ファンクラブ）を持つことはいかがなものか、と考えていた。そこで熱意のあるファンの方にやっていただこうということになったんです」（荒井由実の初代マネージャーだった嶋田富士彦）

誰よりも熱心にユーミンを追いかけていた沼辺信一が荒井由実ファンクラブの中心メンバーになるのは必然だったが、ユーミンのファンクラブ会長が男ではまずいと、当時高校一年の菊地亜矢を会長に立てた。

「女子高生が会長の方が聞こえがいいから、というだけの理由です（笑）。でも、ユーミンのことは本当に好きでした。林パックで初めてユーミンを聴いた時はすごくびっくりして、『林さん、これは何？　何を見つけてきたの？　何を教えようとしているの？』って衝撃を受けたんです。声にビブラートがかかっていなくて『この人、きっとノドちんこないんだよ』なんて、みんなでふざけて言ってましたね（笑）」（荒井由実ファンクラブ会長の菊地亜矢）

《「荒井由実ファンクラブ」誕生！

このたび、シンガーソングライター、荒井由実（ユーミン）のファンクラブが結成されることになりました。『ひこうき雲』『ミスリム』の両アルバムによって、またその活発なステージ活動を通じて、すでに数多くの音楽ファンの心をとらえている彼女は、今年もまた、新たなる飛躍をめざして、大いに張り切っています。

そうした荒井由実の音楽活動を、何らかの形でバックアップすると共に、ファンの皆さんと彼女との交流を深め、またファン相互の親睦をはかろうとするのが、このファンクラブの目的です。具体的な活動としては、さしあたって、運営が軌道に乗るまでの間は、会報（スケジュール表を含む）の発行を中心にした地道なものを考えています。（中略）会員には、会員証と会報（今期は二回発行。第一号は四月上旬発行予定）が発送されるほか、特典として、もれなくユーミンの大型ポスターがプレゼントされます。その他、今後の予定として、ファンの集いなどの催しも計画されています。荒井由実とその音楽を愛する皆さん、ぜひご入会ください！　なお今回の募集の〆切は三月末日です。》（ファンクラブ誕生を知らせるチラシより）

入会金二百円、会費月額百円という手作りのファンクラブは、約二百人の会員を集めた。中心となったのは、もちろん荻大の若者たちである。

「林パックで初めてユーミンを聴いて、五反田のレコード店にすぐに『ひこうき雲』を買いに行きました。いまだに歌詞を全部覚えています。今までにはない、絵が見えてくるような言葉づかいで、たいしたものだと思いましたね」（持塚孝）

「ラジオから『ベルベット・イースター』のイントロが流れ出した時は、外国の曲だろうと思っていました。のちにユーミンがプロコル・ハルムが好きだと聞いて、なるほどなあ、と納得したことを覚えています」（門倉省治）

「ユーミンのライブはよく行きましたね。いまでも覚えているけれど、渋谷のジァン・ジァンの昼の部で三百円。客は二十人くらい。こんなに歌が下手なのか！　とびっくりしました。共演はシュガー・ベイブだったけど、大貫妙子や山下達郎の声の方がいいよなあ、と思いながら聴いてました（笑）」（宮崎朗）

この時期、沼辺たち荻大の若者以外にユーミンを支持していた人間はごく少数だったが、音楽評論家の小倉エージはそのひとりだ。

《ユーミンの追っかけをはじめたのもその前後のことだ。深夜放送の番組で生まれた彼女を応援するファンの集いの連中と、ひょんなことから知り合い、競うようにしてジァンジァンやルイードなどのライブハウスでのコンサートにはせ参じた。仙台の学園祭などにも足を延ばした。》（小倉エージ『Yumi Arai The Concert with Old Friends』ライナーノートより）

身内以上の親しみを感じているパ聴連の友人たちと一緒に、愛するユーミンのファンクラブを運営する。沼辺信一は夢の中にいるような恍惚感《こうこつかん》を味わっていた。

しかし、ひとつ気になることがあった。新曲「ルージュの伝言」のことだ。

沼辺が初めてこの曲を聴いたのは、一九七四年十二月二十五日に日本青年館で行われた「クリスマスコンサート」。年が明けた一月十四日に横浜市民ホールで行われた「Sky Hills Party vol.1」でも歌われた。

あのひとのママに会うために
今、ひとり列車に乗ったの
たそがれせまる街並や車の流れ
横目で追い越して

あのひとはもう気づくころよ
バスルームにルージュの伝言
浮気な恋をはやくあきらめないかぎり
家には帰らない

不安な気持を残したまま
街はDing-Dong 遠ざかってゆくわ
明日の朝ママから電話で
しかってもらうわ　My Darling！

（「ルージュの伝言」）

「聴けば聴くほど、不快感の募るイヤな曲でしたね。ちっともいいと思わなかった。なんでこんな六〇年代アメリカン・ポップスの類似品を〝特別な〟ユーミンが作らないといけないんだろう、と」(沼辺信一)

しかし、沼辺の懸念をよそに、「ルージュの伝言」は、二月二十日にシングルレコードとして発売された。

発売から五日後に、自由が丘のソハラ楽器の店頭で行われたミニライブ(カラオケを使用)の際、ユーミンは「12月の雨」「ルージュの伝言」「何もきかないで」の三曲を歌ったのだが、傍らで聴いていた沼辺は「ルージュの伝言」が嫌で嫌で仕方がなかった。

しかし、苦しい胸中を口にすることはできなかった。アルバム『ひこうき雲』『MISSLIM』の売り上げが思うように伸びず、何とかしてヒット曲を出したいとユーミンが必死になっていることが伝わってきたし、そもそも沼辺は、ユーミンを応援するファンクラブのメインスタッフなのだ。

ユーミンのマネージャーをつとめていた嶋田富士彦が、「ルージュの伝言」がシングルカットされた事情を説明してくれた。

「『12月の雨』の次のシングルは『卒業写真』にしようとユーミンは考えていたようですが、ハイ・ファイ・セットのデビューアルバムに『卒業写真』を提供したところ、シングルカットされることになったんです。ユーミンは当時いろいろなバンドが出演するオムニバス形式のコンサートによく出ていて、キャロルやサディスティック・ミカ・バンドなどのオープニングアクトとして演奏することもありました。そのあたりの影響だったのかはわかりませんが、シックスティーズの盛り上がる音楽も面白いと思って、『ルージュの伝言』を作ったんじゃないでしょうか。

『ルージュの伝言』がスマッシュヒットすると、ダウン・タウン・ブギウギ・バンドと一緒に、北海道をツアーしたこともあります。これまでのユーミンの音楽性とはかなり違っていましたから、周囲の評価は真っ二つ。重要なブレーンの方から『ちょっとこの曲は応援できない』と言われたこともありました。ただ、当時は『ライブから盛り上げていこう』という方針があったんです。ジャンプスーツなどの派手な衣装を着てみたりとか、そういうことが始まった頃です。そうすると、どうしても『ルージュの伝言』のように、アップテンポで盛り上がる曲が必要になってくる。レコード制作には絶対的な自信を持っていましたから、ライブでワーッと盛り上がったお客さんが、家に帰ってレコードを聴けば、絶対に違った良さを見いだしてくれるっていう自信がありました」

ユーミンは正しかった。「ルージュの伝言」は、これまでに出したシングルよりも遥かに好調な売れ行きを示したからだ。

複雑な心境の中、沼辺信一は会長の菊地亜矢たちと一緒に荒井由実ファンクラブの会報「ゆうみん」創刊号のためのインタビューに臨んだ。

《――「わりと忙しくなってきました」という彼女。四月前半には、八日連続のコンサート（紀伊國屋《きのくにや》ホール）。それが済むといよいよサード・アルバムの制作に取り組むという。アルバムに入れる曲は、もちろん全曲ユーミンの最新オリジナル。すでにアレンジもできあがっていて、あとはレコーディングを待つばかりとか。そして、今回もこれまで同様ティン・パン・アレー（旧キャラメル・ママ）がバックを受け持つことになっている。

「でもね、今度のは、これまでとはだいぶ違った感じのアルバムになりそう。どっちかっていうと、一時代前のオールド・ファッションっぽいフンイキを感じさせる、そんなアルバムにしたいのよ」

――で、例えばこんな曲が入るのだそうだ。『航海日誌』『少しだけ片想い』『花紀行』『雨のステイション』『チャイニーズ・スープ』……などなど。でもタイトルからじゃ、どんな曲なのか想像もできないなあ。

「そう……例えばさ、『航海日誌』って曲は、ちょっとハリウッドっぽい感じだし、クリスマスコンサートでやった『チャイニーズ・スープ』なんかも、割にオールド・ファッションでしょ。そういった、いわゆるアメリカ音楽の四〇～六〇年代……なんて大げさなもんじゃないけど、私なりにそうしたものを消化したみたいな、そんなアルバムをめざしているわけ。だから、アルバムのタイトルも（未だ決まっていないんだけど）ちょっと古い匂いのするような感じにしたいと思っているの」

　――とすると、二年前の『ひこうき雲』の頃のイメージとはずいぶん変わってしまうかも。

「でもね、そうした変化は私の場合実生活での私自身とは余りカンケイないみたい。『ミスリム』の時も、あっ荒井由実は変わった、成長した、みたいなこと言った人がいたけど、それは見当はずれな見方。そんな短期間にレコードが変わるほど、人間が変化するはずがないでしょ。私としては、アルバム毎《ごと》にこういうこともしたい、ああいうこともやってみたい、という風に自分の可能性をいろいろ試しているところなのよ」

「全部聴いて、それがひとつの物語になるようなアルバムをつくるのが私のやり方。曲を書くことには苦労しないほうだけど、アルバムとしての統一をとってトータルなひとつの世界をつくりだすのがけっこう大変なわけ」

　ナルホド、ナルホド。》（「ゆうみん　創刊号」一九七五年四月一日発行）

　ユーミンは、自分の未来をはっきりと見通していた。これまでにユーミンの曲が持つ真の価値を見抜いた人間はごく少数であり、『ひこうき雲』も『ＭＩＳＳＬＩＭ』もまったく売れなかった。アルバムを二枚作って、少女時代に書きためておいた詞のストックも尽きた。

　すでに自分はアマチュアではない。売れる作品を作らなくては生活していけない。キャッチーでダンサブルな曲を作ろう。コンサートも派手にしよう。自分自身の感覚や繊細な心の動きよりも、むしろ多くの人が共感できる明快なポップソングを書こう。ユーミンはそう考えて「ルージュの伝言」を作ったのである。

デビューアルバム『ひこうき雲』の曲の多くは十六歳の頃に作られたものであり、いわば「夢見る少女時代のモニュメント」（松任谷由実）だった。

それから五年が過ぎ、ユーミンは二十一歳のプロフェッショナルになっていた。

かつての夢見る少女は、現実と格闘していたのだ。

あの日にかえりたい

《「あっ！　みどりブタこと林美雄さんがパックに復活！」

　まるで夢のようですが、僕たちのみどりブタこと林美雄さんが六月十一日の水曜パック（AM一：〇〇～）からパックに復帰するのです。

　これは「苦労多かるローカルニュース」ではありません。毎週これから林さんの声がラジオから聞こえるのです。去年の八月三十日以来、パックはもうないものと考えていたみどりブタファンにとって、これほどうれしいことはありません。（中略）林さんはみんなでパックを作って行く考えなので、どしどしみどりブタパック宛にハガキを書いて下さい。林さんと一緒になって僕たちのみどりブタパックを作っていきましょう》

（「あっ！　みどりブタ友の会」のハガキより）

　一九七五年五月下旬、林美雄の「パックインミュージック」への復帰が唐突に決まった。

かつては金曜日の午前三時から五時という遅い時間帯だったが、今度は水曜日の午前一時から三時。深夜放送の表舞台である。

愛する林パックの復活を、荻大の若者たちは大いに喜んだ。自分たちの署名運動は無駄ではなかった。九カ月間のブランクはあったものの、「林パックを存続させたい」という目的がついに果たされたのだから。

だが、前年の夏、パ聴連が集めた署名を受け取ったTBSラジオの代表者は、金曜二部時代の林パックを「独善的で社会性がない」と酷評していたはずだ。ならばなぜ、林パックは一年も経たないうちに復活したのだろうか？

ナチチャコパックのディレクターで、当時はTBSラジオ編成部で「パックインミュージック」全体を統括していた熊沢敦が説明してくれた。

「金曜二部時代の林美雄は、確かにリスナーから熱狂的に支持されていたけれど、マイナー人気以上のものではなかった。午前三時という遅い時間から始まるパック二部を端的に言えば、聴取率はどうでもいいという世界。だからこそああいうマニアックな番組が成立した。ところが、午前一時からの時間帯に上がってしまえば『オールナイトニッポン』（ニッポン放送）や『セイ！ヤング』（文化放送）と聴取率で競らなきゃいけない。それだから、マイナー人気の林美雄を使うのはいかがなものか、という声は当然あった。それでも、ユーミンが注目されていた時期だったし、これまでに林美雄が発掘してきた人たちが応援してくれれば、なんとかやれるんじゃないか、という空気が編成部の中にあったんだと思う」

一九七五年六月十一日午前一時、林美雄の水曜パックがスタートした。

番組冒頭の言葉は、「パックインミュージック」への復帰が突然のものであったことを物語る。

《青天の霹靂、あっ、今もってスタジオに来た場合に、誰かほかの人がしゃべっているんじゃないかと。今、こうしてしゃべっていて、あっ、僕がやっているんだなあという感じがあるわけです。

で、よほどおもしろい奴じゃなかろうかと思いますと、これがどうしてですね、非常にごく平凡な発想、日常的な中にどっぷりつかっている男でして、自分で言うから確かでしょう。それほどおもしろい男じゃないんです。

ただ、今まで「パックインミュージック」に二部があった頃に、私、しばらく、四年ぐらい、そうですね、思い出しますと、これまたパックの第二部を初めて担当したのが六月でした。一九七〇年ぐらいだと思いますね。昭和四十五年の六月五日に担当して、また今度は復帰第一回の水曜パックを六月十一日というのも、何らかの因縁浅からぬところがあると思ったんですが。

えー、摩訶不思議な、つまりやっている奴はたいしたことがないのに、聴いている人たちが非常におかしい人が多かった。で、来るハガキが非常におかしい、不可思議な、で、奇妙奇天烈《きてれつ》な世界をそこに構築できたという、まあ、ある種、自分なりの自負もあるし、世間様も認めるところもあるんじゃなかろうかと思って。

まあ、今回も私とて、大それたことはできないと思いますけど、きっとラジオを聴いてくれるあなたたちがですね、面白い世界をですね、ほかのところに負けない、楽しい、感激的な、素晴らしい世界を、おそらく構築してくれるんじゃなかろうかと、そこのところに多大な期待をかけているわけです》（林美雄「パックインミュージック」一九七五年六月十一日）

「歌う銀幕スター夢の狂宴」を経て、林美雄は自分のやり方に大いに自信を持った。これまでと同様に撮影所まで足を運び、試写会に通って新作をいち早く観て、芝居やコンサートに日参し、レコードを聴きまくり、深夜のゴールデン街にも顔を出して面白い連中と交遊しよう。そうすれば、誰よりも早く新しい映画や音楽、演劇の生きた情報を手に入れることができるに違いない。林美雄はそう考えていた。

しかし同時に、午前一時というメジャーな時間帯で他局と競いあうためには、これまで以上にリスナーの協力が必要だ、とも感じていた。同時間帯には谷村新司《たにむらしんじ》とばんばひろふみの「セイ！ヤング」があり、天才・秀才・バカのコーナーは中高生から圧倒的な支持を受けていた。総力戦でなくては戦えない。

林美雄が最も頼りにしたのは、荻窪のアパートをたまり場にしている荻大の若者たちだった。

林パックを熱烈に愛し、日本映画に関する貴重な情報を提供し、番組存続のための署名運動を行い、林美雄が人生を懸けて企画した一大イベント「歌う銀幕スター夢の狂宴」に無償で協力してくれた彼らの協力なくしては、厳しい聴取率競争にさらされる時間帯で番組を作っていくことは難しい。そう感じた林美雄は、水曜パックへの復帰が決まるとすぐに彼らに協力を要請した。

日本屈指の映画マニアである荻大の若者たちが、愛する林美雄を全面的にサポートしたことは言うまでもない。水曜パックへの協力を求めてかつての金曜二部時代のリスナーに二千通のハガキを送っただけでなく、林パックが紹介するべき映画や音楽に関する情報を伝え、本番中のスタジオにもたびたび遊びに行った。

林美雄の誕生日である八月二十五日には、第二回サマークリスマスを企画した。

若者たちの胸は高鳴った。

嵐の中で行われた第一回サマークリスマスには、別れの宴《うたげ》の気配が濃厚に漂っていたが、このサマークリスマスは林パックの復活を祝う会となる。すでに自分たちはただのリスナーではなかった。パ聴連の署名運動や「歌う銀幕スター夢の狂宴」への協力を経て、かけがえのない友人同士となり、いまや林美雄から必要とされる存在にまでなっていたのだから。

第二回サマークリスマスの場所は前回と同じ代々木公園。参加者は高校生から大学生までの男女約二百人。月曜日だったこともあって、社会人はほとんどいなかった。ゲストは前年に引き続いて石川セリと、当時「オールナイトニッポン」で同じ時間帯を担当して林美雄と仲の良かった漫画家の高信太郎。九州ツアー中に過労で倒れたユーミンは欠席している。

司会をつとめたのは深夜映画を観る会の提唱者である野沢直子と、荒井由実ファンクラブを実質的に取り仕切る沼辺信一のふたりだった。

「胸にミドリぶたのイラストの入ったお揃いのTシャツを着たことと、恐ろしく緊張していたこと以外、ほとんど何も覚えていないけど、きっと大過なく終わったんでしょう。この時に撮ったたくさんの写真を見る限り、林さんも石川セリも、参加したリスナーたちも、誰もが屈託なく幸せそうに笑っているから」（沼辺信一）

手つなぎ鬼やハンカチ落としをして遊び、石川セリは拡声器を手に「八月の濡れた砂」を歌った。主役の林美雄はスイカ割りを行い、リスナーの代表と相撲を取った。拡声器やスイカを用意したのは、もちろん荻大の若者たちだった。

それから間もなく、沼辺信一は大学をドロップアウトした。

東京大学文学部西洋美術史専攻の沼辺は、留年して大学五年目に入っていたものの、

1975年８月25日に代々木公園で行われた第２回サマークリスマス。石川セリは前回に続いて参加した。撮影／喜田村城二

卒論をついに一行も書けず、裁判官の父親に「退学したい」と切り出した。

大学生の分際で勉強もロクにせず、悪い仲間たちと一緒に映画や音楽に熱中する放蕩《ほうとう》息子の言葉に、父親は激怒した。

埼玉県大宮市の実家をほとんど着の身着のままで飛び出した沼辺は、阿佐ヶ谷の古いアパートに落ち着いた。四畳半一間。風呂なし。トイレも共用だったが、月に一万六千円と格安だから文句は言えない。部屋にはほとんど何もなかった。机も椅子もタンスも冷蔵庫も本もレコードも。

阿佐ヶ谷は静かな街で、中野や吉祥寺より家賃も物価も安く、隣町の荻窪までは歩いて十数分の距離にあった。荻窪まで行けば安い定食屋と、うまいコーヒーが飲める喫茶店、数軒の古書店と中古レコード店があった。何よりも荻大のアパートがあり、行けば仲間の誰かが必ずいて、安い酒を飲みつつ映画や音楽の話に花を咲かせた。

アルバイトも仲間に紹介してもらった。ビル清掃や都の広報紙を配達する仕事を週に二、三回もやれば、家賃と最低限の食費を賄うことができた。

秋の終わりからはアクセサリー売りのバイトも始めた。京成上野駅の真向かいにあるパン屋の軒先を借りて、ブローチやペンダントを売る。

評判を呼んだのはオリジナルの指輪だ。プラスチック製のカラフルな指輪を仕入れ、電動ドリルの切っ先を当てると、表面のコーティングが削られて白い刻線が現れる。このやり方で文字やイラストを彫るのだ。恋人たちの名前の間に小さな二匹の魚がキスしているデザインの指輪を作ると、面白いように売れたが、木枯らしが吹くと手がかじかんで、うまく彫れない日もあった。隣には天津甘栗《てんしんあまぐり》の屋台が出ていて、傷ものの栗をよくもらった。楽な仕事でも儲かる仕事でもなかったが、働いて日々の糧を得る生活には小さな喜びもあった。

ライブハウス荻窪ロフトには頻繁に通った。ライブがあるのは週末の夜だけで、それ以外の日はロックやジャズのレコードがかかっている。

《1967年から八年間ほどポップ・ミュージックと疎遠にしていたので、荻窪ロフトでのひとときは小生にとって「失われた時」を取り戻すための貴重な時間だった。四十坪にも満たない穴蔵のような空間で息をひそめるようにして、ジャニス・ジョプリンの『チープ・スリルズ』と『パール』を、ニール・ヤングの『アフター・ザ・ゴールド・ラッシュ』と『ハーヴェスト』と『今宵この夜』を、トム・ウェイツの『クロージング・タイム』と『土曜日の夜』を、初めて聴いたあの至福の体験。三十五年経った今も忘れることができない。真夜中にここで食べた焼き饂飩《うどん》の思いがけぬ美味《おい》しさとともに。》（沼辺信一のブログ「私たちは20世紀に生まれた」）

一方で、荒井由実ファンクラブへの情熱は急速に失せつつあった。六月二十日に発売されたサードアルバム『COBALT　HOUR』に失望したからだ。

「この時期、ユーミンは急速に舵《かじ》を切って、誰にでもわかるものを作ろうとした。シンガー・ソングライターとして心の風景を歌う方向ではなく、ポップソングのライター＆シンガーに転身した。かけがえのない資質を犠牲にしてまでも、売れる音楽をめざしたということです。それを咎《とが》めるつもりはありませんが、僕が失望したのは確か。ファンクラブのメンバーであるにもかかわらず、結局『ＣＯＢＡＬＴ ＨＯＵＲ』のレコードは買わずじまい。大半の曲がポップな作りで、しかも出来にはひどくムラがあった。前作の『ＭＩＳＳＬＩＭ』からわずか半年ほどのリリースで、制作時間も足りないと感じました。ちょうどその頃、美術大学への進学を目指して浪人中だった猪狩一《いがりはじめ》くんがファンクラブの会報作りに加わってくれたので、彼に編集作業の大部分を引き継ぎ、僕自身はファンクラブから徐々に手を引いていきました。本心を押し隠したまま応援団に居座るのは、ユーミンにもファンクラブ会員にも失礼だと思ったからです」（沼辺信一）

『ＣＯＢＡＬＴ ＨＯＵＲ』に失望したのは沼辺ばかりではなく、荒井由実ファンクラブの中心メンバーとなった荻大の若者たちのほとんどが同意見だった。

「ユーミンは商業音楽を作ると割り切った。ある意味で職人になったんです。それはそれで構わないけれど、僕にはもう関係のない音楽だった」（宮崎朗）

「裏切られた、と言っている人もいましたね」（門倉省治）

「レコード店で彼女のアルバムを一番前に並べ替えていた我々からすると、ユーミンが

離れていったように感じました」(喜田村城二)
「私たちにとってのユーミンは『雨の街を』のように、庭に咲いているコスモスひとつで風景を見せられる人だった。聴いていて震えがくるようなものが、どの曲にもあったんです。ところが『COBALT HOUR』のユーミンは、とってもおしゃれでスマートなものになってしまった。裏切られたとまでは思わなかったけど、じつは私も『COBALT HOUR』以後のアルバムは買っていません。もっと心ある歌が聴きたかったから。BGMならいいけど、歌詞まで嚙みしめて聴くには値しないと感じました。でも、『COBALT HOUR』を出した頃にユーミンが言っていたことがあるんです。『今度のアルバムはユーミンらしくないってみんなは言うけど、ユーミンらしい私って、どんな私なの？　私はひとつの色だけの人間じゃないんだから、私がやることは全部ユーミンらしいんだよ』って。確かにそうだな、と思いました」(荒井由実ファンクラブ会長の菊地亜矢)
ファンクラブの会報を作っていた荻大の若者たちが抱いた違和感をよそに、「ルージュの伝言」および『COBALT HOUR』以後のユーミンは、恐るべきスピードで巨大化していく。
一九七五年十一月には、ユーミンが作詞作曲を手がけたバンバンの「『いちご白書』をもう一度」がヒットチャートのトップに立ち、以後六週間にわたって首位を独走した。

ユーミンは初めて大きな成功を手にしたのだ。

しかし、沼辺の印象は最悪だった。

「『いちご白書』は我々の世代にとって、ほろ苦くも思い出深いアメリカン・ニューシネマの傑作だったし、バフィ・セントメリーの歌う主題歌『サークル・ゲーム』（ジョニ・ミッチェル作詞作曲）は、誰もが口ずさんだ名曲でした。だからこそユーミンは目ざとくそこに着目したのでしょうが、その姿勢がいかにもあざとい。本人は『時代の気分を歌にした』と言うかもしれませんが、学生運動に伴う挫折や転向を安易に歌にしてほしくない、あの無垢で痛切な映画をネタにしてほしくない、という反発もありました。詞も旋律も歯が浮くほど凡庸で、常日頃からユーミンが唾棄していた〝四畳半フォーク〟の同類としか思えなかった。僕はユーミンの天才を心から信じていたけれど、ユーミンはその才能を使って、こんな陳腐な曲をぬけぬけと書いた。しかも大ヒットしてしまうのだから始末に負えない。『こんなんじゃダメだ！』と強く思いました」（沼辺信一）

十月五日にリリースされた荒井由実の「あの日にかえりたい」は、ＴＢＳドラマ「家庭の秘密」の主題歌となったこともあって、十二月末には二週連続でチャートの首位をキープした。歌手ユーミンにとっては初めてのナンバーワンヒットである。いかにも彼女らしい繊細なメロディの佳曲だが、歌詞が安直で急拵《きゆうごしら》えだと沼辺は感じた。

その一方で、自作の曲が立て続けに大ヒットしたことによって、ユーミンの人気は決定的なものになった。〝ニューミュージック〟という言葉は、歌謡曲にもフォークにもロックにも収まりきらないユーミンの音楽を形容するために作られた造語だ。ユーミンは新時代の旗手になったのである。

飛ぶ鳥を落とす勢いのユーミンと沼辺信一が電話で話をしたのは「あの日にかえりたい」が街のあちこちで流れていた一九七五年暮れのことだった。

ファンクラブ会報の実質的な編集長を猪狩一に引き継いだものの、浪人生にすべての仕事を押しつけるわけにもいかず、沼辺は会報づくりを手伝っていた。幡ケ谷《はたがや》にある猪狩のアパートに泊まり込んで編集作業をしていた時に、たまたま猪狩が近所の公衆電話からユーミンに電話をかける機会があった。何か確認したいことがあったのだろう。用件が済み、いきなり猪狩から受話器を渡された沼辺は、勇気を振り絞ってユーミンに苦しい胸のうちを伝えた。

「『ルージュの伝言』は好きになれない。ユーミンでなければ書けない曲が聴きたい。次のアルバムでは詞をちゃんと書いてほしい」

必死の忠告だった。

少しおどけた調子で「次は頑張りまーす」と答えたユーミンは「でも、もう昔みたいな詞は書けない」とポツリと言った。

《「やさしさに包まれたなら」（注・『MISSLIM』収録）という曲は、自分でいうのも変なんですけど、すごく特殊な歌で、もう書けないな、っていうものなんです。インスピレーションというか、今、振り返ると、何であんなことを書けたんだろう、と思うような内容で。（中略）荒井由実のころって、私はほんとうにインスピレーションで、というかインスピレーションというものがあるということも意識せずに書いていた時期があるんです。そうしたら、いつしかそれができなくなった。これはもう、自分で書いて書いて見つけるしかないなって気持ちで……。》（松任谷由実「月刊カドカワ」一九九〇年一月号）

《『コバルト・アワー』というアルバムが、それまでの二枚とすごく発想がかわったのよ。それまでは本当の意味での、もう二度とできない私小説のアルバムでも、私小説だというコンセプトに基づいている私小説アルバムなのね。だけどそれしかやるすべがなくて、今まで思春期とか、幼少時代送ってきたのをすべてはき出していたアルバムが『ひこうき雲』と『MISSLIM』という二枚なの。（中略）『コバルト・アワー』はそういうものが自分でなくなっちゃったという気がしたの。企画物をつくらなきゃいけないという気になって、すごくプロになったアルバムだと思う。》（松任谷由実『ルージュの伝言』一九八三年）

ユーミンのデビューアルバムである『ひこうき雲』に収録された曲は、すべて十六歳までに書いたものだ。

セカンドアルバムの『MISSLIM』に収録された曲の多くもまた、十代の頃に書いたものだが、それだけでは足りず、新曲もいくつか付け加えた。二枚のアルバムを作り終えて、曲のストックは尽きてしまった。

ユーミンにはわかっていた。

『ひこうき雲』と『MISSLIM』の二枚のアルバムに収録された曲の水準の高さを。

そして、すでに十代の少女ではない自分には「ベルベット・イースター」や「雨の街を」「やさしさに包まれたなら」のような曲は決して書けないことを。

ユーミンは決意した。時の流れを止めることはできない。自分はもう夢見る少女ではない。ならば、以前のような水準に届かなくてもいい。完璧と思えなくともいい。書いて書いて書きまくろう。そこから、次の高みが見えてくるかもしれない。

ユーミンは、ポップでキャッチーな方向に路線変更し、作品を量産していく。そのスタートとなったのがシングル「ルージュの伝言」であり、サードアルバム『COBALT HOUR』だった。

一九七二年七月のデビューシングル「返事はいらない」から、すでに三年が経過している。試行錯誤を繰り返すうちに、ようやくヒット曲を出すことができた。ほかの歌手に曲を提供するソングライターとしても、自分自身で歌うアーティストとしても、プロフェッショナルとしてやっていける自信が芽生えてきた。アルバムは残るものだ。音楽家である以上、時間をかけていい作品を作りたい。だが同時に、ある程度のセールスを残さなくては、自分の居場所や創作活動を守ることはできない。自分は現実と必死に格闘している。ファンから口出しされる筋合いはない。

ユーミンは、沼辺の言葉を愛情とは受け取らなかった。

「邪魔しないでよ、と(笑)。ただ、ファンというのはそういうものだと、最初から思っていた部分もありました。アーティスティックなものと、ポップス的なものは、両方とも自分の中にある要素。どのくらいのバランスで出てくるかがアルバムによって違うだけです。

『ルージュの伝言』は、もっと明快なポップスを作りたい、という思いがあってコニー・フランシスのパロディみたいな感じにしました。『あの日にかえりたい』は、作った時はかなり歌謡曲っぽかったけど、ボサノバをモロにやるというのが新しいアプローチ。最初は同じメロディーに『スカイレストラン』という詞がついていて、もうちょっと男と女の話みたいな感じだった。サビのところは『なつかしい電話の声に出がけには髪を洗った』っていうんですけど。TBSディレクターの福田新一《しんいち》さんから、『家庭の秘密』という秋吉久美子さん主演ドラマの主題歌をユーミンで行きたいというオファーをいただいた。気に入っていた『スカイレストラン』を提出してみると、曲はすごく好きだけれど、ドラマに合わせて歌詞を変えてほしいと言われた。それで『あの日にかえりたい』の詞にしました。残った『スカイレストラン』の歌詞には村井邦彦《くにひこ》さんが曲をつけてハイ・ファイ・セットが歌った。

ファンたちはそのことにもすごいコンプレイント（不平不満）を持ったみたい。自分が作った歌詞を誰かの依頼に合わせて変えるとは何事かと。ドラマの主題歌になるのは不純だとか、商業主義だとか、そんなことが言われた時代だった。私の音楽はものすごくファジーだから、商業主義かアートか、どちらかには分けられない。当時の私のファンの中心層は、団塊の世代の少しあとの世代。だから多感な高校生の頃に見た学生運動に強い影響を受けているんです。『「いちご白書」をもう一度』も、東京キッドブラザースの東《ひがし》由《ゆ》多《た》加《か》さんにバッサリと書かれましたよ。映画の『いちご白書』も学生運動も、そんなもんじゃないって。『歌う銀幕スター夢の狂宴』を観た時にも、そういった学生運動へのモヤッとした空気をすごく感じましたね。ハードな、政治的な共感というよりも、むしろセンチメンタルな、抒情的な共感だった。林美雄さんが私の音楽をお気に召した理由も、私の音楽がセンチメンタルでメランコリックだったから。背景はずいぶん違いますけどね。ルートは違っても同じ感情に行き着いた、ということでしょう」（松任谷由実）

六〇年代後半の若者たちは「悪いのは権力を持つ大人であり、権力を持たない自分たちは正しい」と心から信じることができた。

しかし、七〇年代前半の若者は、もはや単純でナイーヴな世界観を持ち得なくなっていた。学歴社会を呪いつつも受験戦争を戦わなくてはならず、公害を憂いつつも経済発展を否定できなかった。かつて豊かで自由な憧れの国であったアメリカへの幻想も、ベトナム戦争によって打ち砕かれた。寄る辺なき若者たちは、無力感を抱えつつ映画や音楽、演劇にのめり込んでいく。映画監督も俳優も歌手も劇作家も演出家も、そして観客も、そんな無力感を共有していた。

ユーミンが「歌う銀幕スター夢の狂宴」を観て感じた「学生運動へのモヤッとした空気」とは、そのようなものであったはずだ。

林美雄が紹介してきた歌の数々、たとえば石川セリの「八月の濡れた砂」、荒木一郎の「僕は君と一緒にロックランドにいるのだ」、桃井かおりの「六本木心中」、安田南の「赤い鳥逃げた?」、頭脳警察の「ふざけるんじゃねえよ」には、権力に反抗しつつも、自らの正義に確信を持てない、曇り空のような時代の空気が閉じ込められている。

しかし、ユーミンの「ベルベット・イースター」「雨の街を」「やさしさに包まれたなら」からは時代性を一切感じさせない。同じ曇り空の下にあっても、これらの曲は時代を超えた永遠の古典なのだ。

ユーミンと電話で話してからまもなく、沼辺信一は荒井由実ファンクラブから完全に手を引いた。そればかりか、ファンクラブ自体が数カ月後には自主解散してしまった。中心メンバーがニューアルバムを買わないのだから当然だろう。

スターになったユーミンも、私設ファンクラブをもはや必要としなくなった。多忙になったユーミンが林パックに登場することは減ったが、林美雄との関係は何ひとつ変わらなかった。

「七五年の暮れに林さんが忘年会をやった時にはユーミンもきましたよ。忙しかったはずだけどね。やっぱり感謝していたんでしょう」（高信太郎）

一九七六年十一月二十九日にユーミンと松任谷正隆《まさたか》が結婚式を挙げた時の司会をつとめたのは林美雄だった。翌月に林美雄が自著『嗚呼！　ミドリぶた下落合本舗』出版記念と三年越しの結婚披露パーティーを行った時、ユーミンは仲のいい石川セリと一緒に出席してお祝いの歌を歌っている。

「林さんとの関係は、『旅立つ秋』を贈ったくらいまでがタイトだったけれど、私がメジャーになったからといってつきあいを変える人ではなく、会えば以前と同じ感じで接してくれました。少数が支持しようが、多くの人が支持しようが、林さんにとっては関係ない。かといって、自分はまだ誰も気づかない時に（ユーミンを）見つけたんだぞという振りかざし方もまったくなかった。林さんはそういう人です」（松任谷由実）

初期のユーミンのコンサートに通いつめ、ファンクラブの結成を依頼されるほどユーミンを深く愛した沼辺信一は以後、一度もユーミンのコンサートに行っていない。沼辺が持っているユーミンのアルバムは、『ひこうき雲』と『ＭＩＳＳＬＩＭ』の二枚だけだ。

サヨナラの鐘

林美雄の水曜パック第一回が放送されたのは、一九七五年六月十一日のことだった。放送時間は午前一時からの二時間。かつて午前三時という遅い時間から放送されていた林パックは、深夜放送のメジャーな時間帯に昇格したことになる。

《明るい表通りへの進出。今までのような独断と偏見の世界だけでは通用しない。聴取者の数も圧倒的に多くなる。駄菓子屋的雰囲気を残しながら、いかに最大公約数を満足させられるか。》（林美雄「月刊民放」一九八〇年十月号）

金曜二部との最大の違いは、スポンサーがついて番組にCMが入ること。金曜二部時代と同じ内容の番組を作ることは不可能だった。

《僕がやってた前半の方（金曜二部時代）ですね。そのころってのは〝深夜は道楽だ〟みたいな考えがあって、聴取率なんかとれなくても、〝誰に向かってどんな放送をするのか〟を明確にしさえすれば、番組は成立したんです。ところが、いつしかそれが許さ

れない状況がやってきた。》（林美雄「ラジオパラダイス」一九八七年四月号）

スタッフも増えた。金曜二部時代の林パックは、林美雄がほぼ独力で作っていた。名目上のディレクターは存在したが、すでに金曜一部のナチチャコパックで全力を使い果たしていたから、選曲もゲストもすべて林美雄ひとりで決めた。林美雄が君臨する深夜の王国は、スポンサーのつかない番組だからこそ成立したのだ。

しかし、「セイ!ヤング」「オールナイトニッポン」に対抗するからには、一定以上の聴取率を獲得する必要がある。水曜パックは林美雄単独ではなく、ディレクターの柳原悦郎、そして三人のADとともに制作することになった。

番組が午前一時からの時間帯である以上、主たるリスナーである中高生向けに作らなくてはならない。十八歳未満お断りの日活ロマンポルノを紹介することは憚《はばか》られた。お笑いの時間が増えるのは必然だった。

林美雄と柳原悦郎ディレクターは、バカバカしいニュースのパロディを本物のニュースそっくりに読み上げる「苦労多かるローカルニュース」に加えて、パロディCMのコーナー（のちに「コマーシャル・フェスティバル」）を大幅に拡大させた。

パロディCMとは、たとえばこのようなものだ。

《ついに出た！

未成年向けタバコ『スエ・ヤング』。みんなで吸おう『スエ・ヤング』。『スエ・ヤング』は、下落合本舗と日本専売公社で共同開発した、特殊包装の文化包装（文化放送）をほどこしてありますのでいつでも新鮮。また、姉妹品として、二本あれば一晩持つロングサイズのタバコ『オールナイト・二本』もあります。なお、『スエ・ヤング』『オールナイト・二本』は未成年者向けタバコのため、成年者の方は吸っても、煙りが出ませんので、すいません。》（林美雄篇『嗚呼！　ミドリぶた下落合本舗』一九七六年）

だが、中高生に通じる冗談は自ずとレベルの制限がある。林美雄は「苦労多かるローカルニュース」を読む際に、「このニュースはフィクションです」とくどいほど念を押してから紹介しなくてはならなくなった。

《ニュースの途中で「フィクション！」ってクシャミをしてみたり、最後には「登場する人物・団体名は、たとえ実名であってもあくまで架空です」とかいってるんですけどね。》（林美雄「週刊平凡」一九七六年六月十日号）

「これはどう考えても冗談だろう、というレベルが下がった。あまりにも信憑《しんぴょう》性があり過ぎるネタはやめておこう、と自己規制しました。リアルっぽいというか、紙一重で笑えるようなネタは、林さんの立場も悪くなるから多分ボツになるだろうな、と」（「苦労多かるローカルニュース」の常連投稿者だった阿北省奈こと門倉省治）

様々な制約の中、水曜パックをなんとか面白くしようと林美雄が試行錯誤を重ねていた一九七五年秋、驚くべき出来事が起こった。

プロ野球の広島東洋カープが初優勝したのである。

久米宏は、広島カープの優勝は林美雄の性格を変えたと語る。

「僕はジャイアンツがとにかく大嫌い。一方、林くんは子供の時からの筋金入りの広島カープファン。東京生まれなのに（笑）。林くんには人がバカにするものに肩入れするところがある。日活ロマンポルノなんて、エロじじいしか見ないジャンルでしたからね。僕たちが入社した一九六七年頃の広島カープなんて、下手したら球団の存在自体を知らないヤツがいたほどの弱小球団。僕がジャイアンツの悪口を言うと、林くんは『久米ちゃん、ジャイアンツの悪口より、カープ、カープ』って。市民球団の成り立ちとか、広島の人たちがいかに身銭を切って自分たちの球団を育てたかという話を延々として、最後に『でもな、弱いんだよな』って（笑）。僕は彼からずーっと広島カープの話を聞かされてきたんです。スポーツ新聞ではクソミソに書かれていた。セ・リーグのお荷物だとか、日本プロ野球界のお荷物だとか、あんなに弱い球団はあってもなくても同じだとか、広島カープを外してセ・リーグを作り直そうとか。

ところが七五年のカープは絶好調で、赤ヘル旋風を巻き起こした。林くんは夏くらいからちょっとおかしくなっていましたね。あの時は、僕も一緒にドキドキしていました。ちょうどベトナム戦争が終わった年で、アメリカ軍が負けてこれは一大事だというのと、広島カープが活躍しているというのとが一緒になっている。ベトナムと広島、どっちも頑張れ、みたいな（笑）。優勝が見えてきた九月ぐらいからの林くんは、誰が見ても明らかに変だった。うまく歩けないような感じだったんです。カープが優勝するなんて、夢にも思っていなかったんでしょう。実際に優勝した時には、もう涙ぐむのを通り越して、絶句というか、気を失うような感じでしたね。心底うれしいというのは、ああいうことを言うんだと思いました。カープの優勝以来、何か雰囲気が変わったんです、あいつ。急にいいものを着るようになった。自信がついて、人間が変わったということでしょうね」

一九七五年十月十五日、広島東洋カープが読売ジャイアンツを破って初優勝した瞬間を、林美雄は後楽園球場の観客席で目撃しているが、その一週間後には水曜パックで事件が起こった。

タモリが登場してセンセーションを巻き起こしたのだ。

異変が起きたのは名物コーナーの「苦労多かるローカルニュース」だった。

「続いて苦労多かる国際放送です。ＴＢＳが聴いた昨夜の北京《ペキン》放送は……」

林美雄が読むパロディニュースに突然、中国語の同時通訳が重なった。もちろんタモリのデタラメな中国語なのだが、この時点でリスナーは何も聞かされていない。

林美雄は必死に笑いをこらえつつ原稿を読み続ける。

「一方、自由ドイツの声は……」

タモリが耳元でデタラメなドイツ語をつけると、林美雄はついにこらえ切れずに爆笑してしまった。

付き添いでやってきた漫画家の高信太郎が短くタモリを紹介したあと、タモリは四カ国語麻雀を披露した。中国人、韓国人、ドイツ人、アメリカ人が麻雀をしていて、後ろで見ているのが美濃部亮吉《みのべりようきち》東京都知事（当時）、最後には昭和天皇まで登場するというタモリ最強のネタである。

「第一印象は『これは、なんだ！』でしたね、とにかくびっくりした。デタラメな外国語といえばトニー谷《たに》や藤村有弘《ありひろ》の先例があったけれど、タモリはいっそう過激で、批評精神というか、毒を孕《はら》んでいました」（沼辺信一）

《僕は深夜放送を始めて五年くらいやってるんだけど、（放送中に）笑った経験がかつて二回あるわけ。一回はちょっとよんどころない事情があってふき出しちゃったんだけど、ミスター・タモリっていうね、もう本当に天才的な笑わせ方の名人がいるわけ。この人と一緒にね、世界麻雀大会をひとりで独演したりね、北京放送の物真似をやったりね、それから国際ニュース。僕が「苦労多かるローカルニュース」を読んで彼がそれを同時通訳するわけ。これにまいっちゃってね、僕はふき出しちゃった》（林美雄「パックインミュージック」一九七五年十一月二十六日）

高信太郎が、この伝説の一夜を振り返ってくれた。

「『苦労多かるローカルニュース』の同時通訳は面白かったね。美雄ちゃんは耳をふさいでタモリの声を聞かないようにしていたけど、最後はこらえ切れなくなった。スタジオにいたスタッフ全員が、ひっくり返ってヒーヒー笑ってましたよ。その直前まで、俺は『オールナイトニッポン』をやっていた。ワンクール（三カ月）でクビを切られたけど、タモリにはそのうち四回くらいゲストで出てもらったかな。美雄ちゃんは奥さんに俺の『オールナイト』を全部録音させていたから、俺がクビになるとすぐに電話がかかってきた。『タモリをTBSに連れてきてくれ』って。タモリが林パックからバーッと大きくなったことは間違いない。俺の『オールナイト』なんて誰も聴いてなかったからさ（笑）」

十一月十二日の放送には、山崎《やまさき》ハコがゲストとして初登場している。ギター一本の生演奏で「気分を変えて」「橋向こうの家」「街」の三曲を歌った。

リスナーが驚いたのは、話をするときの消え入りそうな声と、歌声の力強さのギャップだった。フォークよりもロックに近いハードなアレンジでアコースティックギターをかき鳴らし、望郷の思いと〝帰るべき家はもうない〟という悲しみを同時に歌う十八歳の少女の歌は、年齢の近いリスナーの度肝を抜いた。

「当時の私は、事務所の社長にイメージを作られていたところがあるんです。社長は私にカリスマ性や神秘性を求めていて、記者の質問にも、社長が全部答えていた。林さんの『パックインミュージック』に出た時も、ガラスの向こうには社長がいました。イメージに合わないことを言うと叱られるから、ヘンなことは言わずに、歌だけに専念しようと思っていました。実際に会った林さんは〝ミドリぶた〟というイメージとはかけ離れた二の線（二枚目＝ハンサム）ですよね。あと、林さんの声が生理的に好き。だから一度ゲストに出させていただいたあとは、林パックをずっと聴いていました。『青春の蹉跌』のテーマ曲も好きだったし、『フォロー・ミー』も観に行きました」（山崎ハコ）

十一月二十六日の放送には快進撃を続けていたユーミンと、三年ぶりのセカンドアルバム『ときどき私は……』を録音中の石川セリのふたりがゲストに呼ばれた。

ユーミンの「あの日にかえりたい」、セリの「朝焼けが消える前に」（荒井由実作詞作曲）が紹介されるなど、番組が滞りなく進行していた午前二時半頃に事件は起こった。

突然、井上陽水《ようすい》と吉田拓郎というスーパースターふたりが、ＴＢＳ第三スタジオの副調整室に現れたのである。

《林美雄「あれっ！　なんで今日は拓郎さんと陽水氏があい並んで。僕は陽水氏に連絡を取っていたのにさ。全然いなかったのよ。高田純を通してね、陽水氏、陽水氏、来週ぜひ来てくれってね。そしたら今週来てくれたわけ。さっそくだから、ちょっとひと声だけ。

（ふたりがブースに入ってくる）

林「わっ、本当に夢の共演になっちゃったな。びっくりしたなあ。今日はどうしたの？」
陽水「（セリを指して）あの『八月（の濡れた砂）』の。あのね、好きだったんですよ。何しろあの、映画館に行ったんですね。お近づきになりたいと思って」
拓郎「今日の朝、新聞を見たわけ。朝日新聞か。それでゲスト・荒井由実と書いてあったから、で、さっき、陽水とたまたま飲んでて、今日ユーミンがゲストらしいよって。行こうかって」
ユーミン「どうも、光栄です」
林「やっぱりいいゲストを呼ぶといいね」
陽水「最近あの、ラジオで聴いたんですけども、『チャイニーズ・スープ』っていい曲だね」
ユーミン「いいえ、どうも、感激です」
林「僕はここで言うけれども、僕、前にやってた頃、（陽水が）アンドレ・カンドレ（という芸名）で歌ってたときの曲とかね、ずいぶんかけてたんですよ。それから『断絶』が出た頃ね。『人生が二度あれば』が表側で。僕は『断絶』がやたらと……」
拓郎「いや、こいつ（陽水）の話はいいよな。今日はやっぱりユーミン賛歌で。ユーミンファンだから、俺も」

ユーミン「いえいえ、とんでもないです」
陽水「俺は石川さん賛歌で」
拓郎「俺はユーミン賛歌。『ひこうき雲』以来好きですから」（中略）
林「セリ派の陽水氏ね、パッと見た瞬間の彼女っていうのは？」
陽水「僕は彼女のことを前から存じていましたし、もちろんお会いしたことはなかったけども、あの、僕なりに予備知識がありましたしね。それに寸分違《たが》わぬイメージは受けました」
林「ああ、どういうイメージ？」
陽水「あの、強烈な印象があるというイメージです」
林「セリは、彼のことは？　その、つまりステージとかレコードとか歌手井上陽水じゃなくて、会った瞬間の印象とか、いましゃべってるでしょ？」
セリ「すごくいい（笑）。声がいいですね」
拓郎「あのよお、俺はやっぱりユーミンが好きだな。松任谷（正隆）がいてもユーミンが好きだな。ホントに」（中略）
陽水「僕は今日、最初に荒井由実さんにお会いしたんですけれども、あのお、思ってたよりも庶民的な感じがしました」（一同爆笑）》（林美雄「パックインミュージック」十一月二十六日）

出番が終わると、ユーミン、セリ、拓郎、陽水の四人は連れだって六本木へ飲みに出かけた。要するに陽水は最初からセリを口説くつもりで、拓郎につきあってもらって林パックに乱入したのだ。

「なんだか急に（陽水との）お見合いみたいになっちゃって。飲みに行った時に、私もすかさず『結婚なさってますか？』って聞いたの。そしたら結婚してるって。ダークよね（笑）。私がそこで食いさがったのは、『お子さんは？』って。いないんだったら、そんなに悪いことでもないのかな、と。でも、その夜は何もなかったのよ。ユーミンの家に泊まったんですから」（石川セリ）

「四人が飲みに行った話はユーミンから直接聞いたことがある。『あのでっかい二人（陽水とセリ）が寄り添って乃木坂《のぎざか》を歩くのを電柱の陰から覗《のぞ》いていた私は、一体何なの？』とぼやいてたよ（笑）」（一九七九年に石川セリの「ムーンライト・サーファー」を作詞作曲したＰＡＮＴＡ）

「飲みに行った店？　確か麻布警察署の裏だったと思います。私は（拓郎と陽水の）ふたりから『よく食べるね』と呆れられました（笑）。そのあと、セリは陽水とつきあったけど、陽水はまだ前の奥さんと別れてなかったから、結構悩んでた時期もあった。私は『やめなよ』って言ってたんだけど（笑）」（松任谷由実）

ユーミンの「あの日にかえりたい」がヒットチャートのトップを独走していた十二月

十四日にTBSホールで行われた「水曜パック祭り」は伝説のイベントである。

ついにブレークを果たしたユーミン、三年ぶりにセカンドアルバムをリリースして表舞台に帰ってきた石川セリ、関西のライブハウスで強く支持されていたブルースバンド憂歌団《ゆうかだん》、十月の林パック初登場でセンセーションを巻き起こしたタモリ、そして、林パックの新たなるヒロインとなった山崎ハコが次々にステージに登場したからだ。

憂歌団の「パチンコ」「ドッポ節」の白熱した演奏、黒い眼帯をつけた無表情の怪人タモリの北京放送版「苦労多かるローカルニュース」と四カ国語麻雀、林パックのAD総出演のパロディCM「ちかれたび」、高信太郎とアナウンサーの馬場こずえの漫才講座、石川セリの「八月の濡れた砂」と「ひとり芝居」、ユーミンの「ベルベット・イースター」「雨の街を」、そして大ヒット中の「あの日にかえりたい」。

五百人の観客たちは、すべてのプログラムを大いに楽しんだが、彼らの心に最も深く突き刺さったのは、ラストに登場した山崎ハコの歌だった。

この日のハコは荻窪ロフトでライブの仕事があった。急いでTBSホールに駆けつけたものの、プログラムはすべて終了し、ほかの出演者はすでに帰ってしまっていた。しかし、林美雄と五百人の観客はハコを待っていた。

「客席はいっぱいでした。これだけ待ったんだから、聴くまでは帰れないって（笑）。ラジオでは全然しゃべらないし、どんな子かわからない。顔を見たこともなかったから興味があったんでしょう。最初の予定では『気分を変えて』一曲だけを歌うはずだったんですけど、拍手が鳴り止まなくて、結局アンコールになっちゃった。林さんが聴きたかっただけかもしれないけど（笑）。ハコの人生は、あのＴＢＳホールから始まったと思います」（山崎ハコ）

アンコールに応えてハコは「橋向こうの家」を歌ったが、拍手はさらに大きくなるばかりだ。

《ありがとうございます。いいんでしょうか？　私、こんなにたくさんの拍手をもらったのは初めて。だからもう一曲やります。どうもありがとう。あれやりますので。あれです。（観客笑）》（山崎ハコ）

小さな雨がふっている　一人髪をぬらしている
長い坂の上から　鐘がかすかに聞こえる
私の心の中の　貴方《あなた》が消える
恐かった淋しさが　からだを包む
グッバイ貴方　私　先を越されたわ
グッバイ貴方　その顔が目に浮かぶわ

いつだったか笑って　二人別れていった
きれいな思い出にするわ　元気でと別れていった
いつの日か心の中に　貴方が住み込んで
幼ない子供のように　ひそかにあこがれた
グッバイ貴方　小さな声でおめでとう
グッバイ貴方　バカねバカね私
グッバイ貴方　ステキな鐘の音
グッバイ貴方　サヨナラとなりひびくわ

（『サヨナラの鐘』）


拍手はいつまでも鳴り止まなかった。

凛《りん》として芯が強く、男に依存することなく、それでいて少し古風で、男を優しく受け容れてくれる女。両親と離れて中学まで祖母と大分県で暮らし、横浜に出て高校生の時にデビューした山崎ハコは、日活ニューアクションのヒロイン、たとえば梶芽衣子のような雰囲気を持っていた。

《おそらく昭和五〇年最大の出来事である「水曜パック祭り」の山崎ハコの歌を聴いて

もらいたいと思います。（中略）ハコの歌がやっぱり熱きものが流れてきまして、感激しております。（中略）皆さん、泣いた人がずいぶんいた、と。歌を聴いて泣くなんてことは僕には考えられなかったんだけれども、僕自身も身体にその、鳥肌が立ったというか、衝撃、戦慄が走ったくらいの見事な歌でした》（林美雄「パックインミュージック」一九七五年十二月二十四日）

「『水曜パック祭り』での山崎ハコの登場は圧巻でした。周囲の人たちの驚きがひしひしと感じられ、息を呑み、溜息《ためいき》をつくのがわかった。終わると凄まじい拍手が巻き起こった。荻大の友人たちの多くも『ハコは凄い！』と大絶賛だったと記憶しています。大人になりかかっていた大学生にとって、純粋無垢だった十代を想い起こさせ、『こんなにもひたむきな少女がいるんだ！』と強く刺激されたのでしょう。でも、僕自身は『確かに圧倒されたけど、表現がまっすぐ過ぎて、繰り返し聴きたくなるような音楽じゃないな』と感じていました」（沼辺信一）

東京大学をドロップアウトして今でいうフリーターになった沼辺信一は、荒井由実ファンクラブの運営から身を引いた直後。林パックへの熱中ぶりにも、やや翳《かげ》りが見えてきた。金曜二部の頃に比べて林美雄がはしゃぎすぎている、無理をして陽気に振る舞っているように思えたからだ。十一月頃から紹介し始めたミュージカル劇団ミスター・スリム・カンパニーへの熱っぽい共感や賛辞も、どこか空回りしているように感じられた。

一九七五年に林美雄が熱心に推薦した歌手およびグループは次の通りだ。

山崎ハコ、上田正樹《まさき》とサウス・トゥ・サウス、荒井由実、アグネス・チャン、憂歌団、原田芳雄、荒木一郎、ティン・パン・アレー、吉田美奈子、小室等《こむろひとし》、キャンディーズ、諸口《もろぐち》あきら。（林美雄篇『嗚呼！　ミドリぶた下落合本舗』一九七六年）

金曜二部時代では考えられないラインナップである。

上田正樹とサウス・トゥ・サウス、そして憂歌団は、東京でも人気が沸騰した「関西ロック」最注目株のグループだった。一方、ティン・パン・アレーや吉田美奈子はユーミンとも近しく、都会風の洗練された音楽を指向していた。

これらは一九七五年の音楽業界で脚光を浴びつつあった二大トレンドであり、放送局の人間ならば嫌でも耳に入ってくる音楽だった。「いいものは人知れず埋もれている」（林美雄）という類いの音楽ではまるでなかったのだ。

泥臭い関西ロックと、現実感を欠くほど洗練を極めたティン・パン・アレーの両方を心から好きと言えるはずもない。そこにアイドル歌手のアグネス・チャンとキャンディーズが加わり、さらに金曜二部時代の常連である原田芳雄と荒木一郎が名を連ねる。

すなわち上記のラインナップには「林美雄が本当に愛してやまないもの」と「最新流行の音楽」が混在しているのだ。

金曜二部時代の林パックには、林美雄の本音だけが存在した。だからこそ、林美雄の言葉は若者たちに強く響いた。

しかし、マイナーだったユーミンがスーパースターになったことで、林美雄は目利きとしての能力に自信を持ち、「これから売れるであろう音楽」を誰よりも早く紹介するトレンドセッターを目指した。水曜パックは情報番組になり、本音の放送ではなくなったのである。

もちろん聴取率のためだろう。

林美雄もユーミンも、セールスを求めて自分から離れていってしまう。そんな淋しさを感じながら、沼辺は荻大の仲間たちと一緒に自主映画を作っていた。

パ聴連を経て荻大に集まった若者たちは、日本有数の映画マニアである。年に五百本以上の映画を観ていた横谷敦は「キネマ旬報」の「読者の映画評」欄で、のちに映画監督となる大森一樹と知り合い、文通していた。

「当時の僕は上智大学の学生。大森くんは神戸在住の医大生。僕が毎週池袋の文芸坐のオールナイトに通っていたように、大森くんは京都の京一会館というディープな映画館の常連でした。『歌う銀幕スター夢の狂宴』が終わって間もない頃、大森くんから手紙が届いた。『今度、東京で自主映画『暗くなるまで待てない!』の上映会を開きます。チケットを同封するので、友だちを誘ってぜひ観にきてください』という内容でした」

（横谷敦）

「七四年に十六ミリで『暗くなるまで待てない!』を撮ったんですが、一般公開されるとは思わなかったから、ユーミンが京都のコンサートで歌った『やさしさに包まれたなら』と『生まれた街で』を勝手に使った(笑)。八ミリ映画のノリですよ。今だったらエラいことですけどね。完成したのは七五年三月だから、七五年一月の『歌う銀幕スター』は、僕にとって映画三昧の日々の総決算のような時期に行われていたことになります」(大森一樹)

「それまでの大森の映画は、映画ファンらしい軽妙さはあったけど、あくまで八ミリで撮った実験的な個人映画。でも『暗くなるまで待てない!』は一般の観客を意識したエンターテインメント性のある、一般映画と実験映画の中間の映画になった。映画会社が監督を育てられなくなり、映画を撮りたい学生の進路が絶たれた。だからこそ自分たちで映画を作り、自分たちで上映しようという気運が高まったんです。『暗くなるまで待てない!』以降、学生の撮る映画が商業主義的になった、とのちに非難されましたけどね(笑)。十六ミリで撮ったこともあって、僕たちは『暗くなるまで待てない!』を全国でホール上映したかった。八ミリ映画の専門誌『小型映画』の日比野幸子《ひびのゆきこ》編集長が『暗くなるまで待てない!』をとても気に入って、松田政男《まさお》さん(映画評論家)を紹介してくれた。それで新橋のTCCや新宿のスバルビルで試写会を開き、東京の映画評論家に観てもらうことになったんです。確か林美雄さんや鈴木清順監督にもその時に観て

もらったんじゃないかな」（大森一樹の盟友であり、『暗くなるまで待てない！』にも出演した漫画評論家の村上知彦）

一九七五年春に新宿スバルビルで行われた試写会で『暗くなるまで待てない！』を観た横谷敦は衝撃を受けた。

「『暗くなるまで待てない！』はメタ映画、つまり学生たちが映画を作ろうとする映画なんです。とにかくすごく楽しそうだった。『これはぜひやってみたい。自分たちでも映画を作れるんじゃないか』と思った。一緒に観た荻大のみんなも同じ気持ちでした」（横谷敦）

横谷は早速、自主映画『黄土を血に染めろ』を企画した。黄土《こうど》とは死後の世界のことで、登場人物が全員死亡するギャング映画である。日活ニューアクションの影響を強く受けていることは言うまでもない。

映画撮影に必要なものは三つある。シナリオと撮影機材と俳優だ。

シナリオを担当したのは中山明男だった。年に六百本以上の映画を観る日本有数のマニアは、劇場でも上映可能なほど本格的なシナリオを書いた。九月には荻大のアパートに泊まり込み、横谷、中世正之、日大芸術学部の池田弓子（現姓・持塚）らとともにシナリオの細部を仕上げた。

撮影機材も揃った。七〇年代半ばの日本はどんどん豊かになっており、三、四台の八ミリカメラを調達することができた。

問題は俳優だった。

主演男優は荻大の仲間である佐久間敬実で決定したが、ヒロイン探しには苦労した。

「年齢は二十歳前後。身長は一五五センチから一六〇センチくらい。少々やせ型」

この条件を満たす女性が、なかなか見つからなかったのである。

「荻大の女の子たちはもちろん主役になりたかったはず。でも、セリフが言えて演技ができてフォトジェニックな子はいなかった。だから監督の横谷は、理恵ちゃんという別の女の子を連れてきた。横谷以下、荻大の男性陣は理恵ちゃんをとても大切に扱い、そのことが荻大の女の子たちを刺激しやしないか、内心ヒヤヒヤした。まあそれは取り越し苦労でしたが。この頃になると、ひとりひとりの映画の好みや音楽の指向性の違いがはっきりしてきて、みんなで映画を観に行くことも、音楽を聴きに行くことも少なくなった。荻大の仲間をつなぎとめる力が弱まる中、八ミリ映画制作は、唯一みんなをひとつに束ねるものだった。でも同時に、バラバラにしかねないものでもあったんです」

（沼辺信一）

一九七五年十月に新宿副都心でクランクインした『黄土を血に染めろ』の撮影は、横谷敦監督の指揮下で順調に進み、一九七六年一月にはラストシーンの撮影が行われた。

殺し屋たちが十数人入り乱れ、荒涼たる大地で撃ち合いになり、主人公を含む全員が落命。ひとり生き残ったヒロインがその場を静かに立ち去るというエンディングである。

ロケ地に選ばれたのは住宅地として造成される直前の新百合ヶ丘。東京郊外で、カメラを三六〇度パンさせても人家がまったく映らないことが求められた。

撃たれた人間が崖から転がり落ちるなど、体を張った危険な演技が続出した。

一九七六年二月に荻窪のアパートの本来の借り主である高木俊三が武蔵野美術大学を受験するために東京に戻ってきたことで、たまり場としての荻大は消滅したが、映画制作は続行された。

林美雄にも協力を仰いだ。「銃声が作れないんです」と相談すると、すぐにTBSの音声担当に頼んで録音してもらったばかりでなく、特別出演も快く引き受けてくれた。足を引きずって歩いたのはジョン・ウェインの真似だった。

七六年三月にクランクアップすると、編集作業、セリフのアフレコを行った。タイトル文字とスタッフおよびキャストのクレジットは器用な沼辺が手描きした。

効果音のダビングは阿佐ヶ谷の沼辺のアパートで行った。大宮の自宅からオープンリールのテープレコーダーを持ち出していたからだ。作業中にヘッドフォンが外れて銃声がスピーカーから出てしまい、管理人が慌てて飛んでくるという失敗もあった。

「朝早くどこかで集まって、みんなで映画を作ること自体がすごく楽しかった。だから大学を一年留年して、映画作りに没頭しました。学生が作ったものだから、映画の出来はたいしたことはないけど、撮影、編集、アフレコのほかに『ぴあ』に情報を載せてもらって上映会も開いた。映画作りのプロセス全部が面白かったんです」（横谷敦）

事件が起こったのは、『黄土を血に染めろ』の完成直後のことだった。

林美雄が、荻大のリーダー的存在だった阿北省奈こと門倉省治の恋人を奪ったのである。彼女はまだ高校生だった。

「最初は彼女が林さんから食事に招待されて、そのうちに会う回数が増えて、ということだったと思います。彼女も苦しくなって『じつは……』という話を僕にした。林さんからも何度か僕のところに電話がかかってきた。一度会って話がしたいというけれど、僕の方に会う理由はなかったから、電話でいいですよと言った。『本当はふたりを遠くで見守っていたかったけど、一歩踏み込んでしまった。君たちからどう思われても仕方がない』林さんはそう言いました」（門倉省治）

「林美雄に自分の彼女を奪われた」と門倉が触れ回ったわけではない。苦しい胸中を、身近な少数の人間に打ち明けただけだ。話を聞いて持塚弓子と沼辺信一は衝撃を受けた。

「阿北さんは私にとって生涯の大親友。彼の心を踏みにじった林さんは許せないと思いました」（持塚弓子）

「阿北さんは僕たちの中でも突出した才能の持ち主。荻大のリーダーで、人生相談をしたくなるような頼れる人間だった。一方、高校生の彼女は早熟で頭も良く、時に鋭い意見を言う末恐ろしい子だった。ふたりは僕たちにとって、光り輝くカップルだったんです。林さんは僕たち全員にとってのカリスマで、女の子たちはみんな、多かれ少なかれ林さんに憧れていた。カリスマに誘われれば気持ちが動くのは当然でしょう。僕たちは林さんの感受性や哲学に魅了されていた。信奉者であり、純真なフォロワーだった。そんな僕たちの気持ちを、林さんは踏みにじった。あまりにも意外な出来事だったから、僕はショックを受けた。なんだ、そんなヤツだったのか。許せない。見損なったと軽蔑しました」（沼辺信一）

荻大の若者のほとんどは、事件について何も知らなかった。

一九七六年八月二十五日、山崎ハコをゲストに招き、第三回サマークリスマスが代々木公園で行われたが、荻大からの参加者はわずか数名。前年のように林美雄から協力を要請されることもなく、主力メンバーはひとりも参加していない。

その後、荻大の仲間たちはもう一本映画を作ったものの、かつてのような一体感はすでに失われていた。就職活動に忙しくなる仲間も増え、会うことも少なくなった。拠点を失い、一緒にやることがなくなれば、集まる理由もない。

荻大の季節は終わったのだ。

沼辺信一が感傷に浸る余裕はなかった。生きていくためには必死に働くほかなかったからだ。大学をドロップアウトした人間に、楽で安定した仕事などひとつもない。多忙な日々を送るうち、いつしか荻大の仲間たちのことは、アルバムに貼られた写真のように遠く懐かしい思い出へと変わっていった。

林美雄のことは意識から抹殺した。忌まわしい過去の一部として。

サブカルチャーの水先案内人

深夜放送の批評は少ない。パーソナリティやリスナーの回想録ならいくらでもあるが、読むに値する番組批評を見つけることは難しい。

一九七六年に「ニューミュージック・マガジン」で連載された浜野サトルの「深夜放送めぐり」は、数少ない例外だろう。

《この欄で深夜番組の紹介をはじめてから、「もっと早い時間ので、面白いやつはないの？」と、何人かの人からたずねられた。「音楽はもういいから、番組としてこれこそ深夜放送という感じのはないの？」とも、きかれた。そして、そんなとき、ぼくはたいてい、「やっぱりミドリブタ・パックだよ、水曜のさ」と答えてきた。少なくともぼくの個人的な深夜放送体験のなかでは、最も楽しい思いを味わうことができたのが、林美雄をパーソナリティとする、この番組だったと思う。

実際、この番組のふたつの支柱ともいうべき、「苦労多かるローカル・ニュース」と

「コマーシャル・フェスティバル」を聞きながら、ぼくはもう何度、真夜中の部屋のなかでひとり、痛快な笑いに腹をよじらせてきたことだろう。深夜番組につきものの、聴取者からのフィードバックを引き出そうとするさまざまな試みのなかでも、このふたつは、そのナンセンス性とパロディ性において、きわだっている。それは、ナンセンスやパロディというものになかなか市民権を与えない（簡単に与えてもらっても困るけれど）この国の風潮を、たとえ深夜放送という限られた部分でではあったにせよ、ありったけの情熱をもって切り崩しにかかったのだから、それだけでもう、勲章ものなのだ。この春、賞のパロディ〝ビックリハウス大賞〟を受けたのも、当然すぎるほど当然。下落合本舗バンザイ！

それだけではない。音楽や映画、つまりぼくらの日常生活に一番最初にひっかかってくる文化に対しても、この番組は、ユニークな姿勢を保ってきた。上田正樹をしつこくかけ続けたのもこの番組だったし、山崎ハコの人気をじわじわとひろげていったのも、この番組だった。それに、（注・ボブ・マーリー&ザ・）ウェイラーズの演奏が聴こえてきたかと思うと、次には憂歌団が待っていて、それがまた荒木一郎につながっていく、といったぐあいのしなやかさ。ラジオが面白いのは、この点なんだと思う。つまり、徹底して日本風にめちゃくちゃな、混沌《こんとん》とした音楽のひろがりを、ある種の啓蒙《けいもう》性でもってひとつのジャンルに固定せずに、気ままにさすらってゆくこと。それからまた、洋画バカのこのぼくの眼を、日本映画の方へ、それもプログラム・ピクチャーの方へぐいっと向けさせたのも、この番組だった。とにかく、貪欲であることは素晴らしい、というのが、この番組に対するぼくの結論。》（浜野サトル「ニューミュージック・マガジン」一九七六年九月号）

右の文中に登場する「ビックリハウス大賞」（正しくはビックリハウス賞）とは、雑誌「ビックリハウス」が優れたパロディ作品に授与する賞のことだ。林美雄が受けとった賞状には、次のような一文が書かれている。

《ビックリハウス賞》

林美雄殿

貴下は緑豆《グリーンピース》の義兄非《あら》ざるにも拘《かかわ》らず至極マメに緑豚と自称し、〃ＴＢＳパック・イン・ミュージック（水曜パック）〃に於《お》て「苦労多カル・ローカル・ニュース」なる世にも紛らわしき奇っ怪な報道を敢然と続け　尚又《なおまた》更にそれに増長「下落合本舗」なる架空商社を設立　その珍商品売込み広告を獰猛《どうもう》果敢に公表致したるもの　秩序ある世界を甚だしく混乱させしむるも大である　依《よ》ってここに厳選なる審査の結果　その成果を記念し　謹んでビックリハウス賞を贈るものとする

昭和五十一年二月吉日
ビックリハウス賞
選考委員会

一九七六年二月十七日にはTBS第三スタジオで授賞式が行われた。ビックリハウスからは萩原朔美《はぎわらさくみ》編集長ほか二名、水曜パックからは林美雄以下十名が参加。額入り賞状が萩原編集長から林美雄に手渡された。まもなく受賞パーティーが開かれ、山崎ハコが「二日酔い」、石川セリと林美雄が「八月の濡れた砂」をデュエット、荒井由実が「旅立つ秋」を歌っている。

午前一時という深夜放送のメジャーな時間帯に昇格した林美雄の水曜パックは、金曜二部時代のような先鋭的な番組ではなくなっていた。

「大人の事情があったんでしょう。一部で、しかも局アナ。責任も持たなくちゃいけない。スポンサーのない二部とは違う。やりたい放題やってしまってクビになったら元も子もない。バランスも考えなくちゃいけなかった。ここは折れてもいいけど、ここは譲れないというバランス」（当時CBSソニーの宣伝担当だった磯田秀人《いそだひでと》）

だが、様々な制約の中で、林美雄は最善を尽くした。

最も力を入れたのはゲストだった。五木寛之《いつきひろゆき》、伊丹十三《いたみじゆうぞう》、大島渚《おおしまなぎさ》、小沢昭一、アグネス・チャン、沢田研二《けんじ》、ピラニア軍団、郷《ごう》ひろみ、松崎《まつざき》しげる、西田敏行《としゆき》など、林美雄はこれはと思った人間を次々にスタジオに招いた。

《ぼくはつねづね、電波を長時間ひとりの人間が独占するのはよくないと思ってるんです。それでいつもゲストに出てもらってるんです。ゲストはノーギャラですが、原田芳雄さんは4回、五木寛之さんは3回も出てもらってます》（林美雄「女性セブン」一九七七年九月二十九日号）

《正直いって、苦労多かるローカルニュースや、CMフェスティバルは、さしみのつまだと思っている。このユニークなコーナーを楽しんでくれた人の何%かが、二時以降に登場するゲストの言葉に耳を傾けてくれて、その何%かがひっかかった印象を誰かに話してくれたら、多少は小さな輪が広がっていくだろう。その広がりの為《ため》に、面白がられるコーナーも是非とも必要なのだと思っている。》（林美雄篇『嗚呼！　ミドリぶた下落合本舗』一九七六年）

当時TBSの子会社だったディスコメイトレコードの制作にいた竹田洋樹は、林美雄の年若き友人であり、麻雀仲間でもある。竹田は林パックのゲストにやってきた伊丹十三にサインをねだったことがあった。

「水曜一部が始まってから、林さんはすごく張り切ってバンバン飛ばした。それでみんな注目して、著名人もたくさん来てくれるようになった。たとえば、伊丹十三さんとか五木寛之さんとか、ああいう人たちが林さんの番組だったら出るって言うんだ。俺なんか高校三年の時に伊丹さんの『ヨーロッパ退屈日記』を読んでしびれたクチだから、伊丹さんにサインを頼んだよ。伊丹さんは『サインですか!』ってビックリしてたな」(竹田洋樹)

「山崎ハコさんと五木寛之さんが話をしたこともありましたね。彼女はまだ、高校を卒業するかしないかという年齢だったと思いますけど、立派な受け答えでたいしたものだなあと感心して聴きました。ハコちゃんは本当は明るい子なんだと、その時に初めて知りました(笑)」(リスナーの北澤直人)

一九七七年一月に初のインタビュー集『みんな不良少年だった』を上梓《じょうし》した高平哲郎《たかひらてつお》は、漫画家の高信太郎やCBSソニーの磯田秀人から、林美雄の噂を散々聞かされていた。高信太郎からは、林美雄はいろいろなものに気づくのがすごく早い、と。磯田秀人からは、自分にサブカルチャー、カウンターカルチャーのツボを教えてくれたのは林美雄さんだと。

『みんな不良少年だった』には、川谷拓三《かわたにたくぞう》、岡本喜八《きはち》、原田芳雄、荒木一郎、菅原文太、梶芽衣子、室田日出男《むろたひでお》、藤竜也といった映画俳優および監督たちのインタビューが含まれていたから、刊行間もなく高平は当然のように水曜パックのゲストに招かれた。

「藤竜也と原田芳雄をインタビューした方がいい、ロマンポルノを観た方がいいと僕に薦めてくれたのは磯田だし、結局は林美雄の影響です。ヒッチコックから小林旭、『シャボン玉ホリデー』から『仁義なき戦い』に至るまで、六〇年代から七〇年代にかけて混沌としていた文化を正当に評価しようとする動きがあった。それが日本的サブカルチャー。小劇場でやっていた東京ヴォードヴィルショーや東京乾電池、あるいはミスター・スリム・カンパニーとか、いろいろな動きが出てきた時に正当に評価した人は、ラジオでは林美雄さんしかいなかった。アメリカ、イギリスのポップスということでいえばニッポン放送の亀渕昭信さんがいましたけどね。放送局のアナウンサーという立場で、あの二人を超えた人はひとりもいないと思います」（高平哲郎）

高平哲郎が『ぼくたちの七〇年代』の中で書いた一文は、七〇年代後半以降の林美雄を最もわかりやすく伝えてくれる。

《『宝島』時代、高信太郎さんに紹介され、その後、単行本『みんな不良少年だった』が出て、ラジオ初出演となったのが林さんの深夜ラジオ番組『パック・イン・ミュージック』だった。

七〇年代、日活ニューアクションや小劇団やブルース歌手、ロック・グループなどをこまめに紹介していたのが林さんだった。ミニコミ情報をあれだけ丁寧に紹介したDJ

（パーソナリティっていうのかな？）は、後にも先にも林さんを置いて他はいない。七○年代のサブカルチャーが八○年代以降に花咲かせたのも林さんの大きな功績だ。植草《うえくさ》甚一《じんいち》の信奉者で高さんや磯田秀人に、サブカルチャーの洗礼を受けていたぼくに、林さんはすぐに興味を示し、亡くなる直前まで新しいアーティストを紹介してくれた。大手デビュー前の大森一樹や森田芳光《よしみつ》の作品の上映スケジュールを知らせてくれた。紀伊國屋ホール出演以前の野田秀樹の芝居のチケットも取ってくれた。

タモリにも真っ先に興味を示し、七六年春に三人で会った。林さんはその場で、タモリの『パック・イン・ミュージック』を決めたいと言ってくれたが、すでにニッポン放送にいるタモリの先輩の岡崎ディレクターとの約束で秋から『オールナイト・ニッポン』が決まっていた。

『第一回冷やし中華祭り』に始まり、『筒井《つつい》康隆《やすたか》・断筆祭』（九四年）に至る山下（洋輔）さんや筒井さん中心のイベントの司会は、ことごとく林さんだった。赤塚不二夫さんと満足問題研究会（奥成達《おくなりたつ》・赤瀬川原平《あかせがわげんぺい》・長谷邦夫・高信太郎）の伊東ハトヤでの架空実況ライブのLP『ライブ・イン・ハトヤ』の司会も林さんだった。（中略）

林美雄の名は七○年代のサブカルチャーを八○年代にメインにした放送人として、日本の映画・演劇・音楽シーンの歴史に永久に刻まれるに違いない。》（高平哲郎『ぼくたちの七○年代』二○○四年）

「自分が紹介しているものがサブカルチャーである」と、金曜二部時代の林美雄が意識することはなかったはずだ。

金曜二部時代の林美雄は、自分が心から素晴らしいと思うものだけを紹介した。日活ニューアクションやロマンポルノの作品群、競輪、荒井由実や石川セリなど、金曜二部時代の林美雄は、人知れず埋もれている〝いいもの〟を見つけ出し、紹介することに喜びを感じていた。

「この映画は話題になるべきだ」

「この曲はヒットするべきだ」

そんなことは一切考えていなかった。

世間の評価とはまったく異なる自分の評価を受け容れてくれるリスナーのためだけに林美雄は放送した。それが許される時間帯でもあった。

ところが一九七五年六月に水曜パックを始めてからの林美雄は、サブカルチャーの水先案内人と見なされ、ひとつの権威となった。

林美雄の権威を保証したのは、ついに爆発的な人気を獲得したユーミンであり、「歌う銀幕スター夢の狂宴」に出演した原田芳雄、藤竜也、桃井かおりらの映画俳優たちであり、突然林パックにやってきた吉田拓郎と井上陽水であり、タモリであり、雑誌「ビックリハウス」であった。

芸能人、文化人、映画関係者、音楽関係者、演劇関係者がノーギャラにもかかわらず林パックにゲスト出演したのは、林パックに出演すること自体が一種のステイタスとなっていたからだ。

宣伝効果を期待したのだろう、林美雄の下には映画出演のオファーも次々にやってきた。ギャラが支払われることはほとんどなかったが、それでも林は喜んで協力した。

筆者の調べた限りでは、林美雄の出演作品は次の通りである。

『濡れた荒野を走れ』（澤田幸弘監督）、『世界の最新兵器スーパー・ウェポン』（本田保《やす》則《のり》構成）、『新・人間失格』（吉留紘平監督）、『オレンジロード急行』（大森一樹監督）、『青春PARTⅡ』（小原宏裕《おはらこうゆう》監督）、『俺達に墓はない』（澤田幸弘監督）、『太陽を盗んだ男』（長谷川和彦監督）、『スローなブギにしてくれ』（藤田敏八監督）、『ザ・レイプ』（東陽一監督）、『悪女かまきり』（梶間俊一《かじましゅんいち》監督）、『ザッツ・ロマンポルノ　女神たちの微笑み』（児玉高志《こだまたかし》監督）、『愛・旅立ち』（舛田利雄《ますだとしお》監督）。

「ぴあフィルムフェスティバル」の前身である「自主製作映画展」の司会も、林美雄が担当した。

若者文化に深い関心を寄せ、該博な知識と優れた審美眼を持ち、局アナにもかかわらず、恐るべき人脈を持つ人物として、林美雄は映画および音楽関係者から唯一無二の評価を受けていた。

当時三十代前半と脂の乗りきった林美雄を「パックインミュージック」以外の番組でも使うことはできないか？　ＴＢＳがそう考えたのは当然だろう。

一九七六年四月には「一慶・美雄の夜はともだち」がスタートした。夜の九時から十二時までというメジャーな時間帯である。

小島一慶の担当は月水金。先輩である林美雄の担当は火木と一日少ない。

「普通に考えれば、林美雄の方が一期上なんですから『美雄・一慶の夜はともだち』でいいわけじゃないですか。林美雄が三曜日、小島一慶が二曜日でいい。要するに後輩である一慶の方が明らかに上ということ。でも、林さんはそういうことに異を唱える人ではなかった。心の内は知りませんけど、やっぱり久米（宏）ちゃんや一慶に対するコンプレックスは持っていたと思いますよ。才能の差というか、力の差というか」（「夜はともだち」の担当ディレクターだった市橋史生）

一九七七年四月には、西田敏行、松崎しげるとともに「ハッスル銀座」（ＴＢＳテレビ）に出演して、進行役をつとめたものの、大きな人気を獲得するには至らなかった。

林パックが水曜日から火曜日に移った一九七七年十月、林美雄はＴＢＳテレビで「チャーミング奥様」という番組を持つことになった。団塊の世代の専業主婦に向けた昼の情報番組である。司会はＴＢＳのアナウンサーばかり。久米宏が月金、宮内鎮雄が火木、林美雄が水曜日を担当する。林美雄は同時通訳の鳥飼《とりかい》玖美子《くみこ》とペアを組んで、映画や音楽を紹介した。

だが、光っていたのは久米宏ひとりで、長髪でヒッピー風の宮内鎮雄も、テレビではやや暗い印象を受ける林美雄も主婦からの評判は芳しくなく、結局久米宏も含めて同期三人はわずか三カ月で降板することになった。

すでに「料理天国」「ぴったしカン・カン」で人気者になっていた久米宏は、一九七八年一月には「ザ・ベストテン」の司会を担当、四月には「土曜ワイドラジオTOKYO」のパーソナリティとなり、テレビでもラジオでもその地位を不動のものとしていく。

一方、林美雄が「パックインミュージック」以外の番組で高い評価を受けることはついになかった。

その代わり、深夜放送というごく小さな世界のなかでできることはなんでもやった。たとえばラジオドラマである。

『竜馬暗殺』や『㊙女郎責め地獄』の素晴らしい演技で金曜二部時代のリスナーから深く愛された女優の中川梨絵が、初のシングルレコード「踊りましょうよ」を一九七六年十二月にリリースすると、林美雄は翌年二月から三月にかけてラジオドラマ「パック深夜劇場」を制作した。

「林さんは『踊りましょうよ』を四話のオムニバスドラマにして下さった。脚本は山元《やまもと》清多《きよかず》さん、桃井かおりさんのお兄さんの桃井章《あきら》さん、鈴木清順監督、童話作家の立原《たちはら》えりかさん。私の相手役は殿山泰司さんと草野大悟さんと原田芳雄さんと石橋蓮司《れんじ》さん。エンディングに『踊りましょうよ』が流れて、すごく素敵でした」(中川梨絵)

一九七九年二月二十七日に放送されたラジオドラマ「瓜売小僧《うりうりぼうや》」で、作家の橋本治《おさむ》が自ら演じたおかまの源ちゃんは絶品だった。

「最初の本(『桃尻娘』)の中に、高校生の男の子がコンドームを自動販売機で買うシーンが出てくんのね。夜中だからお金を入れる音が凄く響いてドキドキする、というところに林さんは反応して『あれ、実感でしょ!』って言ってた。自分の中にある実感を初めて書いてくれる人が出てきた、みたいな感じ方をしていた。『桃尻娘』は主役のオーディションまでやってラジオドラマにしたんだけど『もう一回やりたいから、おかまの木川田(源一)くんが主人公の〝瓜売小僧〟の脚本を書いてほしい』と林美雄さんから頼まれて『じゃあ、オールメイルキャスト(出演者が全員男性)でもいい?』って俺が言ったんだと思う。二流の女優を使って安っぽくするんだったら、いっそのことヘタクソな素人でやった方がいい。ひょっとして化けるかもしれないから。前衛がやれればいいし、グダグダになっても『素材が悪いんだし』で済んじゃう。

脚本も演出も主演も私がやりました。声が若くないから(当時三十一歳)、一週間くらいタバコをやめてたんだけど、やっぱり無理だと思って、それ以来やってない。木川田くんが愛している滝上先輩の役が林美雄。声がきれいだから良かったよね。木川田くんのお母さんがおすぎだったかな。『桃尻娘　ピンク・ヒップ・ガール』の小原宏裕監督が演じた木川田くんの父親にベッドシーンを見られてヤバいって時には、『ジーザス・クライスト・スーパースター』が鳴り響く（笑）。そういうくだらないことで盛り上げる。宮内鎮雄って英語が凄くうまいから、精神科の先生にして〝homosexual〟を『ホーモー・セクショー』って発音してもらった。それだけでバカになるから（笑）。意外かもしれないけど、どこをどうすればバカげたことになるかって計算する人って日本にはいないんだよ」（橋本治）

サブカルチャーの水先案内人である以上は、常に新しい若者文化を知っておかなければならない。林美雄は少女漫画やアニメーションを扱おうとしたが、最初から最後までうまくいかなかった。竹宮惠子《たけみやけいこ》の「風と木の詩」のラジオドラマ化も「宇宙戦艦ヤマト」のパロディも、まったくウケなかった。

一九七八年八月に公開された映画『さらば宇宙戦艦ヤマト〜愛の戦士たち』は配給収入二十一億円とアニメ映画史上に残る大ヒットとなった。ストーリーはきわめて単純で、強大な敵に対してヤマトが特攻するというものだ。十一月七日、林美雄は二時間の番組をフルに使って、この映画について語ろうと試みた。

これまでに林美雄は映画評論家のおすぎと数回にわたって『ヤマト』を論じてきた。基本的な態度は若者の右傾化を憂うというもの。「君は愛する人のために死ねるか」（映画のキャッチコピー）とは何事か、ということだ。ところが、ふたりにとってまったく意外なことに、おすぎの発言は若いリスナーから大反発を受けてしまった。「ヤマトは人類愛の物語であり、愛する人を守るためには戦わなくてはならないこともある。これ以上、ヤマトファンの心を傷つけないでほしい」というハガキが殺到したのである。

この日、林美雄は反論のハガキを紹介しつつ、おすぎとともに『ヤマト』を徹底的に論じるつもりだった。

だが、おすぎは耐えられなかった。生放送の途中であるにもかかわらず、スタジオを飛び出してしまったのだ。おすぎの記憶はきわめて鮮明だ。

「どうしてあんなに激怒して、泣いて、スタジオを飛び出したのか、いまだにわからない。あの日は丸々二時間出る予定だったのに、途中で飛び出してしまった。結局そのあともラジオにイヤホンをつけて番組を聴きながら、悔しい思いで赤坂の街を歩いていました。戦争末期、本物の戦艦大和がわざわざ沖縄に行かされて討ち死にさせられた。つまり特攻隊と同じことをやらされた。そのことを知ったばかりだったから、ああやってアニメ映画にして『君は愛する人のために死ねるか』とやったことが本当にイヤだった。番組では、そんな思いを大人である林美雄にバーッとぶつけたけど、結局弾《はじ》き出されてしまった。

当時の私は、林美雄がリスナーに媚《こ》びたと受け取ったと思う。そうなんだ、この人は私とは意見の違う人なんだ、と。ロマンポルノや日活ニューアクションの面白さは林さんから教わったし、私とピーコを女性として見てくれる人だった。ピーコと私が持っている社会に対する姿勢と、林美雄の姿勢はどこかで重なっている。私たちは仲間なんだ。そう思っていた。でも、それは錯覚だった。林さんは無頼の人だけど、やっぱりTBSのアナウンサーだし、守らなくてはならない自分の立場がある、ということじゃないでしょうか。あの事件以来、私は徐々に林美雄からフェイドアウトしていくんですけど、ピーコはプライベートでずっと付き合っていました。当時の私がもっと大人で、深い心を持っていたら、あんなことにはならなかったはず。だから、とても苦い思い出です」（おすぎ）

おすぎと林美雄の思想に大きな違いはない。林美雄自身は『宇宙戦艦ヤマト』について次のように語っている。

《僕は子供の頃、神社に行って「爆弾三勇士」なんて本を読みました。人間が爆弾を背負って死んでいくのを褒めそやす。すごいなあ、と。

朝鮮戦争の時はアメリカ軍が作った北朝鮮悪玉説を信じ込んでいたんですが、いろんな人に会う中で「待てよ」と思うようになりました。

七五年か七六年にヤマトがあったら、取り上げなかったかもしれない。でも、今の世の中の動きを考えると、ヤマトについて整理してみた方がいいのではないか、と思いました。警鐘というと生意気だし、おせっかいかもしれない。中途半端な部分はありますけど、やってみたくなった、ということ》（林美雄「パックインミュージック」一九七八年十一月七日）

林美雄にとって、若者が反権力であり、左翼的であることは自明だった。

しかし、七〇年代末の若者たちはそうではなかった。戦争の記憶は遠ざかり、日本は豊かになり、その豊かさを支えるのが国家というシステムだった。自宅に鍵が必要であるように、国を守るための防衛装置は必要不可欠だ。他国が軍隊を持ち、自国が持たなければ侵略を受けるだけだ。そのような世界では標準的な考えが、長く戦後民主主義に覆われた日本にも、少しずつ世間の口に上るようになった。

六〇年安保闘争も七〇年安保闘争も何の成果も得られなかった以上、八〇年安保闘争などあり得ない。終戦から三十年以上が経過し、戦後の荒廃も貧しい日本も知らない世代の中高生たちは「自分が戦場に行って戦う」という実感をひとつも持たないまま、『さらば宇宙戦艦ヤマト～愛の戦士たち』の「愛する人を守るために戦う」というヒロイズムに陶酔していた。

パーソナリティは年をとり、リスナーは入れ換わった。三十代後半の林美雄と中高生を中心とするリスナーとの年齢は、二十歳近く離れていた。世代の違いを痛感しつつパックを続けていた林美雄は「ユアヒットしないパレード」という企画を思いつく。一九七九年春のことだ。レコード各社から山のように送られてくる試聴盤を片っ端から聴いて、好き勝手な順位と、天文学的なリクエストハガキの枚数をでっち上げる。早い話がベストテン番組のパロディである。

タイトルは以前、文化放送で土曜日の夜八時から放送されていた「ユア・ヒットパレード」からいただいた。選曲をまかされたのは、ADの梅本満だった。

「当時の林さんは〝音楽に戻ろう〟と考えていた。日本映画に力を入れていたけれど、これからは日本のいい曲をちゃんと紹介していこう、と。かつて林さんは自分でレコード室にこもっていたけど、だんだん選曲をディレクターにまかせるようになった。『ユアヒットしないパレード』の時は僕が全部やりました。休みの日は朝の八時から夜の十時頃までひたすら聴き続けた。一曲ずつ感想をノートに書いて、全部聴き終わったら林さんに報告する。林さんは僕のノートを見ながら、自分も曲を聴いて、一緒にベストテンの順位を作るんです」

「いま、どんな曲がヒットしないか。いかなる曲がパッとしないか。永遠にヒットしない曲の数々を集めて今宵《こよい》お送りするユアヒットしないパレード！」という林美雄のアナウンスから始まる「ユアヒットしないパレード」が最初に一位に選んだ曲は、南佳孝《みなみよしたか》の「モンロー・ウォーク」（一九七九年四月二十一日発売）だった。

「十週くらいずーっと一位にしたのかな、もうそろそろやめようか、という頃になって

ようやくヒットした（笑）」（梅本満）

その後、PANTA&HALの「ルイーズ」、RCサクセションの「雨あがりの夜空に」、佐野元春《もとはる》の「アンジェリーナ」、大瀧詠一の「さらばシベリア鉄道」などが次々に一位になった。

『ルイーズ』は当時、試験管ベビーとして話題になった赤ちゃんの名前。林さんが曲を気に入ってくれて、何週間も一位になったと聞いた。俺自身が林美雄の『パックインミュージック』を聴くことはなかったけど、俺の仲間や知り合い連中、要するに業界関係者は全員『ユアヒットしないパレード』を知ってた。林美雄も昔からずっと有名だったしね。頭脳警察の曲は昔からかけてもらっていたけど、会ったのは『ルイーズ』の時が初めてじゃないかな」（PANTA）

倉敷の名門高校に通えなくなり、引きこもり状態だった水道橋博士《すいどうばしはかせ》こと小野正芳《まさよし》が毎日つけていた膨大な日記には、一九八〇年五月十三日の林パックで放送された「一九八〇年上半期ユアヒットしないパレード」の順位が、小さく読みやすい字で丁寧に記されている。

1980　上半期ヒットしないパレード
一位「雨あがりの夜空に」RCサクセション

二位「ルイーズ」PANTA&HAL
三位「アンジェリーナ」佐野元春
四位「モダーン・ラヴァーズ」ムーンライダーズ
五位「憧れのラジオ・ガール」南佳孝
六位「ブレイクアウト・ジェネレーション」一風堂《いっぷうどう》

「僕は頭のいい子で、小さい頃はほぼ神童でした。末は博士か大臣かという感じ。でも高校一年の時にダブって、同じクラスの子に先輩と言われるようになり、コミュニケーションがとれなくなって学校にも行けなくなった。一九七九年は僕にとってサブカルチャーデビューの年。映画館に行ったり、雑誌を読んだり。『ぱふ』も『宝島』もみんな読んでいました。ソニーのスカイセンサーを兄が持っていたので、僕もナショナルのクーガーを親に買ってもらいました。深夜放送を聴いていたから、当然朝は起きられない。

林パックは、東京発のサブカルチャーの教科書みたいな感じで聴いていましたね。『青春の蹉跌』の曲の哀しさをすごく感じて、父親の本棚にあった石川達三《たつぞう》の小説も読みました。『ユアヒットしないパレード』というくくりにも、紹介される音楽にも影響を受けました。『ザ・ベストテン』には絶対に出てこない曲や、ほかの番組では全然からない音楽が次から次に出てきて凄かった。RCやムーンライダーズは、完全に林パックから。好きでしたね。ロマンポルノもそうですけど、一般からは何の評価もされないものを評価していくという批評のあり方自体を面白がっていたんです」（水道橋博士）

林美雄が自らの意思で「パックインミュージック」を降板したのは、一九八〇年九月三十日のことだった。

《百恵《ももえ》が、長島《ながしま》が、そして王《おう》までもが、引退した。

このいずれにも無感動な世代がいる。二十歳代前半といったらいいのか、そんな彼らにとって、ショックだったのは、むしろ、林美雄さんの引退であった。（中略）

「王さんが〝王貞治のバッティングができなくなった〟と言ってたけど、僕も林美雄のディスクジョッキーをやっていく自信がなくなってしまったんです。（中略）三十七歳でしょ。前は四打数四安打という自信があったけど、今は四打数二安打、そのうち一本はポテンヒットという感じ。それでもやってやれないことはないだろうが、充実感が出てこないから。（中略）結局、若い人が好きなんですよ。ないものねだりをするし、生意気だけど、可能性をいっぱい持っているからね」（中略）

今、林さんはＴＢＳに二つ机を持っている。月火水はラジオ編成部でプロデューサー業、木金はアナウンス室でアナウンサー業。「パック」は辞めたが、また何か計画しているらしい。

「僕、血液型はＡ型でおとめ座。わりと平凡な人生体験をしていくタイプなんです。だから、自分で自分に何かをしかけていくようにしています。これが吸えなくなったら仕事辞めるつもりです」

と両切りピースに火をつけた。競輪と広島カープのファンである。》（「サンデー毎日」一九八〇年十一月三十日号）

「林さんがパックを辞める時には、編成部でプロデューサーをやることが決まっていた。（編成部副部長の）熊沢敦さんから『林、お前は編成にこい。パックはいまオールナイトニッポンに完全に負けているから立て直してくれ』と言われて、林さんは張り切っていたんです」（梅本満）

林美雄は深夜放送のパーソナリティとしての自分に限界を感じていた。

しかし、裏方としての自分、プロデューサーとしての自分には、まだ大きな可能性が残されていると信じていたのだ。

旅立つ秋

「パックインミュージック」を降板した林美雄は、ラジオ本部アナウンス室とラジオ局編成部の両方に所属した。

アナウンサーを続けつつも重心は編成に置く。裏方に回って優れたパーソナリティを発掘し、地盤沈下の続く「パックインミュージック」全体を立て直す。それが林美雄に与えられた新たなるミッションであった。専門職であるアナウンサーが編成部に異動するなど通常はあり得ない。しかし、若者文化に造詣が深く、幅広い人脈を持つ林美雄は、プロデューサーに適任と思われた。

「新宿三丁目あたりの、ゴールデン街からちょっと外れた店によく連れていってもらいました。女将がひとりでやっていて、映画関係者しかこない店です。その店での林さんのポジションは完全に確立されていた。東宝だろうが松竹だろうが日活だろうがATGだろうが全員知っていた。人間関係をガッチリ構築していたんです。有名無名問わず、

これは、と思った人を必ず紹介してくれました。林さんは全然アナウンサーじゃない。企業内自由人ですよ」（梅本満）

プロデューサー林美雄が起用したのは、兵藤《ひょうどう》ゆき+ばんばひろふみ、九十九一《つくもはじめ》、横浜銀蝿《よこはまぎんばえ》の翔《しょう》+横山みゆきといったパーソナリティたちだ。

「林さんが降りたあとの火曜パックは近田春夫《ちかだはるお》が担当した。でも八一年秋に、林さんは近田を降ろして兵藤ゆきに替えるという。『どうして「セイ！ヤング」をやっていた兵藤ゆきなんだ？　我々の世代の代表として近田春夫は大きい存在じゃないか』と言い争ったことをよく覚えています。もちろん林さんは自分の意見を通しましたけどね」（TBSディレクターの市橋史生）

「編成部員としての林美雄はいい仕事をしたと思いますよ。たとえば西田敏行だって、まだマイナーな頃に連れてきたわけだから。ただ、林がプロデューサーとして一番仕事をしたのは、じつは番組制作とは直接関わりのない部分。これからは放送だけじゃダメだ。多角的な戦略が必要だということになって、TBSホールを使ったライブをたくさんやったんです」（当時TBSラジオ編成部副部長の熊沢敦）

一九七五年十二月の水曜パック祭り以降、林美雄は五百人収容のTBSホールを使って何度か無料のライブを行ってきた。

しかし、本格的にTBSホールを活用するようになったのは、一九八一年一月以降毎月開催された赤坂ライブから。初年度に登場したのは以下のアーティストたちだった。ミスター・スリム・カンパニー、RCサクセション、横浜銀蝿、子供ばんど、シャネルズ、佐野元春WITHザ・ハートランド、宇崎竜童《うざきりゅうどう》、ツイスト、南佳孝、山下久美子、J-WALK、ARB、HOUND DOG、尾崎亜美《おざきあみ》。いずれも一九八〇年代のヒットチャートを賑わしたアーティストばかりだ。

仲のいい馬場こずえと一緒に「パノラマワイド　ヨーイドン!」という番組も始めた。日曜日の午前三時というスポンサーのつかない時間帯に、林美雄は再び自分の王国を持ったのである。

「パックインミュージック」と異なる点は、ワイド番組であることだ。数人のパーソナリティが、それぞれ数十分のコーナーを持つ。

《長らく仕事がなかったんですが、また無理矢理、深夜の生放送に登場いたします。よろしくお願いいたします。私たちの役割はコーディネーター。番組のつなぎ役でございますね。ただし、そんじょそこらのつなぎ役とは違います。なにしろ出てくる人たち、コーナー、コーナーが深夜放送始まって以来のパノラマワイド、空が見えるスタジオからお送りする、生放送ワイド番組ヨーイドン!　でございますんでね。えー、野田秀樹「三時のあなたに会いましょう」、そして「ユアヒットしないパレード」、椎名誠《しいなまこと》「拍手パチパチ人生」、「赤坂ライブ」は第三回、横浜銀蝿並びに子供ばんどのステージをたっぷりご紹介、そして日影一族は、日影邦子《くにこ》（注・山田邦子）のご紹介などなどの錚々《そうそう》たるプログラムで展開する、二時間の生ワイド番組でございまして》（林美雄「パノラマワイド　ヨーイドン！」一九八一年四月十二日）

野田秀樹は東京大学法学部を中退したばかり。劇団「夢の遊眠社」を結成して駒場小劇場などで活発に活動し、三月には念願の紀伊國屋ホールに初進出していた。

「林さんが声をかけてくれたのは、前の年（一九八〇年）ですね。『二万七千光年の旅』と『赤穂浪士』を上演したんですけど、そのあたりで林さんから『ちょっと会わないか？』と。林さんは、自分たちの世代の感覚から完全に切れたものを欲していた。だからこそ僕の演劇が新鮮に映ったんだと思います。上の世代の人たちの演劇、七〇年代にひと騒動あった頃の演劇って、物語がすぐに満州に行くんですよ。で、ラストシーンには必ず主人公の女が脱ぐ（笑）。終戦の記憶がまだ残っていて、安保闘争、学生運動の敗北もあったからでしょうね。

僕自身はメディアを拒否していました。テレビ、ラジオ、新聞、一切なし。自分の関心のある本だけを読んで世界を作ろうと思っていたんです。脚本を書いて稽古もしていたから、アルバイトをする時間がまったくない。だからひどく安い三畳間に住んでいました。林さんは『ひと月に八万円渡すから、三十分番組を毎週やってくれ。番組の内容はどうだっていい（笑）。内容には一切口出ししないし、スポンサーもいないからかなり自由が利く。乱暴な番組が作れるよ」と。『パノラマワイド』は生放送という触れ込みだったけど、実際には僕のコーナーは全部録音でした。僕が当時住んでいたアパートから稽古場までは、バスで三十分ほどかかるんですけど、その間にバスから見える風景をバーッと詩のようにノートに書いて『日本の午前中の街には子供がいない』とか、そんな話をしたことがあった。林さんはすごく褒めてくれましたね。一回だけ林さんから叱られたことがありました。長崎で洪水があった時にひどい実況中継をやったんです。『あっ、川に首が浮かんでいます!』とか。その時は林さんから『どんなことをやってもいいけど、災害で苦しんでいる人がいるんだから、それだけはやめてくれ』って。

僕の番組の前後には泉麻人《いずみあさと》さんが出ていました。とても軽い感じで、『週刊TVガイドの朝井泉でーす』とかやってました。あとは山田邦子さん。まだ完璧に無名の頃で『皆様、右手をご覧下さい。一番高いのが中指でございます』ってやったのをスタジオで見て、ゲラゲラ笑ったことを覚えています。番組が始まって二カ月くらいで、すぐにギャラを上げてもらいました。月八万から十二万円に上がった。それで三畳一間から近所の四畳半に移ったんです(笑)。とにかくみんな暮らしていかなくちゃいけないから、林さんに助けてもらった人は結構多いんじゃないかな」(野田秀樹)

林美雄は、TBSというシステムを使って才能ある若者をバックアップしようと考えた。即効性はなくとも、長い目で見ればTBSの利益にもつながるはずだ。

しかし一九八一年九月、林美雄と馬場こずえはわずか半年で「パノラマワイド　ヨードン！」を降板。その後は泰葉《やすは》と高橋進《すすむ》アナウンサーが引き継いだ。

「パックインミュージック」全体の終了が検討され始め、プロデューサーである林美雄にはスポンサーのつかない番組で遊んでいる余裕がなくなっていたのだ。

「パック」の衰退を押しとどめることは、誰であっても不可能だったろう。

林美雄が編成に移った一九八〇年十月の時点で、ニッポン放送「オールナイトニッポン」のパーソナリティは、中島みゆき、糸居五郎、松山千春《ちはる》、坂崎幸之助《さかざきこうのすけ》、タモリ、かぜ耕士《こうじ》、ダディ竹千代《たけちよ》、明石家《あかしや》さんま、吉田拓郎、瀬戸龍介、そして笑福亭鶴光《しょうふくていつるこう》（二部を含む）。一方、TBS「パックインミュージック」のラインナップは近田春夫、西田敏行、おすぎとピーコ、野沢那智＋白石冬美、星《ほし》セント・ルイス。

これでは勝負にならない。タレントの知名度やエンターテインメント性がまるで違う。

林美雄が近田春夫に代えて兵藤ゆき＋ばんばひろふみを起用しようが、おすぎとピーコに代えて横浜銀蝿の翔＋横山みゆきを起用しようが、星セント・ルイスに代えて九十九一を起用しようが、結局は関係のない話だったのだ。

「パックインミュージック」が「オールナイトニッポン」を聴取率で上回っていたのは、唯一ナチチャコパックだけだった。

ニッポン放送がこれまで手をこまねいていたわけではない。話術の巧みな南《みなみ》こうせつや「いとしのエリー」を大ヒットさせたサザンオールスターズの桑田佳祐《くわたけいすけ》を金曜午前一時の時間帯にぶつけてみたものの、ナチチャコの牙城を崩すことはできなかった。

しかし、ついに「オールナイトニッポン」は最終兵器を投入する。

ビートたけしである。

一九八一年一月二日（一日深夜）にスタートした「ビートたけしのオールナイトニッポン」は、「この番組はナウな君たちの番組ではなく、完全に俺の番組です！」というビートたけしの言葉からスタートした。リスナーからの手紙への共感を基調とする七〇年代までの価値観への訣別《けつべつ》宣言である。

引きこもり少年だった水道橋博士は、人生を変えるほどの衝撃を受けた。

《今まで聴いたことのないようなマシンガントークを繰り広げるビートたけし、小気味良く笑いの音を立て、キャッチャーミットを構える高田文夫《ふみお》との名コンビが繰り出す、目眩《めくるめ》くトークの世界。》

そのバカ笑い、東京言葉のきついツッコミ。奥さん以外の肉体関係者を「オネーちゃん」と呼び、そして交わることを「コーマン」と表現するワードセンスを炸裂させていた。

本音や毒舌だけではなく、何も隠し事がなく下ネタに振り切る、素っ裸で大胆な喋りの脱ぎっぷりに心底驚いた。

そんな芸人の日常を超えたバカ話に加えて、世相や、街の人間ウォッチング、すべてをメッタ斬りにした。面白いか面白くないかが基準であり、タブーかタブーでないかが基準ではなかった。ブス、カッペ、ハゲ、ホモ、昨日笑ってたリスナーが、今日は自分が笑い者にされるかもしれない、そんな踏み絵をものともせず、イニシエーションを逆快楽と感じながら、ボクを含む、世の童貞少年たちは夢中になって聴いていた。》（水道橋博士「東京人」二〇一一年三月号）

「番組を全部カセットテープに録音して、たけしさんが言ったことを全部ノートに書きました。ほとんど写経でしたね。ずっと高校に行けない引きこもりで、卒業式も母親に代理で行ってもらったのに、たけしさんのオールナイトニッポンを聴いて受験勉強を始めた。たけしさんの母校の明治大学に行こうと思ったからです」（水道橋博士）

じつは「ビートたけしのオールナイトニッポン」が始まる以前、ツービートはTBSのオーディションを受けている。

「オーディションを担当したのは林パックのディレクターだった柳原悦郎さん。僕はADでついていました。ツービートはとんでもなく面白かったから、柳原さんはTBSの編成の人たちに自信満々でテープを聴かせた。ところがTBSは『危な過ぎて無理』と断ったんです。変な言い方ですけど、ここが分かれ道になったのかな、という気もします。もし、たけしさんがパックに来ていたら、終わっていたのは『オールナイトニッポ

ン』だったかもしれません」（梅本満）

「パックインミュージック」のパーソナリティの人事権を持っていた林美雄が、旧知のディレクターが行ったオーディションの録音を聴いていないはずがない。さらに林美雄は、初期のツービートと深く関わった漫画家の高信太郎とは昵懇《じっこん》の仲だった。

要するにビートたけしは、林美雄の求めるパーソナリティ像から完全に外れていたのである。

一方で、水道橋博士に代表される一九八〇年代の若者たちは、ビートたけしのようなパーソナリティを待ち望んでいた。「ビートたけしのオールナイトニッポン」は、難攻不落と思われたナチチャコパックの聴取率を瞬く間に追い抜き、深夜放送の聴取率記録を打ち立てるに至った。

「パックインミュージック」の象徴であるナチチャコパックの聴取率低下は、ＴＢＳ編成部に番組全体の打ち切りを決断させた。一九八一年暮れのことだ。

「一番の理由は、やっぱり営業的なもの。スポンサーがつかない、お金が取れないという状況が長い間続けば番組は必然的につぶれる。民間放送ですからね」（熊沢敦）

林美雄はパックインミュージックの終了について次のように書いている。

《かつて深夜放送は、聴取率や営業収益上はさしたる期待というか高望みをされないで済んだ幸運もあった。

私の場合、聴取率では常に最下位を低迷しながら、トータル一〇年もやってこられたのは、旗幟《きし》鮮明な放送の重視、つまり何をやりたいのかわからぬまま合格点の聴取率をとるよりも、誰に向けて何をやりたいのかはっきりさせた内容の方を求められていた。それで数字が低くても、まあそれはそれで仕方なかろうのある寛容さというか、深夜放送への思いやりがうかがえた。

しかし景気にカゲリが出はじめると、深夜も大切な営業枠としての要請がおきてくる。何しろ「パック」は、西田敏行、横浜銀蝿、ナチ・チャコらの大物をかかえながら、営業的には売れないというか売らないというか、深夜放送ゆえにもつ説明しがたいある不思議な世界である。何らかの衣更《ころもが》えをして一面おかしくない時期でもある。あわせて一五年に及ぶ同一スタイル番組の製作サイドからの見直しである。

思えばスタート当初も、ラジオメディアとしての新しい試み、開発番組であった。ならばここで心機一転、次代のラジオを担うフレッシュな企画をここで再構築しようという考え方はごく自然に湧いてくる。

結局のところ、さまざまな客観情勢がパック終了の判断を下したのではないかと思う。》(林美雄「月刊アドバタイジング」一九八二年十二月号)

白石冬美は、ナチチャコパックの終了を告げられた日のことを忘れてはいない。

「ナチチャコパックが終わる半年くらい前、私とナッちゃん(野沢那智)は『世界の結婚式』（TBSテレビ）というドキュメンタリー番組のナレーションを西麻布のスタジオで収録していました。冬の寒い日でした。ふと気がつくと、熊沢敦さんと林美雄さんがガラス窓の向こうにいらした。おふたりの姿を見た瞬間、ナッちゃんは『あ、パックが終わるな』と言いました。夢にも思っていなかったことで、私はとても驚きましたが、結局はナッちゃんの言った通りだったんです」

ナチチャコパックだけでなく、パックインミュージック全体が七月いっぱいで終了する。公表時期はこちらから指示するから、それまでは黙っていてほしい。ラジオ編成部副部長である熊沢の言葉に、野沢那智と白石冬美はうなずくほかなかった。

「パックは七月いっぱいでなくなります」と野沢那智がリスナーに告げたのは、一九八二年四月九日のことだった。

リスナーは騒然となった。

《「パックインミュージック」放送終了を一ヶ月後に控えた六月下旬、赤坂警察署から電話が入った。何でも清水谷公園を抱える麴町《こうじまち》署に、番組終了に抗議するデモの届出があり、デモの最終コースがTBSになっているのでTBSとしても警備体勢を整えておいてほしいという趣旨であった。（中略）当日（注・六月十九日）、その日は土曜日であったが、私は会社で待機し、番組宣伝のカメラマンが取材をかねて集会所に行った。報告によると約二〇〇人の若者が集り、デモの時によく見かける金網でおおわれた警察の車が待機し、相当数のおまわりさんが道々に立っていて、何やらものものしい警備体勢がしかれているということであった。集会とデモは形どおりに行われたようだ。アジ演説があり、「パック中止絶対反対」、「ナッちゃんチャコちゃんを守ろう！」「西田敏行を返せ！」「愛川欽也を返せ！」等々シュプレヒコールがくり返され、そしてデモ行進は整然と、と言うより和やかに行われた。》（熊沢敦「調査情報」一九八二年九月号）

夕方五時、デモ隊の代表者約八十名がＴＢＳ関係者に面会を申し込み、熊沢敦と林美雄のふたりが対応した。

「デモに参加した方から、その時の様子を手紙で教えていただきました。林さんも熊沢さんも涙ぐんでいらっしゃったって。金曜パックの最終回が終わった翌日の土曜日（七月三十一日）には『さよならパックインミュージック』という公開放送がありました。ＴＢＳホールにパーソナリティ全員が集まって、お別れの会をやったんです。司会をしたのは林さん。終了時刻が遅くなって終電を逃した人がいたので、始発が出る時間まで一緒に残って、最後のひとりまで送り出されたそうです。林さんが最後の最後まで、本当に一生懸命にやってくださったという思いは、強く心に残っています」（白石冬美）

こうして深夜放送をめぐる戦いは決着した。「オールナイトニッポン」（ニッポン放送）が完勝したのだ。

文化放送の「セイ！ヤング」はすでに一九八一年九月に終了し、女子大生ブームの波に乗って「ミスDJリクエストパレード」をスタートさせていた。

一方、TBSの深夜放送は迷走を続けた。

「パックインミュージック」終了後は、音楽色の強い「サウンドストリームDJANGO《ジャンゴ》」、大学生をターゲットに据えた「体験ラジオAチャンネル」、七〇年代の懐メロに特化した「今夜もセレナーデ」と方向性がクルクルと変わり、結局は林美雄がプロデューサーをつとめる「スーパーギャング」に落ち着いた。

しかし、小堺一機《こさかいかずき》＆関根勤《せきねつとむ》という唯一の例外を除いて「オールナイトニッポン」にはまるで歯が立たなかった。

一九八九年一月、林美雄は編成部を去り、一介のアナウンサーに戻った。

TBSはベテランアナに相応の処遇を与えた。林美雄は以下の番組に出演している。

ラジオでは「飛び出せ！ホリデー」「赤坂ライブ」「歌謡ワイド昼一番」「ザ・ヒットパレード　あの歌をもう一度」「アフタヌーン　オーレ！チンタラ歌謡族」「ダントツ林の午後はどーんとマインド！」「林美雄のサンデースポーツまるかじり」など。

テレビでは「日曜ヒットスクリーン」の解説や「テレポートTBS6」のスポーツ担当キャスターをつとめた。

林美雄のアナウンス技術はきわめて高い。とりわけナレーションには定評があった。

「ジョン・レノンが殺されてから二年後に追悼番組を作りました（『ジョン・レノンよ

永遠に』一九八二年十二月八日放送）。林さんのナレーションは『これしかない』と思わせるほど素晴らしいものでした」（TBSディレクターの市川哲夫）

「『筑紫哲也《ちくしてつや》 NEWS23』では、何度か林さんにナレーションをお願いしました。声をかけると『いいよ』って必ず応じてくれてありがたかった。『特集・永山則夫《ながやまのりお》が残したもの』と『特集・三島由紀夫27年目の真実』は特に記憶に残っています。重い企画だから『永山則夫？　誰ですか？』という人とは一緒にやりたくない。同時代人として事件を体験して、バックグラウンドを理解している人に読んでもらうと重みが全然違う。視聴者にもわかってしまうものなんです。林さんには何も説明する必要がなかった。僕が書いた硬いナレーション原稿を、何度もやり直すことなくスッと、それでいて、とても力を込めて読んでいただきました」（「NEWS23」チーフ・ディレクターの金平茂紀）

テレビ放送が終了する際のコールサイン（クロージング）も、長く林美雄の美声でアナウンスされた。

《TBS。映像周波数百八十三・二五メガヘルツ。映像出力五十キロワット。音声周波数百八十七・七五メガヘルツ。音声出力十二・五キロワット。第六チャンネル。JOKR－TV》（「TBS映像アーカイブ」）

だが、公平に見て「パックインミュージック」降板以降、林美雄がアナウンサーとして活躍する舞台は少なかったと言えるだろう。

「交通情報がたくさん入る昼のラジオ番組を時々耳にしました。『林さん、またこの時間なんだな。どんな思いでしゃべっていらっしゃるんだろう。居心地はいいのかな』と思いました。昼の番組なら演歌もかけなくちゃいけないし、局から頼まれるゲストもあるだろうし。自分が今、昼の番組（注・『上柳昌彦　ごごばん！』二〇一五年三月終了）をやっているので、そういうことを考えてしまいますね。林さんは、夜中の時間こそが自分の庭だと思っていらっしゃったはず。年を重ねて後輩に場所を譲り、年相応の時間を担当するときに、どういう折り合いをつけていたんでしょうね」（ニッポン放送の上柳昌彦アナウンサー）

ＴＢＳアナウンサーの小林豊《ゆたか》は、林美雄の愛弟子《まなでし》である。

「林さんのパックが成功したのは、下請けの綜合放送の人たちをガッチリとつかまえていたから。立場が下の人と組んでいたからこそ林美雄の王国が誕生したわけですけど、一方で、社内のディレクターやプロデューサーと組むことはほとんどなかった。外部の人はいなくなりますからね。自分を担いでくれる人が去れば、林さんも出ていくことはできない。亡くなった山田修爾《しゅうじ》さんと久米宏さんが『ザ・ベストテン』で組んだように、社員ディレクターと組んだアナウンサーの方が、その後伸びる可能性が高い。ディレクターも林さんを使いにくかったと思います。林さんは『テレポートＴＢＳ６』という番組でスポーツコーナーを担当していたけれど、メインキャスターが奈良陽《ならよう》さんから荒川強啓《あらかわきようけい》さんに交替したときに、一緒に辞めてしまった。ディレクターは続けてほしかったんですけどね。林さんに理由を聞くと『荒川強啓さんがメインで来た時に、俺がスポーツをやるのは違うだろう』と。自分が年上とか格が違うとか、そういう嫌らしいエゴではなく、番組を見ている人が、えっ!? と思うだろう、年下の強啓さんも遠慮するだろう、ということです。

林さんには自分の中に厳然としたルールがあって、そのために仕事をどんどん失っていった。もう、バカだなって。僕は平成元年入社ですけど、正直テレビ世代なので、ラジオではどうしゃべればいいのかわからなかった。林さんに聞いたら、親友と握手するようにしゃべれ、と。その時は、何言ってんだろうこの人って思ったけど、今にして思えば宝物のような言葉です」

一九九〇年五月、四十六歳の林美雄はアナウンス部の副部長に就任した。新人研修で「アクセス」「小島慶子《こじまけいこ》キラ☆キラ」でラジオの女王となった小島慶子は、林美雄から教えを受けている。

「私は九五年入社ですけど、研修の指導教官が林美雄さん。初鳴きも美雄さんと進藤晶《まさ》子《こ》さんの番組(『ダントツ林の午後はどーんとマインド!』)でした。初鳴きというのは、自分の声が初めて電波に乗ることです。私がTBSに入った頃の美雄さんは、すでに伝説の人。『美雄さんがユーミンを見つけたんだよ』とか『あの人もこの人も美雄さんが見つけたんだよ』とか。いろんな人が林美雄伝説を教えてくれました。美雄さんは管理職になられていたけど、でもちょっと無頼な感じ。いつも缶ピースを持ち歩いて、下唇にはピースの紙をくっつけているんです。一ミリ四方くらいの。机に座って管理職然としている姿は一度も見たことがありません。人なつこい、かまわれたがりのシャイなおじさんという感じで、伝説とのギャップが魅力的でした。

当時の私は、女子アナに死ぬほど憧れていたくせに、自分に適性がないことを思い知って屈折していた頃。上手に世渡りできる人や、プロとしてひとりでやっていける人は放っておいてもいい。むしろ隘路《あいろ》に入り込んでしまっている人を何とかしてあげたい。美雄さんはそう思っていたはずです。私もそうだし、外山恵理《とやまえり》ちゃんもそうだし、たぶん小林豊さんにもそんな風に感じていたんじゃないかな。美雄さんを見つけるとみんなが寄ってっちゃう。話しやすくて、悩みも聞いてくれるし、説教とかアドバイスではなく、自然な会話の中で励ましてもらえるから。

入社して三年目くらいに、美雄さんから言われてうれしかった言葉があります。『小島は名器を持っているから大丈夫だ』って。バイオリンの名器と一緒で、声がいいってことです。私には技術もないし、経験もないし、自分にピッタリの仕事もない。テレビの女子アナとしてはどうもダメらしい。それでも、美雄さんは私の声をいいと言ってくれる。だったら何とかなるかもしれない。そう思えたんです。美雄さんの言葉は、私にとって光でした」

管理職にはまったく向いていなかった。人減らしのために人事部から異動してきたアナウンス部部長と、一般職への異動を拒むベテランアナウンサーの間で板挟みになって苦しんだこともあった。

妻の林文子は「これからは仕事のことばかりを考えるのではなく、家庭と地域を大事にした方がいい」と忠告し、美雄は妻の言葉にうなずいた。

文子にとって、美雄はドジで手のかかる夫だった。生活技術がまるでなく、レタスとキャベツの区別もつかなかった。金銭管理能力も皆無で、クレジットカードはもちろんキャッシュカードさえ持たせられなかった。五十歳を過ぎてから自動車免許を取ったが、ブレーキのタイミングは最悪で、車幅感覚もまったくなく、新車はすぐに傷だらけになった。

休みの日に家にいることはめったになく、深夜に突然知り合いを連れてきて麻雀を始めることもあった。女性関係はメチャクチャで、「ご主人が私の娘とつき合っています」という抗議の電話が母親からかかってきたことさえあった。

鋭い感性と優れた審美眼の持ち主と感じたことは一度もない。

「自分で発掘したわけじゃない。人がいいと言ったものを紹介しただけ。『自分はお月様のようなもの』と主人は言っていました。自分では光っていないけれど、光っている人を見つけるのは得意で、自分はその光をもらっているって。ただ、偉かったのは、映画でも演劇でも全部自腹を切ったこと。ちょっと名刺を出せばタダで見られるのに。『いいじゃん、応援しようよ』って」（林文子）

文子にとっての林美雄は思いやりがあり、ダンディで魅力的で尊敬できる夫だった。大学時代からアルバイトを重ね、TBSに入社してからも、弟たちのためにかなりの金額を実家に送り続けた。最初の妻には別れたあとも経済的に援助を続け、自立できるようにイラストレーションの仕事を紹介し、精神面でもサポートしてきた。

八歳年下の妻には、外で働いてほしいと言った。

「俺や子供を生きがいにしないでほしい。お金の問題じゃない。たとえ儲からなくても、持ち出しになっても構わない。自分の仕事を持つことに意味があるんだ」

夫の言葉に励まされた文子は、六本木の青山音楽事務所で経理のアルバイトを始め、長男が生まれてからは友人たちと共同で託児所を作り、〝赤ちゃん110番〟という電話で育児相談を受ける仕事を長く続けた。

林美雄は妻を深く愛していた。

《妻はすばらしい女性で、よくぞめぐりあったと思っています。まじめに呼ぶときは、〝文子さん〟って呼ぶし、彼女は〝ボク〟って呼んでくれるんですよ。いつも胸をドキドキさせて恋してる感じなのです》（林美雄「女性セブン」一九七七年九月二十九日号）

「長男の出産の時、仕事で出張中だった夫が『いまの君は凄くきれいだよ』と電話口で言ってくれた。その言葉に支えられて子供を生みました」（林文子）

「父はいつも母の自慢をしていました。美人だ、（埼玉県）新座《にいざ》の夏目雅子《なつめまさこ》だって。一度ラジオで母のことを自慢していたのを聴きました。『コートを着こなして颯爽と歩く後ろ姿がいい』と。家庭では母の言うことが絶対ですけど、父という大きい受け皿があったからこそだと思います」（次男の林渡里《わたり》）

長男の勇三《はやみ》が小学校一年の時に不登校になると、半年間、学校まで一緒に付き合って歩いた。このことがきっかけとなって林美雄は集団登校や朝の自習といった学校の管理体制に関心を持ち始め、ついには〝保護者と教職員の会〟の初代会長まで引き受けてしまった。長男の同級生が中学生の時に不良になると、しばらく自宅で預かった。

危なっかしい運転で河川敷のゴルフコースに通った。決してうまくはなかったものの、気のおけない友人と一緒にコースを歩くのは楽しかった。

TBSには保養所があり、夏は下田、冬には山中湖か箱根に必ず家族旅行に出かけた。子供と一緒に日本舞踊も始めた。初めて踊ったのは「乱れ髪」。女形である。

「情感豊かで上手でした。愛嬌《あいきよう》があって面白い。アドリブが上手で、みんなを笑わせるんです。お子さんたちと一緒に踊ったこともありますよ」（友人の若月季明）

一九九六年六月二日の「第十回あやめの会」では、小学校六年生の三男・皆人《みなと》と一緒に「連獅子《れんじし》」を舞った。ハンサムな次男の渡里が踊った花魁《おいらん》はとても美しく、大きな喝采を浴びた。

ようやく仕事と家庭と地域のバランスがとれるようになった一九九八年一月、TBSの定期健康診断で胃がんが見つかった。

手術を受けて胃の四分の三を切除した。患部は小さかったが深く、執刀医は「五人にひとりは再発します」と文子に告げた。

二〇〇一年六月には再発が見つかった。今度は「余命二カ月、三カ月という可能性もゼロではない」と言われた。

「本人はよくわかっていて、死ぬに時あり、五十歳を過ぎたらおまけの人生と達観していました。だからといって病から逃げるのではなく、いいと言われることはすべてやったつもりです」（林文子）

「退院された美雄さんがアナウンス部に挨拶にきた時のことはよく覚えています。病み上がりで、かなり痩せてはいたけれど、すごくハンサムになっていました。ああ、こんなに素敵な方なんだなって。とてもお元気そうでしたが、ひとしきり挨拶すると、すぐにお帰りになった。美雄さんともっと話したかった私は、ひとりで追いかけていきました。七階のアナウンス部から中央エレベーターに行く途中には、脇に一台だけ小さなエレベーターがあるんです。私が追いかけていくと、薄暗い蛍光灯の下で、紺色のマフラーを巻いた美雄さんが、ハアハアと肩で息をしながら壁に寄りかかってエレベーターを待っていました。私が声を掛けてもほとんど返事をせずに『ああ』と言っただけ。その時に、もう会えないかもしれないと思いました」（小島慶子）

死期の近いことを知った妻の文子は、夫に五百万円を渡し、好きなだけ競輪をするようにと言った。林美雄は大喜びで電話投票を続けたが、当たったり外れたりで、結局たいして減らなかった。

「検査結果が悪かったり、治療がうまくいかなかったりで、私がメソメソしていると『たかが身体を持って行かれるだけだ。人は粒子のかたまりだ。僕は粒子になって、君の脳に入り込むよ。僕は君が死なない限り死なない』と言ってくれて、とてもうれしかった」（林文子）

二〇〇二年初頭には三度目の手術を受けた。

三月には初孫が生まれ、祖父となった林美雄は、孫と一緒にお風呂に入った。

五月の踊りの発表会では、三男の皆人と共演することが決まっていた。お気に入りだった森進一《もりしんいち》の「それは恋」を宗山《むねやま》流家元の宗山流胡蝶《こちょう》に振付してもらったが、すでに黄疸《おうだん》が出ていて、舞台に上がることはできなかった。

「踊りたかったなあ」

リハーサルの時、林美雄が一度だけ涙を見せた。

三男の皆人と「連獅子」を舞う林美雄。1996年6月2日、練馬文化センター。提供／林文子

お別れ会「サマークリスマス～林美雄フォーエバー」で、父の遺影を背に女形を演じる林皆人。相手役は宗山流家元の宗山胡蝶。2002年8月25日、新高輪プリンスホテル。提供／林文子

二〇〇二年七月十三日早朝、林美雄は肝不全で亡くなった。享年五十八。
数時間後、三男の皆人が通う高校に連絡が入った。
「担任の先生がクルマで送ってくれたんですけど『いままで黙っていたけれど、じつは俺も、君のお父さんの番組を聴いていたんだ』って」（林皆人）
林美雄死去の報《しら》せは、新聞各紙で異例の大きさで取り上げられた。インターネット上にも多くの書き込みがあり、その中にはかつてのパ聴連および荻大のメンバーからのものが含まれていた。
「林さんが亡くなって、いても立ってもいられなくなった。ナチチャコのファンサイト『もう一度ザッツ・金パテイメント』を見たら、林さんについて書き込めるようになっていた。イケチン（持塚弓子。旧姓・池田）、あや（菊地亜矢）も大輔（山本大輔）も書き込んでいた。僕が書き込むと、すぐに自分のメールアドレスに連絡がきた。もう二十年以上会っていなかったのに」（リスナーの喜田村城二）
彼らの青春は林パックとともにあった。番組存続を求める署名運動を行い、林美雄の夢であった「歌う銀幕スター夢の狂宴」にも協力した。就職して仕事に追われ、家族との日常を営むうちに、ラジオと映画と音楽と演劇の日々、林美雄と過ごした日々は、追憶の彼方へと消え去ったように思われた。
しかし、実際にはそうではなかった。

千葉県佐倉市にある川村記念美術館の学芸員になっていた沼辺信一は、訃報を聞いて大きな衝撃を受けた。

「僕は新聞をとっていないから、林さんが亡くなったという話を聞いたのは八月に入ってから。持塚弓子さんが電話で教えてくれたんだと思う。林さんの記憶はずっと封印していた。遠い昔に自分に影響を与えてくれたけど、もう自分には関係のない人。そう思い込もうとしていた。でも、亡くなったと聞いた瞬間、肉親が死んだ以上の喪失感が胸の中に湧き起こってきた。林パックとの出会いがあったからこそ、自分が今ここにいるという強烈な思いがこみ上げたんです。八月二十五日にお別れの会があると聞いて、迷わず参列を決めました。皆も同じだったと思います」

二〇〇二年八月二十五日日曜日、林美雄五十九歳の誕生日に東京・港区の新高輪プリンスホテルで「サマークリスマス～林美雄フォーエバー」が行われた。

かつての荻窪大学の仲間たちは、誰から言い出すともなく、いったん代々木公園に集まってから品川駅に向かうことにした。

彼らにとって、代々木公園は思い出の場所だ。林美雄が参加を呼びかけ、仲間の多くが出会ったべ平連主催の「暮らしを奪い返せ！　世直し大集会」のデモも、嵐の第一回サマークリスマスも、徹夜でオールナイトを観たあと、早朝に野球をしたのも、荒井由実ファンクラブのイベントも、林パックの復活を祝った第二回サマークリスマスも、すべてここで行われた。

ほとんどの人間が二十数年ぶりの再会だったが、沼辺信一は「彼らこそ生涯で最高の仲間たちだ」と思わずにはいられなかった。すぐに昔に戻って談笑が始まり、「なんだ、みんな若い頃と少しも変わらないな」と感じたが、あとから写真を見れば、見事に五十歳前後の中年男女の集団だった。

大学や高校をやめた者もいた。仲間同士の恋愛があり、別れがあり、結婚があり、死別があった。子供に恵まれた者もそうでない者も、独身を通す者もいた。経済的に豊かな者も、日々の生活に追われる者もいた。

ただ時だけが、平等に流れた。

新高輪プリンスホテル北辰《ほくしん》の間は大宴会場だが、この時ばかりは約七百人もの参会者で埋め尽くされた。

会を取り仕切ったのは、林美雄門下生で元綜合放送ＡＤの梅本満。司会をつとめたのは愛弟子のＴＢＳアナウンサー小林豊。祭壇は二千五百本のひまわりの花に囲まれ、大きなパネルには林美雄が微笑んでいた。

献花、黙禱《もくとう》、ＴＢＳ代表取締役の砂原幸雄《すなはらゆきお》会長の献杯に続き、山本文郎《ふみお》アナウンサー、白石冬美、松崎しげる、「キネマ旬報」元編集長の植草信和、石川セリ、山崎ハコ、ミスター・スリム・カンパニーの深水龍作《しんすいりゅうさく》、原田芳雄らが次々にステージに上がって挨拶をした。

歌も披露された。

石川セリは「八月の濡れた砂」を。

山崎ハコは「サヨナラの鐘」を。

原田芳雄は「リンゴ追分」を。

荻大の仲間たちは、万感の思いで思い出の曲を聴いた。

最後に登場したのはユーミンだった。

多忙なスーパースターが姿を見せたことへの驚きで、会場は大きくどよめいた。

短い挨拶のあと、ユーミンは「旅立つ秋」を歌った。

林パック（金曜二部）最終回の一九七四年八月三十日、番組を終える林美雄に、はなむけとして贈った曲だ。

愛はいつも束の間
このまま眠ったら
二人　これから　ずっと
はぐれてしまいそう

明日あなたのうでの中で
笑う私がいるでしょうか

秋は木立ちをぬけて
今夜　遠く旅立つ

夜明け前に見る夢
本当になるという
どんな悲しい夢でも
信じはしないけれど

明日霜がおりていたなら
それは凍った月の涙
秋は木立ちをぬけて
今夜　遠く旅立つ

今夜　遠く旅立つ

（「旅立つ秋」）

会場の片隅で寄り添うように佇《たたず》む荻大の仲間たちは涙していた。

「旅立つ秋」が、まるで今日ここで林美雄に永遠の別れを告げるために、ユーミンがあらかじめ作っておいた曲のように思えたからだ。

沼辺信一はそっと心の中で呟いた。

そうだった。僕が本当に大切にしているものは、確かにここにあったのだ。

一九七四年のサマークリスマスに。

あとがき

林美雄の死は、荻大の仲間たちを再び結びつけた。

不動産屋も、編集者も、小学校教師も、消防官も、グラフィックデザイナーも、映像作家も、専業主婦も、無職の人間も、外国で暮らす人間も、病床にいる人間もいる。

それぞれが、まったく違う生き方をしてきた。

だが、自分たちは大切な過去を共有しているという安心感さえあれば、みんなが違う生き方をしていることなど、どうでもよくなった。

彼らは年に一、二度、集まっては酒を酌み交わしている。話は弾むに決まっている。

自分が面白いと思った映画や音楽、演劇や美術を追求し続けているからだ。

「世の中には、広く知られてはいないけれど素晴らしいものがある。本当にいいものは隠れているから、自分で探さないといけない。自分がいいと思ったものを信じて、どこまでも追いかけるんだ」

林美雄の教えは、いまなお彼らの心の中で生き続けている。

インタビューに応じていただいたのは、以下の方々である。すべての方の発言を引用したわけではないが、これらの方々の知見は、林美雄という誠実で愛すべき人物と、彼が生きた時代を理解するための重要な示唆を与えてくれた。深く感謝したい。

林文子、林渡里、林皆人、若月季明、加藤眞弓、加藤昌宏、市川哲夫、鈴木隆美、熊沢敦、齋藤靖男、加藤節男、平山允、桝井論平、久米宏、小口勝彦、宮内鎮雄、青木靖雄、小島一慶、小林豊、小島慶子、伊藤友治、市橋史生、金平茂紀、澤渡正敏、加藤昇太、梅本満、植草信和、郡野継雄、横田栄三、竹田洋樹、大森一樹、白石冬美、中川梨絵、松任谷由実、石川セリ、山崎ハコ、ＰＡＮＴＡ、橋本治、嶋田富士彦、板坂康弘、河原畑寧、野田秀樹、高信太郎、髙平哲郎、磯田秀人、村上知彦、おすぎ、上柳昌彦、水道橋博士、中世正之、沼辺信一、宮崎朗、門倉省治、野沢直子、三浦規成、横谷敦、荒川俊児、持塚孝、持塚弓子、喜田村城二、鯉登健二、山本大輔、菊地亜矢、西村篤子、加瀬清志、岩田益吉、マスダ昭哲、北澤直人、小川春樹、大和弘明。

また、次の方々にも、様々な形でご協力いただいた。

小川桂子、小野田陸春、高瀬進、南川泰三、飯田耕一郎、プチ鹿島、渡邊千尋、上杉剛弘、日崎敬三、堀浩、岡村徹、横山勝、眞田尚子、松澤肇、出和陽子。（敬称略）

匿名希望のＭさんには特別の感謝を。彼女の協力がなければ、本書は決して成立しなかった。

残念なこともある。本書を企画し、連載を担当してくれた「小説すばる」高橋秀明編集長（当時）と、林美雄夫人の文子さんが、すでにこの世の人ではないことだ。

「小説すばる」の高橋編集長がわざわざ吉祥寺まで来てくれたのは、二〇一二年九月十二日のことだった。

「ノンフィクションの連載をお願いしたい。テーマは林美雄さん。連載終了後は集英社で本にします」

小説誌でノンフィクションの連載を始めるとは大胆不敵だ。手間も時間もカネもかかる上に、たいして売れるわけでもない。

聞けば編集長は一九六七年生まれ。一九七〇年代の林パックを体験できる年齢ではまったくない。

一体なぜ、林美雄なのだろうか？

「僕は学生時代に音楽がとても好きだったのですが、ユーミンを発掘したのも、佐野元春を最初に絶賛したのも林美雄だったと、何かの雑誌で読みました。音楽にも映画にも恐ろしく詳しく、しかも鋭い審美眼の持ち主。そんな林さんに興味が湧いたんです。

一九八七年に大学に入るために上京すると、少し上の、いわゆる新人類世代の人たちから、林さんの『パックインミュージック』についてたくさん話を聞きました。

映画紹介も音楽紹介も、ほかの人とはまるで違っていた。売れているもの、評判のいいものではなく自分がいいと思ったものだけを紹介する。そんな番組はほかにはない、と。

山下洋輔や筒井康隆がやっていた全冷中（全日本冷やし中華愛好会）のイベントも、赤塚不二夫やタモリがやっていた『ライブ・イン・ハトヤ』も、司会はいつも林さん。阿佐田哲也が競輪の本を作れば、やっぱり林さんが原稿を書いている。

テレビでの印象がなく、ラジオで大活躍したわけでもない。深夜放送という特殊な世界だけで光り輝いた伝説のアナウンサー。謎めいていますよね。誰かにその謎を解明してもらいたかったんです」

関係者数人と会い、一年間の連載が可能であることを確信した私は、翌二〇一三年一月十三日に埼玉県新座市にある故・林美雄氏の自宅を訪ね、文子夫人に初めてお目にかかった。高橋編集長にも同行してもらった。

下町育ちの快活な美人は、「主人のことなんて、本になるのかしら」と笑って連載と単行本化を了承してくれた。

こうして本格的な取材がスタートしたが、連載中の二〇一四年四月十九日に、高橋秀明編集長は四十六歳という若さで急逝した。担当編集者の訃報を聞くのは初めてだったから、大きな衝撃を受けた。

「柳澤さま　御原稿、ありがとうございました。早速、入稿いたします。ゲラが出次第、ご連絡いたします」という短いメールを受け取ってから、わずか四日後のことだった。

林文子さんは二〇一五年一月十日に逝去された。まだ六十代前半という若さ。病床でも、私がお送りした連載コピーをチェックしていたと、次男の林渡里氏から電話で聞いて言葉もなかった。前年秋、連載終了のお礼のために林美雄さんの墓所にご案内いただいたときには、少々痩せてはいたものの、お元気そうに見えたのだが。

人の世ははかない。はかない世を、人は懸命に生きる。

本書は、懸命に生きた人々の小さな記録である。

二〇一六年四月十九日　吉祥寺の自宅にて

柳澤　健

文庫版のためのあとがき

単行本の刊行から五年が経過して、その間、私は大切な人たちを次々に喪《うしな》った。

中川梨絵さんの訃報を聞いたのは、単行本がまだ書店の新刊の棚に置かれた二〇一六年六月十四日。突然のことで言葉もなかった。

私の記憶に深く刻まれているのは、梨絵さんの歌声だ。インタビューが終わりに近づいた頃、突然「今度、ＣＤを作ろうと思っているのよ。林さんの次は私を応援してね」と言って、自作の「瞼の父」を歌ってくれたのである。

「家から歩いて十五分　国際劇場の前で　ダブルのスーツに中折れハット　ズボンのポッケに手を入れたまま　劇場の人に耳打ちして　私にうなずき帰っていった　空を松竹歌劇の看板　川路龍子《かわじりゅうこ》が笑ってる　ドキドキ　ワクワク　ドキドキ　ワクワク　東京踊りはヨーイヤサー　元禄《げんろく》姿の町娘　ずらり舞台に　花の巻絵　ショーも芝居も見放題だから～♪」

甘い歌声と正確な音程に驚き、至近距離で見た可愛らしい笑顔にドギマギした。ちなみに林パックで頻繁に紹介され、ラジオドラマにもなった「踊りましょうよ」の作詞作曲も中川梨絵の手になる。ちなみに演奏はムーンライダーズだった。

二〇一九年一月二十九日には、私の四十年来の師匠である橋本治の臨終に立ち合うことになった。世界が崩れ落ちるような衝撃を受けたが、同時に、つらい闘病生活が終わったことにホッとした。あの我慢強い人が「死んだ方がマシ」と筆談で書いたほどの痛みを思うと胸が苦しくなる。「小説は人間を書く。あんたは時代を書く」と言ってくれた師匠については、いずれ書くつもりだ。

声優の白石冬美さんは二〇一九年三月二十六日に逝去された。私が通っていた中学でも高校でも、下校時に流れる音楽は決まって「シバの女王」だった。一九七〇年代の若者たちは、それほど深くナチチャコパックを愛していたのだ。

単行本をお届けした時には、次のようなメールをいただいた。

「ポストに、サマークリスマス！　素敵なご本になりましたね。待った甲斐があります。装幀《そうてい》も素晴らしい。表紙の林さんも佳《よ》い。文子さんの愛を感じます。お亡くなりになったのですね。合掌。大切にいたします。ありがとうございました。☆chaco☆」

チャコこと白石冬美さん、お元気よう！

小島一慶さんは二〇二〇年四月二十三日に亡くなられた。インタビューの際、林美雄さんが大いに女性にモテたという話になり、「僕より派手だったらそれは凄いですよ！」とおっしゃった時には笑った。サービス精神の旺盛な方だった。チャコさんと一慶さんは、何度かパックインミュージック関連のイベントの司会をつとめ、そのたびに本書を宣伝していただいて恐縮してしまった。

高浜虚子の娘である星野立子が始めた「玉藻」の同人だったおふたりの俳句を紹介しておこう。

舟や舟きっと乗せてよ冬銀河　　茶子

星と星むすぶ直線冴返る　　小島一慶

二〇二〇年八月十日に鬼籍に入った渡哲也さんは、林美雄が最も深く愛した男優であることに疑いの余地はない。何しろ次男の名前は、林渡里なのだから。「歌う銀幕スター　夢の狂宴」の裏方をつとめた荻大の若者たちは、大スターの礼儀正しさを口を揃えて絶賛していた。お目にかかることができなかったのは心残りだ。

本書成立のために欠かせない方々に感謝を申し上げ、ご冥福を心よりお祈りする。

もうひとつ、宮崎朗さんと沼辺信一さんについて書いておきたい。

本書の執筆を依頼された時点で、私は林美雄のことも、パックインミュージックのことも、深夜放送のことも、TBSのことも、何ひとつ知らなかった。

取材の手がかりにまず、以前原稿を書いた『TBS調査情報』の市川哲夫編集長に協力を求めた。市川さんはテレビディレクター時代に自分の下についてくれたADの宮崎朗さんを紹介してくれた。宮崎さんは林パックのリスナーで、映画や音楽に該博な知識を持ち、パ聴連〜荻窪大学の中心メンバーでもあった。信じられないほどの話し上手で、興味深いエピソードが次々に飛び出してくる。林美雄のパックインミュージックの磁場の強さを、私は初めて知った。

この時に聞いた話が、本書の骨格を成している。

数週間後、宮崎さんは「荻窪大学の仲間の集まりがあるからこないか?」と誘ってくれて、私はカセットレコーダー二台と、六本の百二十分テープを持って馳《は》せ参じた。

確か八人ほどが集まったはずだが、そのうちのひとりが、林パックの本質を当時日本映画が置かれていた状況、さらにユーミンファンクラブのことについて、すっきりとわかりやすく、かつ細かなディテールまで話してくれて驚愕した。沼辺信一さんである。

真のインテリである沼辺さんは、林パックおよびパ聴連〜荻大の仲間たちと出会ったことで、人生が大きくねじ曲がってしまった。

おもしろがった私は、沼辺さんに本書の影の主人公あるいは狂言回しになっていただくことを思いついた。「小説すばる」の連載第一回をゲラで読んだご本人は驚愕し、パ聴連および荻窪大学の中心メンバーでもない自分の話が延々と続くことはいかがなものか、と私に抗議した。だが、私にとって大切なのは読者の理解であり、登場人物の感情など二の次だ。

沼辺さんには編集者の経験もあったから、図々《ずうずう》しい私は、連載時には毎回、ゲラを送りつけ、事実関係のチェックだけでなく、文章のチェックまでお願いした。沼辺さんのチェックは常に厳密かつ的確だった。本書が読みやすいのは作者の手柄ではなく、沼辺さんのお蔭《かげ》なのだ。単行本のゲラも、文庫のゲラまで読んでいただいた。私は甘えられる人間にはとことん甘える厚かましい人間なのだ。

取材のスタートとなった宮崎朗さん、そして、長時間のインタビューと多くの資料提供、ゲラのやりとりまでお世話になった沼辺信一さんに特に深く感謝したい。

二〇二一年五月二十五日　長男の誕生日に

柳澤　健

主要参考文献・資料

●書籍

『嗚呼！　ミドリぶた下落合本舗』（林美雄篇、ぶっくまん、一九七六年）

『一慶・美雄の夜はともだち』（TBSラジオ編、廣済堂出版、一九七七年）

『ぼくは深夜を解放する！　続・もう一つの別の広場』（桝井論平、ブロンズ社、一九七〇年）

『アナウンサー・DJになるには』（TBSアナウンス室、ぺりかん社、一九七二年）

『TBS50年史』（東京放送編、東京放送、二〇〇二年）

『ルージュの伝言』（松任谷由実、角川書店、一九八三年）

『ぼくたちの七〇年代』（高平哲郎、晶文社、二〇〇四年）

『映画がなければ生きていけない　1999-2002』（十河進、水曜社、二〇〇六年）

『テレビの青春』（今野勉、NTT出版、二〇〇九年）

『1億人の昭和史』（毎日新聞社、一九七六年）

『連合赤軍・〝狼〟たちの時代　1969-1975』（毎日新聞社、一九九九年）

●新聞・雑誌

「読売新聞」（一九七四年十二月二日夕刊）

「週刊東京」（一九五七年二月二日号）、「週刊朝日」（一九七四年十一月十五日号）

「週刊平凡」（一九七六年六月十日号）

「女性セブン」（一九七七年九月二十九日号）、「サンデー毎日」（一九八〇年十一月三十日号）

「キネマ旬報」（一九七四年三月下旬号、十二月上旬号）
「月刊ビックリハウス」（一九七六年四月号）、「ニューミュージック・マガジン」（一九七六年九月号）
「月刊民放」（一九八〇年十月号）、「月刊アドバタイジング」（一九八二年十二月号）
「ラジオパラダイス」（一九八七年四月号）、「月刊カドカワ」（一九九〇年一月号）
「東京人」（二〇一一年三月号）
「放送批評」（一九七四年十・十一月号）
ＴＢＳ「調査情報」（一九八二年九月号、二〇一一年五・六月号）

●その他

「ミドリブタニュース」、「みどりぶたニュース　第二号」、「あっ！　みどりブタ友の会」のハガキ
「あっ！下落合新報　創刊第一号」（一九七四年五月）
「映画研究２」（高瀬進責任編集、一九七四年十月）
「ゆうみん　創刊号」（一九七五年四月一日）
『パセリと野の花』ライナーノート（林美雄）
『Yumi Arai The Concert with Old Friends』ライナーノート（小倉エージ）
ブログ「私たちは20世紀に生まれた」（沼辺信一）
ブログ「牡丹亭と庵の備忘録」（高田純）
ホームページ「荻大ノート」
ホームページ「ハヤシヨシオ的メモリアルクラブ」
「ＴＢＳ映像アーカイブ」

解説

小林　豊

松任谷由実さんでなく、解説を僕が担当する事を林美雄さんはどう思うだろうか。2013年にこの本の著者柳澤健さんの取材を受けた宮内鎮雄さん（元TBSアナウンサー）から「そのうち小林も話を聞かれると思うぜ」と言われてはいた。が、いざ柳澤さんにお目にかかると何かこう上手《うま》く生放送が進行しない時の感じと似た喉に引っかかる感じがあって言葉が出てこなかった。林美雄さんは日本で最初のインフルエンサーですよと言おうとしたが、本能的にその言葉を飲み込んだ辺りからおかしくなった。取材するのは得意でもされるのは苦手、とその時は思い込もうとしたが、違うな。林さんに光を当てるなんて相当な覚悟がいる。そうだこういう場合は「堂々と自分の半径2メートル以内の話をしろ」（林語録）と常々教わっていたんだった。とすると、新宿より渋谷、パックよりたけしのオールナイトニッポン世代の僕にとって、社会に出て濃厚接触した最初の大人がたまたま「初代林美雄」（林語録）だっただけのことか。

この本の構造は、本人（故人）を除く周囲の人々からそのストーリーを集めることで、本人像をあぶり出す仕組み。本人が周りよりかなり先に亡くならないと成立しない取材手法ではある。真実は多面体だから、無数に存在する事実を出来る限り寄せ集めると、対象が３Ｄで動き出す。自分の事を滅多に明かさない林美雄という人物を捉えるのにこれほど適した手法はない。この本に出てくる林さんの八割を僕は知らないが、どのエピソードも「林美雄ならさもありなん」と妙に嬉《うれ》しいのはそのせいだろう。次男の名前が「渡里《わたり》」さんであるわけや食べ物に関して決してグルメではなかった事、はたまた早稲田のアナ研出身でなかったのはなぜなのか、映画『太陽を盗んだ男』にアナウンサー役として出演しているのはもはや必然だったのだ等、今頃やっと腑《ふ》に落ちる。

　２回目の林パックが終わった９年後の１９８９年、僕はＴＢＳにアナウンサーとして入社しているのでこのエピソードはパックインミュージックからずいぶん後の世界の事だ。当時まだＴＢＳは古い局舎で、廊下の照明がフジテレビと比べて特段に暗かった。恐怖したのが黒枠写真に納まった定年前の社員たちの訃報情報が、その暗い廊下に頻繁に累々と掲示されていた事。「ああ生きてココから僕は出られないのか？」（※あくまでも個人の感想です）と。「いい放送を出すには金か時間か命を懸けるもの」（林語録）と教えてくれた林さんも、その十三年後黒枠で廊下に張り出されることになる。

　あの頃のＴＢＳアナウンス部はスポーツ、ニュース、それ以外（！）の三ジャンルのアナウンサーがそれまでは部屋もてんでバラバラに働いていた所を、当時の池田孝一郎アナウンス部長の「大アナウンス構想」が実を結び、全員が一部屋に集結し活気があった。裏方としてパックの最後に立ち会った林さんも、その流れでラジオ編成部からアナウンス部に呼び戻されたに違いない。スポーツ、ニュース、それ以外の「それ以外」は、その後「芸能」アナウンサーと呼ばれるが、その分類名の軽薄な印象から「チャラウンサー」と不評であった。芸能班のトップが桝井論平さん（ロンペーも実は芸名と知り、僕の芸名はどうつけられるのかも真剣に心配した）。当時の林さんは自分の事を「アナウメサー」（林語録）と呼んでいた。なんでも、有名アナウンサー（これ久米宏さんの事）が病欠でその穴埋めの仕事をしばらくしていたからだと、艶のあるビロードの声でボソボソ話しているのを聞いた事がある。六十人前後の大所帯となったＴＢＳアナウンス部の中で林さんはひときわ物静か、いや暗くて近寄りがたい感じで、さらに言えば浮いていた。浮いていた理由は簡単。この本の中で語り尽くされている非アナウンサー的に七〇年代を生きた林美雄への敬意と違和感が、他のアナウンサーにそうさせていたと思う。そもそもアナウンサーとは器になるのが仕事である。器に注がれるのは人々（制作者、スポンサー）の総意だから、アナウンサーにそれを選ぶ権利はない。立派な器になって盛り付けられるのをただひたすら待つのがその本懐と心得よ（ま、便器も器なんだけどネ）。林さんは、自分に盛るものを自分で探し出して来た稀有《けう》なアナウンサーというわけだ。

林さんと最初に言葉を交わしたのは、一年目の研修が始まってしばらくたった初夏の頃。アナウンス研修の専任講師とは別に、ベテランの先輩アナウンサーは挨拶代わりに一コマ程度は教えるのが習わしだった。林さんはお知らせの原稿読みを担当した。アナウンサーは喋《しゃべ》りの前にまず耳を鍛える。で耳が良くなると次は自分の発声のダメな部分が前より更に際立って聞こえるようになる。自分の声を自分でモニターするわけだ。僕は同期五人の中で飛びぬけて原稿読みが下手で、もうそれはどうしようもなかった。自己批判と自己嫌悪のないまぜになったある種のもがきみたいなものを絞り出すように言葉にした刹那、チャコールグレーのよれよれスーツに白髪混じりのボサボサ頭の林美雄講師は初めてにやっと笑い、何故《なぜ》か僕の瞳の奥をのぞき込んだ。それ以後いつも見られている気がして重かった。一仕事二仕事終えた男の背中は一年生には大きすぎたようだ。しかし、アナウメサーとチャラウンサーはいとも簡単に仲良くなる。ある日、映画『櫻の園』（1990年）のパンフレットを僕が手にしている所でたまたま林美雄に遭遇。「どうなんだよその映画？　君はその映画をどう思ったんだよッ？」ボソボソ喋っていない！「〇〇どうなんだよッ？」（林語録）と凄《すご》むように突っかかってくる時、それは「〇〇って良かったよね？　君もそれ好きなのかい？　僕もだ！」という褒める時に使う独特の表現とはその時は知らない。林美雄に日本映画の紹介をする自分もどうかと思うが、兎《と》に角《かく》逃げ出したかったので短く本質というか要点だけを音声化した。で、変な間があった後、呑《の》みに誘われた。

それからは生放送が終わった直後に林さんからスタジオに電話が入り、「さっきの自分の放送はどうなんだよッ？　今日は行かないんだろ？」と凄まれては、その時林さんが呑んでいる店に直行した。呑むために事前に日程を調整するなんて絶対にない。良いライブや映画を見た後の高揚感を持つ同じ空気を吸った人間とだけ、偶然居合わせて呑みに行くのがそのスタイルだ。新宿ゴールデン街の店を一杯飲んでは次へはしごする。どの店にもサントリーのだるまがキープしてあった。終電がなくなって林家に最初に泊めてもらった時、奥さまの文子さんが「ボクちゃん、おともだち出来たのね」と夜中なのに明るいテンションで迎えてくれた。実は文子さんと僕は初対面ではない。林さんは奥さまのヌード写真をいつも持ち歩いていて、呑むたびに僕に見せてくれていたから。林さんの密葬に僕が無理矢理駆けつけてしまったときも、同じテンションで「困るなぁ、今日は親戚水入らずなのに。よしッ小林クンには弔電を音読する業務を命じる！」と文子さん。林さんが月なのは奥さまが太陽だからだ。愛弟子《まなでし》と言うより、二十二歳離れた夜のともだちにしてもらった僕は、厳しい上下関係こそ大切と考える人々（一部の先輩アナウンサー）から執拗《しつよう》に咎《とが》められた。

初めて自分の名刺が刷り上がってきた日、「そこにある東京放送アナウンス部という肩書を汚名と思ってそれを返上するような存在になれ」（林語録）と。言われた瞬間は意味が解《わか》らなかったが、何年か後に突然爆発するように悟りがやってくるこの現象を、美雄時限爆弾と僕は呼んでいる。そうなんだ！　出会ったときすでに林美雄は林美雄で「林アナウンサー」なんて誰も呼んでいなかった。「放送と違って結婚式は必ず上手くいく。だって出席者全員がその成功を心から願うから」（林語録）。自称日本で二番目に結婚式の司会が上手い（※日本一は徳光さんだそうだ）林さんに教わった結婚式の司会が、自分は今でも一番好きな仕事だ。

道を歩いていて「いつも見てますよ」とか「ラジオ聞いてますよ」というのはバロメーターかもしれないが、林さんの場合、全く知られていない九割、過剰な反応を示される一割という極端さだった。1992年、TBSホールでアナウンサー朗読コンサート「セロ弾きのゴーシュ」が開催されたとき、林さんは楽団長の声、僕は郭公《かっこう》の声だった。当日朝、楽団長っぽい黒スーツの林さんは左目の端から流血して控室に登場。なんでも昔からの知り合いがチラシを見てTBSホールを訪ねてきて、話しているうちに殴られたとか。病院は？　警察呼ばないのか？　無頼派ってこういう事なの？　など周囲はざわついたが、林さんは少し曲がった眼鏡を不器用に曲げ直していつものビロードの声に陰りはなかった。緞帳《どんちょう》があがるくらいになって、僕にだけ深夜放送時代の主義主張の違い、向き合い方の違いでこういうことになったと呟《つぶや》いた。今日日SNSで陰湿に過ぎる書き込みはしても殴りには来ない。殴った人物でさえサウダージと共にこの本を手に取っている気がしてならない。

「向き合っている（のか？）」（林語録）は頻出重要フレーズと思う。きちんと対象と格闘出来ているのかが物事の最重要判断基準なのだと、僕は自分の言葉のように後輩アナウンサーに教えてあげた。

「照明さんに忘れず取材するといい。光の当て方の本気具合でその対象の本当の良さがわかるから」（林語録）。隠れた良いものに光を当てる紹介者は、ただ唯一自分に光を当てる事をしなかった。「ライブで盛り上がる人々の息づかいを吸い取って自分は若返るからそれでいい」（林語録）。スポットライトから半歩外れたところに自分の立ち位置があり、初めは当然スポットライトが当たる主題の方に人々の目は向く。が、そのうち「いつもスポットライトのすぐ横にいるあの人は誰なの？」となる。

セルフプロデュースとやらに長《た》けた現代のアナウンサーならここぞとばかりにスポットライトに身を晒《さら》しフリーになる確度を高める。誰の支配下でもなく誰も支配下に置かなかった林さんにそんな気はない（ただ「あの人はだれなの？」って思われるのは楽しんでいたと思う）。せっかく苦労してなったアナウンサーの軌道を、ぶち当たってしまったものが大きく変えたようにも見える。

いくつもの映画や音楽を放送にのせながら、自身を放送のサイズにおさめきらなかった局アナウンサーの一つの形態。職人の抑制と反逆の意志の比率こそアナウンサーの個性を形成するなら、あんな美しいバランスはない。「よいものは隠れているが必ずぶち当たるからそのときキミはどう向き合うかだね」（林語録）。林美雄さんの最後のリスナーになんとかギリギリ間に合ったようだから、僕は極めて運がいい。

（こばやし・ゆたか　ＴＢＳテレビ）

掲載写真には撮影者不詳のもの、被写体の方々が特定できないものがあります。
お心当たりの方は編集部までご連絡ください。

JASRAC 出2104775-101

初出　「小説すばる」二〇一三年八月号～二〇一四年十一月号

本書は、二〇一六年五月、集英社より刊行されました。

集英社文庫

1974年《ねん》のサマークリスマス　林美雄《はやしよしお》とパックインミュージックの時代《じだい》

2021年7月20日　第1刷　　定価はカバーに表示してあります。

著　者　柳澤《やなぎさわ》　健《たけし》

発行者　徳永　真

発行所　株式会社　集英社

東京都千代田区一ツ橋2-5-10　〒101-8050

電話　【編集部】03-3230-6095

【読者係】03-3230-6080

【販売部】03-3230-6393（書店専用）

印　刷　凸版印刷株式会社

製　本　加藤製本株式会社

フォーマットデザイン　アリヤマデザインストア　　マークデザイン　居山浩二

ISBN978-4-08-744278-6 C0195